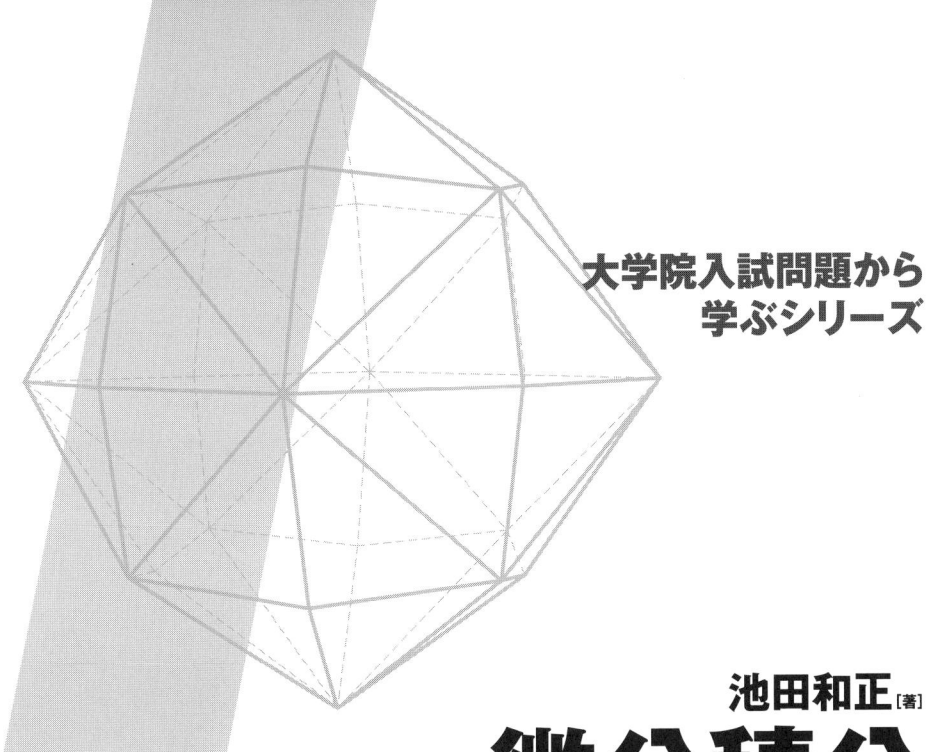

大学院入試問題から
学ぶシリーズ

池田和正 [著]
微分積分

日本評論社

はじめに

　数学も他の理工系の学問と同じで，実験科学であり，理論に先立って具体的な現象があります．しかし，定義 → 定理 → 証明の繰り返しの方が，完成した理論は教えやすいので，日本の大学の講義は抽象的になりがちです．したがって，いざ現実に直面している事態を解決しようと思うと，どのように数学を使って作業をしたらよいかわからず，困った経験をした方はたくさんいるのではないでしょうか．

　本書では，数学が実際の問題にどのように適用されるかを例示することを主眼においています．

　日本中のおもな大学院では，ホームページや，郵送，窓口などで，入試問題を開示しています．それらを調査してみると，毎年膨大な量があり，大学の先生が大変な労力をかけて問題を作っていることが想像できます．

　本書では，おもに東京大学の大学院入試問題を題材としました．東大だけを見ても，さまざまな研究科があり，公開されている問題の分量はとても多いです．多くの研究科や専攻では独自に作問しているので，問題は多種多彩で，他の大学院を受験する場合の教材としても役に立つことでしょう．

　本書には，大学1年の微分積分学の中間試験や期末試験の勉強にも適切な問題がたくさん入っています．また，高校で習った微分や積分を忘れてしまった人や未習の人のために，最初の章にウォーミングアップ用の問題を入れました．

　大学受験生，大学院受験生，社会人で数学の速習が必要になった人，演習の題材に困っている大学の先生など，さまざまな人のお役に立つことができれば幸いです．なお，問題の解答・解説は，すべて著者の責任のもとに執筆を行っており，出題した大学院は一切関わっていないことをお断りします．

　筆者が，忙しいことを言い訳に，原稿の完成を大幅に遅らせてしまいました．担当の佐藤大器氏，筧裕子氏が叱咤激励し，粘り強く待っていただいたおかげで，出版に漕ぎ着けることができ，感謝しております．

2013 年 8 月

池田和正

目次

はじめに　i

第0章　基本問題でウォーミングアップ　1

第1章　関数と極限　20
基礎のまとめ ——20
問題と解答・解説 ——27

第2章　微分法　37
基礎のまとめ ——37
問題と解答・解説 ——44

第3章　積分法　70
基礎のまとめ ——70
問題と解答・解説 ——78

第4章　偏微分法　112
基礎のまとめ ——112
問題と解答・解説 ——123

第5章　重積分法　147
基礎のまとめ ——147
問題と解答・解説 ——155

第6章　関数列と展開　193
基礎のまとめ ——193
問題と解答・解説 ——202

参考文献　226

第0章 基本問題でウォーミングアップ

問題 0.1

$\boxed{\varepsilon\text{-}N \text{ 論法}}$

正数 x を与えて，
$$a_1 = x, \quad a_2 = \frac{a_1^2+1}{2}, \quad \cdots, \quad a_{n+1} = \frac{a_n^2+1}{2}, \quad \cdots$$
のように数列 $\{a_n\}$ を定めるとき

(問 1) $x \neq 1$ ならば，$a_1 < a_2 < \cdots < a_n < \cdots$ となることを証明せよ．

(問 2) $x < 1$ ならば，$a_n < 1$ となることを証明せよ．このとき，正数 ε を $1-x$ より小さくなるようにとって，$a_1, a_2, \cdots, a_m$ が $1-\varepsilon$ 以下になったとすれば，個数 m について次の不等式が成り立つことを証明せよ．

$$1 - x > \frac{m\varepsilon^2}{2}$$

1971 年 東京大 入試問題 (改題)

解答 │ 問 1 $a_1 = x > 0$ である．$n \geq 2$ のとき $a_n = \dfrac{a_{n-1}^2+1}{2} \geq \dfrac{1}{2} > 0$ である．

よって，漸化式を逆算すると，$a_n = \sqrt{2a_{n+1}-1}$ となる．この式から，もし，あるところで 1 なら，それより手前すべてでも 1 になり，$a_1 = x \neq 1$ に反する．よって，つねに $a_n \neq 1$ となる．

$$a_{n+1} - a_n = \frac{a_n^2+1}{2} - a_n = \frac{(a_n-1)^2}{2} > 0.$$

よって，$a_{n+1} > a_n$．

(証明終わり)

問 2 $n \geq 1$ のとき $a_n < 1$ であることを数学的帰納法で示す．

[1] $n=1$ のとき. $a_1=x<1$ である.
[2] $n=k$ のとき成立を仮定する. つまり, $a_k<1$ とする.
問1の前半の議論より $a_k>0$ なので, $0<a_k^2<1$.
よって, $a_{k+1}=\dfrac{a_k^2+1}{2}<1$. したがって, $n=k+1$ の場合も成立する.
[1], [2] より示された.
$a_n=1-\varepsilon_n$ とおく (図 0.1).

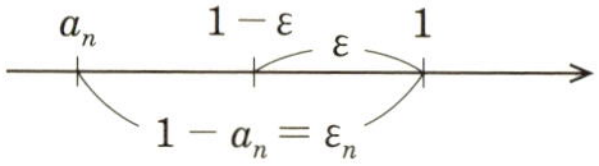

図 0.1

$0<a_n<1$ より $0<\varepsilon_n<1$.
$a_1<a_2<\cdots<a_m\leqq 1-\varepsilon$ より, $\varepsilon_1>\varepsilon_2>\cdots>\varepsilon_m\geqq\varepsilon$ である.

$$a_{n+1}=\dfrac{a_n^2+1}{2} \iff 1-\varepsilon_{n+1}=\dfrac{(1-\varepsilon_n)^2+1}{2}=1-\varepsilon_n+\dfrac{\varepsilon_n^2}{2}$$

$$\iff \varepsilon_{n+1}=\varepsilon_n-\dfrac{\varepsilon_n^2}{2}.$$

よって, $n=1,2,\cdots,m$ のとき, $\varepsilon_{n+1}\leqq\varepsilon_n-\dfrac{\varepsilon^2}{2}$.

これらを足し上げて,

$$\varepsilon_{m+1}\leqq\varepsilon_1-m\dfrac{\varepsilon^2}{2}=1-a_1-m\dfrac{\varepsilon^2}{2}=1-x-m\dfrac{\varepsilon^2}{2}.$$

$\varepsilon_{m+1}>0$ より, $1-x>\dfrac{m\varepsilon^2}{2}$. 　　　　　　　　　　　　　　(証明終わり)

解説 | $\lim\limits_{n\to\infty}a_n=\alpha$ の正確な定義は, どんなに小さな正の数 ε に対しても, 十分大きい N を選ぶと, すべての $n\geqq N$ に対して, $|a_n-\alpha|<\varepsilon$ となることである. これを ε–N **論法**という.

本問の場合, $a_n\leqq 1-\varepsilon$ ならば $1-x>\dfrac{n\varepsilon^2}{2}$ より, $\dfrac{2(1-x)}{\varepsilon^2}>n$ である.

対偶をとると,

$$\dfrac{2(1-x)}{\varepsilon^2}\leqq n \quad \text{ならば} \quad a_n>1-\varepsilon$$

となる. $a_n<1$ と合わせて, $-\varepsilon<a_n-1<0$ となる. したがって, どんなに小

さな正の数 ε に対しても，十分大きい N を $N=\dfrac{2(1-x)}{\varepsilon^2}$ と定めると，すべての $n\geqq N$ を満たす n に対して，$|a_n-1|<\varepsilon$ となる．よって，ε–N 論法により $\displaystyle\lim_{n\to\infty} a_n=1$ であることが厳密に証明された．

（補足）ε–δ 論法

ε–N 論法とよく似たものに，ε–δ 論法がある．前者は数列の極限を厳密に定義するものであるのに対して，後者は関数の極限を厳密に定義する．

$\displaystyle\lim_{x\to a} f(x)=b$ の正確な定義は，どんなに小さな正の数 ε に対しても，十分小さい正の数 δ を選ぶと，$0<|x-a|<\delta$ を満たすすべての x に対して，$|f(x)-b|<\varepsilon$ となることである．これを ε–δ **論法**という．

問題 0.2

グリーンの公式

半径 10 の円 C がある．半径 3 の円板 D を，円 C に内接させながら，円 C の円周に沿って滑ることなく転がす．円板 D の周上の一点を P とする．点 P が，円 C の円周に接してから再び円 C の円周に接するまでに描く曲線は，円 C を二つの部分に分ける．それぞれの面積を求めよ．

2004 年 東京大 入試問題

解答 $\vec{0}$ でないベクトル $\vec{v}$ の偏角を，$\begin{pmatrix}1\\0\end{pmatrix}$ から 反時計まわりに $\vec{v}$ まで測った角度で定義する．

$C:x^2+y^2=10^2$ とおける．最初の D の位置を $(x-7)^2+y^2=3^2$，P の位置を A(10,0) とする (図 0.2)．D の中心を Q とおく．$\overrightarrow{OQ}$ の偏角が θ のときの点 P の位置を計算する．

Q は，原点 O から 7 の距離にあるので，Q($7\cos\theta,7\sin\theta$) とおける．C と D の半径比は 10:3 なので，回転角の比は 3:10 となる．よって，$\overrightarrow{QP}$ は $\overrightarrow{OQ}$ を

$$\text{時計回りに角 } \frac{10}{3}\theta \text{ 回転} \tag{1}$$

させた方向を向いている (図 0.3)．

$\overrightarrow{OQ}$ の偏角は θ なので，$\overrightarrow{QP}$ の偏角は $\theta-\dfrac{10}{3}\theta=-\dfrac{7}{3}\theta$ となる．したがって，

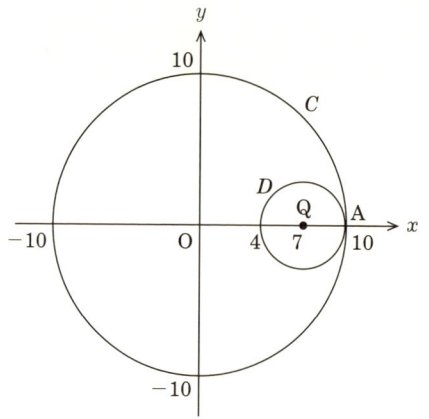

図 0.2　最初の位置

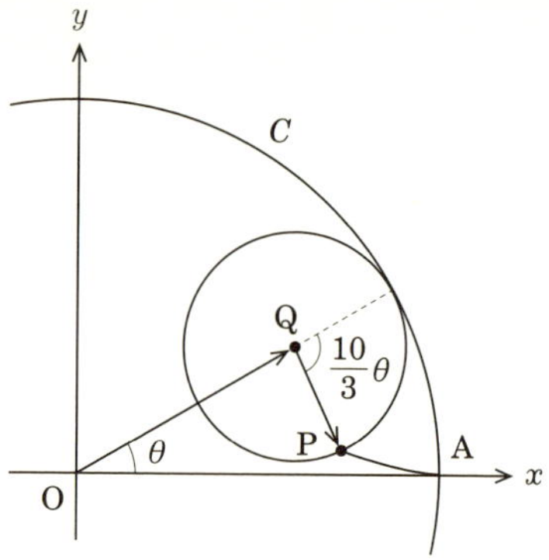

図 0.3　θ 回ったとき

$$\overrightarrow{\mathrm{QP}} = \begin{pmatrix} 3\cos\left(-\dfrac{7}{3}\theta\right) \\ 3\sin\left(-\dfrac{7}{3}\theta\right) \end{pmatrix} = \begin{pmatrix} 3\cos\dfrac{7}{3}\theta \\ -3\sin\dfrac{7}{3}\theta \end{pmatrix}.$$

$\overrightarrow{\mathrm{OP}} = \overrightarrow{\mathrm{OQ}} + \overrightarrow{\mathrm{QP}}$ なので，

$$\mathrm{P}\left(7\cos\theta + 3\cos\dfrac{7}{3}\theta,\ 7\sin\theta - 3\sin\dfrac{7}{3}\theta\right).$$

(1) 式が 0 のとき，点 P は C の周上の点 A の位置にある．このとき，$\theta = 0$ である．(1) 式が 2π になると，点 P は再度 C の周上の点 B にくる (図 0.4)．このとき，$\theta = \dfrac{3\pi}{5}$ なので，B の座標は

$$\left(7\cos\dfrac{3\pi}{5} + 3\cos\dfrac{7\pi}{5},\ 7\sin\dfrac{3\pi}{5} - 3\sin\dfrac{7\pi}{5}\right) = \left(10\cos\dfrac{3\pi}{5},\ 10\sin\dfrac{3\pi}{5}\right)$$

となる．

動点 P が A から B まで動くとき，線分 OP が通過する部分の面積を S とおく．グリーンの公式 (p.153) の特別な場合より，

$$S = \dfrac{1}{2}\int_0^{\frac{3\pi}{5}} \left(x\dfrac{dy}{d\theta} - y\dfrac{dx}{d\theta}\right) d\theta$$

$$= \dfrac{1}{2}\int_0^{\frac{3\pi}{5}} \left\{\left(7\cos\theta + 3\cos\dfrac{7}{3}\theta\right)\left(7\cos\theta - 7\cos\dfrac{7}{3}\theta\right)\right.$$

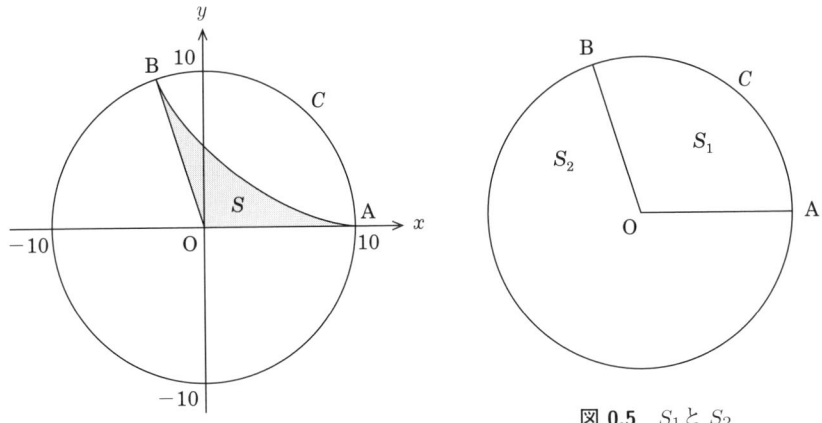

図 0.4 P の描く曲線と S

図 0.5 S_1 と S_2

$$-\left(7\sin\theta-3\sin\frac{7}{3}\theta\right)\left(-7\sin\theta-7\sin\frac{7}{3}\theta\right)\Big\} d\theta$$

$$=\frac{7}{2}\int_0^{\frac{3\pi}{5}}\Big\{\left(7\cos\theta+3\cos\frac{7}{3}\theta\right)\left(\cos\theta-\cos\frac{7}{3}\theta\right)$$

$$+\left(7\sin\theta-3\sin\frac{7}{3}\theta\right)\left(\sin\theta+\sin\frac{7}{3}\theta\right)\Big\} d\theta$$

$$=\frac{7}{2}\int_0^{\frac{3\pi}{5}}\left(7-4\cos\theta\cos\frac{7}{3}\theta+4\sin\theta\sin\frac{7}{3}\theta-3\right)d\theta$$

$$=\frac{7}{2}\int_0^{\frac{3\pi}{5}}\Big\{4-4\cos\left(\theta+\frac{7}{3}\theta\right)\Big\} d\theta$$

$$=14\int_0^{\frac{3\pi}{5}}\left(1-\cos\frac{10}{3}\theta\right)d\theta = 14\left[\theta-\frac{3}{10}\sin\frac{10}{3}\theta\right]_0^{\frac{3\pi}{5}}=\frac{42}{5}\pi.$$

円 C と二つの半径 OA と OB で囲まれた部分のうち, 小さい方の面積を S_1, 大きい方の面積を S_2 とおく (図 0.5).

$$S_1=\frac{1}{2}\cdot 10^2\cdot\frac{3\pi}{5}=30\pi, \quad S_2=\pi 10^2-S_1=70\pi$$

である.

よって, 求める面積は,

$$\text{(答)} \quad S_1-S=\frac{108}{5}\pi, \quad S_2+S=\frac{392}{5}\pi.$$

第 0 章 基本問題でウォーミングアップ

解説 x, y が t の式であるとして，xy 平面上の動点 P が

$$(x, y) = (x(t), y(t)) \qquad (a \leqq t \leqq b)$$

とパラメータ表示されているとする．動点 P が $A(x(a), y(a))$ から $B(x(b), y(b))$ まで動くとき，線分 OP が通過する領域の面積 S は

$$S = \int_a^b \frac{1}{2}\left(x\frac{dy}{dt} - y\frac{dx}{dt}\right)dt \tag{2}$$

となる．ただし，反時計回りを正の向きとし，線分が反時計回りに回るときは面積が正 (図 0.6)，時計回りに回るときは負 (図 0.7) であるとする．

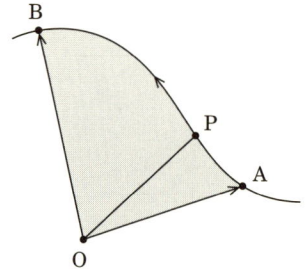
図 **0.6** 反時計回りに回る場合

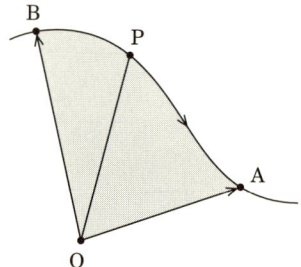
図 **0.7** 時計回りに回る場合

たとえば，A が x 軸の正の部分の点 $(x_0, 0)$，B が y 軸の正の部分の点 $(0, y_0)$ で，点 P の y 座標が x 座標の単調減少関数になっている場合を考えてみる．x 軸上で積分すると (図 0.8)，

$$S = \int_0^{x_0} y\, dx = \int_b^a y\frac{dx}{dt}dt = -\int_a^b y\frac{dx}{dt}dt.$$

y 軸上で積分すると (図 0.9)，

$$S = \int_0^{y_0} x\, dy = \int_a^b x\frac{dy}{dt}dt.$$

両者を足して半分にすると，

$$S = \int_a^b \frac{1}{2}\left(x\frac{dy}{dt} - y\frac{dx}{dt}\right)dt$$

となり (2) 式を得る．一般の場合の (2) 式の証明の概要は次の通りである．

t が Δt だけ増えたとき，x の微小変化量を Δx，y の微小変化量を Δy とす

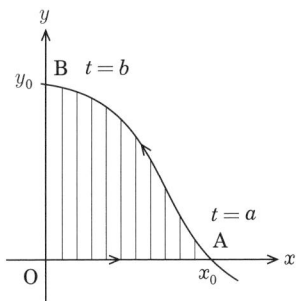

図 0.8　x 軸上で積分する

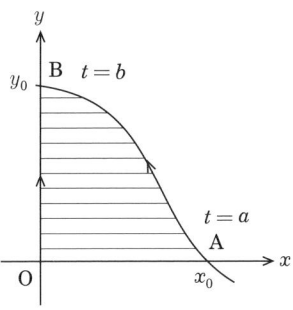

図 0.9　y 軸上で積分する

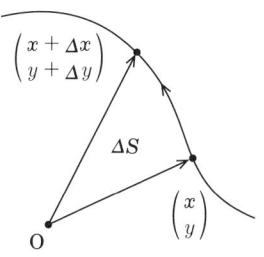

図 0.10　ΔS

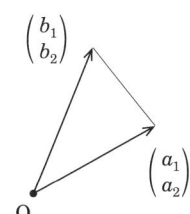

図 0.11　面積公式

る．OP の掃く (通過する) 符号付き面積 ΔS を三角形で近似すると

$$\Delta S \fallingdotseq \frac{1}{2}\det\begin{pmatrix} x & x+\Delta x \\ y & y+\Delta y \end{pmatrix} = \frac{1}{2}\{x(y+\Delta y)-y(x+\Delta x)\}$$
$$= \frac{1}{2}(x\Delta y - y\Delta x) = \frac{1}{2}\left(x\frac{\Delta y}{\Delta t}-y\frac{\Delta x}{\Delta t}\right)\Delta t \tag{3}$$

となる (図 0.10)．

ここで，$\begin{pmatrix} a_1 \\ a_2 \end{pmatrix}$ と $\begin{pmatrix} b_1 \\ b_2 \end{pmatrix}$ で張られる三角形の符号付き面積が

$$\frac{1}{2}\det\begin{pmatrix} a_1 & b_1 \\ a_2 & b_2 \end{pmatrix} = \frac{1}{2}(a_1 b_2 - a_2 b_1)$$

で与えられることを用いた (図 0.11)．

(3) 式の誤差が Δt より高位の無限小であることを仮定する．

S を原点を端点とする半直線で n 個に分割したとき，k 番目の点を (x_k, y_k)，$(x_k, y_k) - (x_{k-1}, y_{k-1}) = (\Delta x_k, \Delta y_k)$，$k$ 番目の微小面積を ΔS_k とおくと，

$$S = \sum_{k=1}^{n} \Delta S_k \fallingdotseq \sum_{k=1}^{n} \frac{1}{2}\left(x_k \frac{\Delta y_k}{\Delta t} - y_k \frac{\Delta x_k}{\Delta t}\right) \Delta t$$

であるから，$\Delta t \to 0$ とすることにより (2) 式

$$S = \int_a^b \frac{1}{2}\left(x \frac{dy}{dt} - y \frac{dx}{dt}\right) dt$$

を得る．ここで，定積分の定義

$$\int_a^b f(t) dt = \lim_{n \to \infty} \sum_{k=1}^{n} f(a + k \Delta t) \Delta t \quad \left(\Delta t = \frac{b-a}{n}\right)$$

を用いた．

問題 0.3

極座標による求積：$\theta =$ (一定) で切る

xyz 空間において，平面 $z=0$ 上の原点を中心とする半径 2 の円を底面とし，点 $(0,0,1)$ を頂点とする円錐を A とする．

次に，平面 $z=0$ 上の点 $(1,0,0)$ を中心とする半径 1 の円を H，平面 $z=1$ 上の点 $(1,0,1)$ を中心とする半径 1 の円を K とする．H と K を二つの底面とする円柱を B とする．円錐 A と円柱 B の共通部分を C とする．C の体積を求めよ．

2003 年 東京大 入試問題 (改題)

解答 | xy 平面上の点を極座標で表すと，円錐 A の側面の式は

$$z = 1 - \frac{r}{2}, \quad 0 \leqq r \leqq 2 \tag{1}$$

となる．

xy 平面上の円 H の式

$$(x-1)^2 + y^2 = 1 \iff x^2 + y^2 = 2x$$

に $x = r\cos\theta$ と $y = r\sin\theta$ $(-\pi < \theta \leqq \pi)$ を代入すると，$r = 2\cos\theta$ を得る．よって，円柱 B の側面の式は

$$r = 2\cos\theta, \quad 0 \leqq z \leqq 1 \tag{2}$$

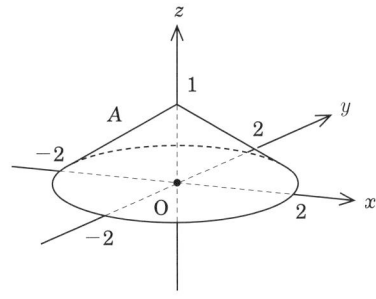

図 0.12　円錐 A

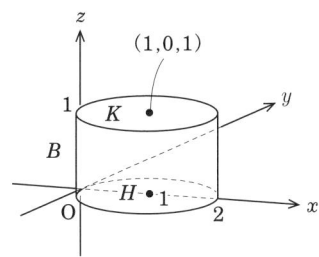

図 0.13　円柱 B

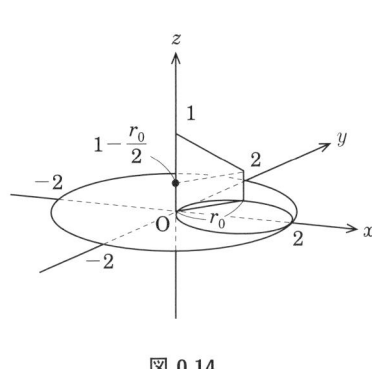

図 0.14

図 0.15　ΔV の分割

となる．$2\cos\theta = r \geqq 0$ であるから，$-\dfrac{\pi}{2} \leqq \theta \leqq \dfrac{\pi}{2}$ となる．

z 軸を境界とする半平面 $\theta = \theta_0 \left(-\dfrac{\pi}{2} \leqq \theta_0 \leqq \dfrac{\pi}{2}\right)$ で (2) を切ると z 軸に平行な，長さ 1 の線分 $r = 2\cos\theta_0,\ 0 \leqq z \leqq 1$ になる．

この r を r_0 とおくと，$\theta = \theta_0$ での A と B の共通部分 C の切り口は下底 1，上底 $1 - \dfrac{r_0}{2}$，高さ r_0 の台形になる (図 0.14)．

θ が θ_0 から $\theta_0 + \Delta\theta$ まで動いたとき，半平面が通過する C の部分の体積を ΔV とおく．$\Delta\theta$ が十分 0 に近いとき，ΔV は，頂角 $\Delta\theta$, 半径 r_0 の扇型を底面とする，高さ $1 - \dfrac{r_0}{2}$ の柱と，同じ扇型を底面とする，高さ $\dfrac{r_0}{2}$ の錐で近似できる (図 0.15)．したがって，

$$\Delta V \fallingdotseq \left(\frac{1}{2}r_0^2\Delta\theta\right)\left(1-\frac{r_0}{2}\right)+\frac{1}{3}\left(\frac{1}{2}r_0^2\Delta\theta\right)\frac{r_0}{2}=\left(\frac{r_0^2}{2}-\frac{r_0^3}{6}\right)\Delta\theta$$
$$=\left\{\frac{(2\cos\theta_0)^2}{2}-\frac{(2\cos\theta_0)^3}{6}\right\}\Delta\theta=\left(2\cos^2\theta_0-\frac{4\cos^3\theta_0}{3}\right)\Delta\theta.$$

誤差は $\Delta\theta$ より高位の無限小となる. θ_0 を $-\frac{\pi}{2}\leqq\theta\leqq\frac{\pi}{2}$ の k 等分点 $\theta_k=-\frac{\pi}{2}+\frac{k}{n}\pi$ に選ぶと,

$$V\fallingdotseq\sum_{k=1}^{n}\left(2\cos^2\theta_k-\frac{4\cos^3\theta_k}{3}\right)\Delta\theta \qquad \left(\Delta\theta=\frac{\pi}{n}\right)$$

である. $n\to\infty$ として $\Delta\theta\to 0$ とすることにより,

$$V=\lim_{n\to\infty}\sum_{k=1}^{n}\left(2\cos^2\theta_k-\frac{4\cos^3\theta_k}{3}\right)\Delta\theta=\int_{-\frac{\pi}{2}}^{\frac{\pi}{2}}\left(2\cos^2\theta-\frac{4\cos^3\theta}{3}\right)d\theta.$$

ここで, 定積分の定義

$$\int_a^b f(\theta)d\theta=\lim_{n\to\infty}\sum_{k=1}^{n}f(a+k\Delta\theta)\Delta\theta \qquad \left(\Delta\theta=\frac{b-a}{n}\right)$$

を用いた. $\cos\theta$ は偶関数なので

$$V=2\int_0^{\frac{\pi}{2}}\left(2\cos^2\theta-\frac{4\cos^3\theta}{3}\right)d\theta$$
$$=4\int_0^{\frac{\pi}{2}}\cos^2\theta d\theta-\frac{8}{3}\int_0^{\frac{\pi}{2}}\cos^3\theta d\theta=4\left(\frac{1}{2}\cdot\frac{\pi}{2}\right)-\frac{8}{3}\left(\frac{2}{3}\cdot 1\right).$$

よって,

$$\text{(答)}\quad \pi-\frac{16}{9}.$$

解説 | n を非負整数とし, $\cos^0\theta=1$ とする. $I_n=\int_0^{\frac{\pi}{2}}\cos^n\theta d\theta$ とおく. 部分積分を使うと, 漸化式 $I_{n+2}=\frac{n+1}{n+2}I_n$ が証明できる. 帰納的に, 次式を得る.

$$I_{2m}=\frac{2m-1}{2m}\times\cdots\times\frac{5}{6}\cdot\frac{3}{4}\cdot\frac{1}{2}I_0=\frac{2m-1}{2m}\times\cdots\times\frac{5}{6}\cdot\frac{3}{4}\cdot\frac{1}{2}\cdot\frac{\pi}{2},$$
$$I_{2m+1}=\frac{2m}{2m+1}\times\cdots\times\frac{6}{7}\cdot\frac{4}{5}\cdot\frac{2}{3}\cdot I_1=\frac{2m}{2m+1}\times\cdots\times\frac{6}{7}\cdot\frac{4}{5}\cdot\frac{2}{3}\cdot 1$$

ここで，m は非負整数とする．

$\int_0^{\frac{\pi}{2}} \sin^n\theta d\theta$ も I_n と同じ値になる．$\int_0^\pi \sin^n\theta d\theta$ は $2I_n$ になる．

（発展）　ウォリスの公式

上の漸化式より $(n+2)I_{n+2}I_{n+1}=(n+1)I_{n+1}I_n$ なので，n を一つずつ下げていくと，

$$(n+1)I_{n+1}I_n = nI_nI_{n-1} = \cdots = 1 I_1 I_0 = \frac{\pi}{2}$$

を得る．$n=2m$ を代入すると，

$$(2m+1)I_{2m+1}I_{2m} = \frac{\pi}{2}. \tag{3}$$

また，$\sin^n\theta \geqq \sin^{n+1}\theta \geqq \sin^{n+2}\theta$ なので，$I_n \geqq I_{n+1} \geqq I_{n+2} = \frac{n+1}{n+2}I_n$.

I_n で割って，$1 \geqq \frac{I_{n+1}}{I_n} \geqq \frac{n+1}{n+2}$．挟みうち論法より，$\lim_{n\to\infty} \frac{I_{n+1}}{I_n} = 1$.

$n=2m$ を代入すると，

$$\lim_{m\to\infty} \frac{I_{2m+1}}{I_{2m}} = 1. \tag{4}$$

(3)×(4) より，

$$\lim_{m\to\infty} (2m+1)I_{2m+1}{}^2 = \frac{\pi}{2}$$

$$\iff \lim_{m\to\infty} (2m+1) \frac{(2m)^2}{(2m+1)^2} \times \cdots \times \frac{6^2}{7^2} \cdot \frac{4^2}{5^2} \cdot \frac{2^2}{3^2} \cdot 1^2 = \frac{\pi}{2}$$

$$\iff \lim_{m\to\infty} \frac{(2m)^2}{(2m)^2-1} \times \cdots \times \frac{6^2}{6^2-1} \cdot \frac{4^2}{4^2-1} \cdot \frac{2^2}{2^2-1} = \frac{\pi}{2}.$$

これを**ウォリスの公式**という．

問題 0.4

カバリエリの原理

xz 平面上の放物線 $z = \frac{3}{4} - x^2$ を z 軸のまわりに回転して得られる曲面 K を，原点を通り回転軸と $45°$ の角をなす平面 H で切る．曲面 K と平面 H で囲まれた立体の体積を求めよ．

1983 年 東京大 入試問題 (改題)

解答 K が xyz 空間内にあるとして,まず K の式を求める.z 軸に垂直な平面 $z=z_0$ で K を切った切り口は,$z_0=\frac{3}{4}-x^2$ より,$(0,0,z_0)$ を中心とする半径 $x=\sqrt{\frac{3}{4}-z_0}$ の円周 $x^2+y^2=\frac{3}{4}-z_0$ である.この円周が z 軸方向に動いて描く曲面が K であるから,z_0 を z におきかえた $z=\frac{3}{4}-x^2-y^2$ が K の式となる.$H: z=x$ とおける.

回転放物面 K と平面 H で囲まれた部分 (図 0.16) の体積 V は曲面

$$z=\left(\frac{3}{4}-x^2-y^2\right)-x=1-\left(x+\frac{1}{2}\right)^2-y^2$$

と xy 平面 $(z=0)$ で囲まれた部分の体積に等しい (図 0.17).

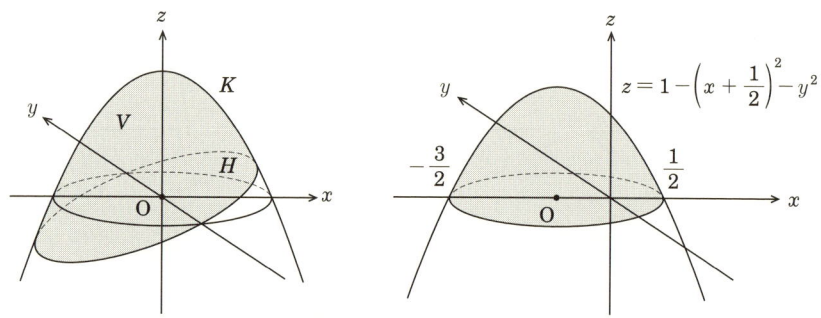

図 0.16　K と H　　　　　図 0.17　変形した場合

これらを,x 軸方向に $\frac{1}{2}$ だけ平行移動すると,

$$\text{曲面}\quad z=1-x^2-y^2 \tag{1}$$

と $z=0$ で囲まれた部分になる.(1) は,xz 平面上の放物線 $z=1-x^2$ を z 軸で回転して得られる曲面なので,

(答) $V=\frac{1}{2}(\text{底面積})(\text{高さ})=\frac{1}{2}\cdot\pi 1^2\cdot 1=\frac{\pi}{2}$.

解説 xy 平面上の二つの図形 D_1, D_2 を x 軸に垂直な直線 $x=x_0$ で切った切り口の長さを $l_1(x_0), l_2(x_0)$ とおく.D_1 の面積は $l_1(x)$ を x で積分すると求めることができる (図 0.18).D_2 の面積は $l_2(x)$ を x で積分すると求めることができる (図 0.19).

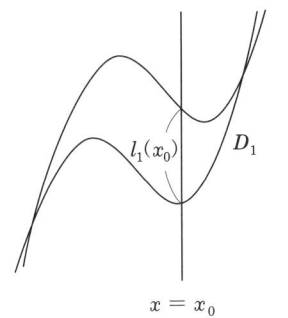

図 0.18　D_1

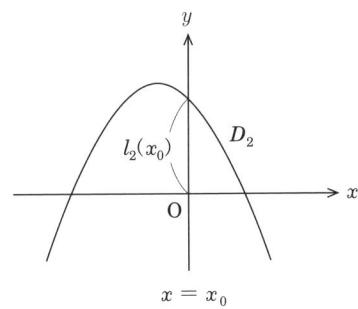

図 0.19　D_2

よって，つねに $l_1(x) = l_2(x)$ が成り立つなら，D_1 の面積と D_2 の面積は等しくなる．これを**カバリエリの原理**という．

空間図形に対しても，同様のことが成り立つ．xyz 空間内の二つの図形 K_1, K_2 を x 軸に垂直な平面 $x = x_0$ で切った切り口の面積を $S_1(x_0)$, $S_2(x_0)$ とおく．K_1 の体積は $S_1(x)$ を x で積分すると求めることができる．K_2 の体積は $S_2(x)$ を x で積分すると求めることができる．

よって，つねに $S_1(x) = S_2(x)$ が成り立つなら，K_1 の体積と K_2 の体積は等しくなる．これも**カバリエリの原理**という．

$K: z = \dfrac{3}{4} - x^2 - y^2$ と $H: z = x$ で囲まれた図形を K_1，曲面 $z = 1 - \left(x + \dfrac{1}{2}\right)^2 - y^2$ と $z = 0$ で囲まれた図形を K_2 とおく．

これらの場合，平面 $x = x_0$ での切り口は，

$$x_0 \leqq z \leqq \dfrac{3}{4} - x_0{}^2 - y^2 \quad \text{と} \quad 0 \leqq z \leqq 1 - \left(x_0 + \dfrac{1}{2}\right)^2 - y^2$$

である．

$\alpha = \sqrt{\dfrac{3}{4} - x_0{}^2 - x_0}$ とおくと，両者の面積はともに

$$\int_{-\alpha}^{\alpha} \left(\dfrac{3}{4} - x_0{}^2 - x_0 - y^2\right) dy$$

であるから，等しい．よって，カバリエリの原理より，K_1 の体積と K_2 の体積は等しくなる．

（補足）　放物面と体積

三角形の面積の公式は，$\frac{1}{2} \times$(底辺)$\times$(高さ) であった (図 0.20)．

放物線と直線で囲まれた部分の面積の公式は，$\frac{2}{3} \times$(底辺)$\times$(高さ) になる．

錐の体積の公式は，$\frac{1}{3} \times$(底面積)$\times$(高さ) であった．

放物面と平面で囲まれた部分の体積の公式は，$\frac{1}{2} \times$(底面積)$\times$(高さ) となる．解答では，最後にこの公式を用いた．

4 次元の錐の 4 次元体積の公式は $\frac{1}{4} \times$(底"体積")$\times$(高さ) となる．

3 次元の放物面と 3 次元の平面で囲まれた部分の 4 次元体積の公式は，$\frac{2}{5} \times$(底"体積")$\times$(高さ) となる．

n 次元の場合の係数は，錐のとき $\frac{1}{n}$ に，放物面のとき $\frac{2}{n+1}$ になる．これらの公式はすべて積分で簡単に導出できる．

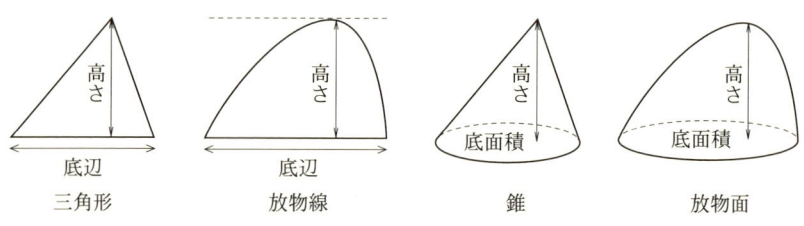

図 0.20

問題 0.5
極方程式と長さ

半直線 OX が，点 O のまわりを毎秒 1 ラジアンの角速度で回転している．OX 上を運動する点 P が，時刻 t 秒において，点 O から e^{2t} cm の距離にあるという．時刻 0 秒から 2π 秒までの間に，点 P の動く道のりを求めよ．ただし，e は自然対数の底である．

1966 年 東京大 入試問題

解答　OP$=r(t)$ とおくと，問題より $r(t)=e^{2t}$ である．

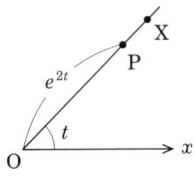

図 0.21 極座標

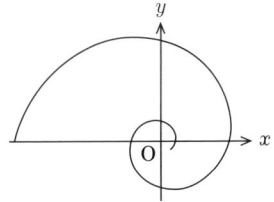

図 0.22 対数螺旋

t で微分すると, $\dfrac{dr}{dt}=2e^{2t}$. よって,

$$\sqrt{r^2+\left(\dfrac{dr}{dt}\right)^2}=\sqrt{(e^{2t})^2+(2e^{2t})^2}=\sqrt{5}e^{2t}.$$

曲線の長さの公式より,

(答) $\displaystyle\int_0^{2\pi}\sqrt{r^2+\left(\dfrac{dr}{dt}\right)^2}dt=\int_0^{2\pi}\sqrt{5}e^{2t}dt=\left[\dfrac{\sqrt{5}}{2}e^{2t}\right]_0^{2\pi}=\dfrac{\sqrt{5}}{2}(e^{4\pi}-1).$

解説 パラメータ表示された曲線 $(x,y)=(x(t),y(t))$ $(\alpha\leqq t\leqq b)$ の長さは,

$$\int_\alpha^\beta\sqrt{\left(\dfrac{dx}{dt}\right)^2+\left(\dfrac{dy}{dt}\right)^2}dt$$

で求められる.

特に t が x に等しい場合, 曲線の長さは,

$$\int_\alpha^\beta\sqrt{1+\left(\dfrac{dy}{dx}\right)^2}dx$$

となる.

極座標 $(x,y)=(r(t)\cos t,r(t)\sin t)$ の場合, 曲線の長さは,

$$\int_\alpha^\beta\sqrt{r^2+\left(\dfrac{dr}{dt}\right)^2}dt$$

となる. 上の解答では, この公式を用いた.

（補足）　**極方程式と求積**

曲線 C が，積分可能な関数 $f(\theta)$ を用いて，極方程式

$$r = f(\theta) \quad (\alpha \leq \theta \leq \beta)$$

で表されるとする．このとき，C 上の点 P は，$(x,y) = (f(\theta)\cos\theta, f(\theta)\sin\theta)$ と書ける．$0 \leq \alpha \leq \beta \leq 2\pi$ のとき，線分 OP の掃く（通過する）領域 D の面積は

$$\int_\alpha^\beta \frac{1}{2}\{f(\theta)\}^2 d\theta \tag{1}$$

で求められる．θ が $\theta + \Delta\theta$ まで変化したときに OP が掃く部分の面積 ΔS を扇型で近似すると，$\Delta S \fallingdotseq \frac{1}{2}\{f(\theta)\}^2 \Delta\theta$ となる（図 0.23）．誤差は $\Delta\theta$ より高位の無限小なので，(1) が成り立つ．

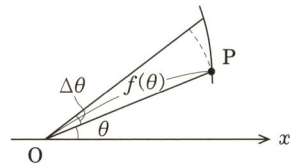

図 0.23

同様にして，$0 \leq \alpha \leq \beta \leq \pi$ のとき，D を x 軸で回転してできる立体の体積は，

$$\int_\alpha^\beta \frac{2\pi}{3}\{f(\theta)\}^3 \sin\theta \, d\theta \tag{2}$$

で求められる．

問題 0.6
畳み込み

$f(x) = 1 - \sin x$ に対し，$g(x) = \displaystyle\int_0^x (x-t)f(t)dt$ とおく．このとき，任意の実数 x, y について $g(x+y) + g(x-y) \geq 2g(x)$ が成り立つことを示せ．

1995 年 東京大 入試問題

解答 ｜ $g(x) = \displaystyle\int_0^x (x-t)f(t)dt$ は，$f(x)$ を 0 から x まで 2 回積分したものな

ので，$g''(x) = f(x) = 1 - \sin x \geqq 0$ である．

等号成立は $x = \dfrac{\pi}{2} + 2\pi n$ (n は任意の整数) のときのみなので，$g(x)$ のグラフは狭義に下に凸になる．したがって，グラフ上の2点 $(x-y, g(x-y))$, $(x+y, g(x+y))$ を結ぶ線分は，端点を除いてグラフより上側にある．特に，中点 $\left(x, \dfrac{g(x-y)+g(x+y)}{2}\right)$ は $y \neq 0$ のときグラフより上にある (図 0.24)．

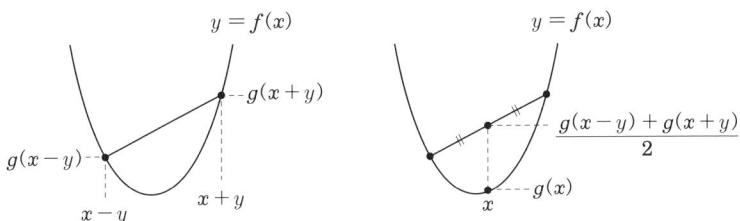

図 **0.24**

$y = 0$ のときは，線分が1点に退化するので，中点は端点に等しくグラフ上にのる．いずれにしても，

(答) $\quad \dfrac{g(x-y)+g(x+y)}{2} \geqq g(x) \iff g(x-y)+g(x+y) \geqq 2g(x)$.

解説 $\mid$ n を自然数とする．$f(x)$ が積分可能な関数のとき，

$$f_n(x) = \int_0^x \dfrac{(x-t)^{n-1}}{(n-1)!} f(t) dt$$

は $f(x)$ を 0 から x まで n 回積分したものになる．証明は n に関する帰納法でできる．

$F(x) = \displaystyle\int_0^x f(t) dt$ とおく．

[1] $n = 1$ のとき，

$$f_1(x) = \int_0^x \dfrac{(x-t)^0}{0!} f(t) dt = \int_0^x f(t) dt$$

より $f_1(x)$ は $f(x)$ を 0 から x まで1回積分したものである．

[2] $n = k$ のとき成立を仮定する．つまり，任意の積分可能な関数 $f(x)$ に対して，

$$f_k(x)=\int_0^x \frac{(x-t)^{k-1}}{(k-1)!}f(t)dt$$

が $f(x)$ を 0 から x まで k 回積分したものになると仮定する．

部分積分より，

$$\begin{aligned}
f_{k+1}(x)&=\int_0^x \frac{(x-t)^k}{k!}f(t)dt\\
&=\left[\frac{(x-t)^k}{k!}F(t)\right]_0^x - \int_0^x \frac{k(x-t)^{k-1}(-1)}{k!}F(t)dt\\
&=\left\{\frac{(x-x)^k}{k!}F(x)-\frac{(x-0)^k}{k!}F(0)\right\}+\int_0^x \frac{(x-t)^{k-1}}{(k-1)!}F(t)dt\\
&=0-0+(F(x) \text{ を } 0 \text{ から } x \text{ まで } k \text{ 回積分したもの})\\
&=(f(x) \text{ を } 0 \text{ から } x \text{ まで } k+1 \text{ 回積分したもの})
\end{aligned}$$

よって，$n=k+1$ のときも成立する．

（発展）　ガンマ関数

$s>0$ を定義域に持つ関数 $\Gamma(s)$ を

$$\Gamma(s)=\int_0^\infty x^{s-1}e^{-x}dx$$

で定める．これを**ガンマ関数**という．部分積分により，$\Gamma(s+1)=s\Gamma(s)$ の成立がわかるので，n が自然数のとき，数学的帰納法より $\Gamma(n)=(n-1)!\Gamma(1)$ が成り立つ．簡単な計算で $\Gamma(1)=1$ を得るので，$\Gamma(n)=(n-1)!$ となる．よって，s が正の実数のときも，$\Gamma(s)$ は $(s-1)!$ のようなものと考えることができる．つまり，ガンマ関数は，階乗を -1 より大きい実数に拡張する．これを用いると，任意の正の実数 s に対して，$f_s(x)=\int_0^x \frac{(x-t)^{s-1}}{\Gamma(s)}f(t)dt$ は $f(x)$ を s 回積分したものと思うことができる．たとえば，$\Gamma\left(\frac{1}{2}\right)=\sqrt{\pi}$ を用いると，

$$f_{\frac{1}{2}}(x)=\int_0^x \frac{(x-t)^{-\frac{1}{2}}}{\Gamma\left(\frac{1}{2}\right)}f(t)dt=\int_0^x \frac{1}{\sqrt{\pi(x-t)}}f(t)dt$$

は $f(x)$ を 0 から x まで $\frac{1}{2}$ 回積分したものと考えることができる．

$f(x) = x^m$ (m は非負整数) の $\frac{1}{2}$ 回積分を $t = x \sin^2 \theta$ と置換して計算すると，$f_{\frac{1}{2}}(x) = \frac{2}{\sqrt{\pi}} \cdot \frac{(2m)!!}{(2m+1)!!} x^{m+\frac{1}{2}}$ となる (p.10). ここで，

$$(2m)!! = (2m)(2m-2) \times \cdots \times 4 \times 2,$$
$$(2m+1)!! = (2m+1)(2m-1) \times \cdots \times 3 \times 1$$

である．$g(x) = x^{m+\frac{1}{2}}$ (m は非負整数) の $\frac{1}{2}$ 回積分を計算してみると，

$$g_{\frac{1}{2}}(x) = \frac{2}{\sqrt{\pi}} \cdot \frac{(2m+1)!!}{(2m+2)!!} \cdot \frac{\pi}{2} x^{m+1}$$

となる．

よって，x^m の $\frac{1}{2}$ 回積分を 2 回繰り返すと，

$$\left\{ \frac{2}{\sqrt{\pi}} \cdot \frac{(2m+1)!!}{(2m+2)!!} \cdot \frac{\pi}{2} \right\} \left\{ \frac{2}{\sqrt{\pi}} \cdot \frac{(2m)!!}{(2m+1)!!} \right\} x^{m+1} = \frac{1}{m+1} x^{m+1}$$

となり，1 回積分に等しくなる．

第1章 関数と極限

基礎のまとめ

1 複素数の絶対値と偏角

複素数 $a+bi$ (a,b は実数, $i=\sqrt{-1}$) 全体の集合を $\mathbb{C}$ と書く. $z=a+bi\in\mathbb{C}$ に対して,絶対値 $|z|$ を $r=\sqrt{a^2+b^2}$ で定義する.

偏角 $\arg(z)$ を $\begin{pmatrix}1\\0\end{pmatrix}$ から $\begin{pmatrix}a\\b\end{pmatrix}$ へ反時計回りに測った角 θ で定める (図 1.1).

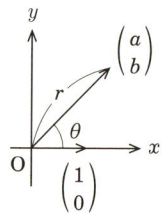

図 1.1

2 双曲線関数

ハイパボリックサイン (双曲線正弦) $\sinh x$ を $\dfrac{e^x-e^{-x}}{2}$ で定める.

ハイパボリックコサイン (双曲線余弦) $\cosh x$ を $\dfrac{e^x+e^{-x}}{2}$ で定める.

ハイパボリックタンジェント (双曲線正接) $\tanh x$ を $\dfrac{\sinh x}{\cosh x}$ で定める.

これらを双曲線関数という. $(x,y)=(\pm\cosh t,\sinh t)$ は,双曲線 $x^2-y^2=1$ のパラメータ表示になる.

3 オイラーの公式

$e^{i\theta}=\cos\theta+i\sin\theta$ が成り立つ. これを**オイラーの公式**という.
$\cos\theta=\dfrac{e^{i\theta}+e^{-i\theta}}{2}$, $\sin\theta=\dfrac{e^{i\theta}-e^{-i\theta}}{2i}$ が成り立つ.

4　元と部分集合

x が集合 X の元 (要素) であることを $x \in X$ と書く．A が集合 X の部分集合であることを $A \subset X$ と書く．

5　写像

X, Y を集合とする．X を定義域，Y を終域とする写像 (変換，関数) $f : X \to Y$ とは，各 $x \in X$ ごとに $y \in Y$ を対応させることである．この y を $f(x)$ と書く．ある $x \in X$ に対応する $y \in Y$ が存在しない場合や，対応する $y \in Y$ が 2 個以上ある場合は写像とは言わない．

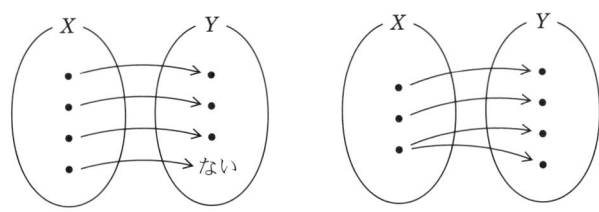

図 1.2　写像でない場合

6　逆写像

写像 $f : X \to Y$ によって，x が y に対応する，つまり，$y = f(x)$ であるとする．この式を逆に解いて，$g(y) = x$ とし，y に x を対応させる写像を作る．この $g : Y \to X$ を f の逆写像 (逆変換，逆関数) といい，$g = f^{-1}$ と書く．これは，f の逆数 $\dfrac{1}{f}$ とはまったく別のものである．

合成 $g \circ f : X \to X$ と合成 $f \circ g : Y \to Y$ が恒等写像になるような g を f の逆写像であるといっても同じ．

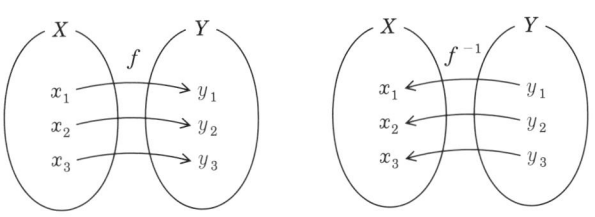

図 1.3　f と f^{-1}

7　像と原像

写像 $f:X\to Y$ を考える．$A\subset X$ の写り先 $f(A)=\{f(a)\in Y \mid a\in A\}$ を A の像，$B\subset Y$ に写ってくるもの全体 $f^{-1}(B)=\{x\in X \mid f(x)\in B\}$ を B の原像という．

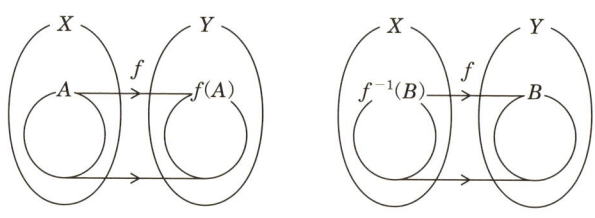

図 1.4　A の像 $f(A)$ と B の原像 $f^{-1}(B)$

8　全射と単射

写像 $f:X\to Y$ を考える．定義域 X 全体の移り先を f の像(値域)といい，$f(X)$ が Y 全体になるとき，$f:X\to Y$ は全射(上への対応)であるという．

f によって，異なる元の写り先は常に異なるとき，$f:X\to Y$ は単射(1対1の対応)であるという．

全射かつ単射となる $f:X\to Y$ を全単射(双射)などという．

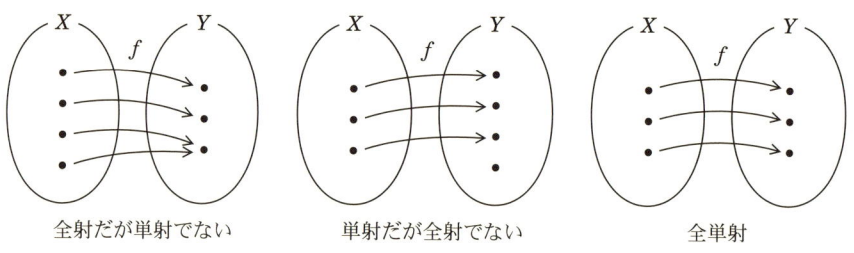

全射だが単射でない　　単射だが全射でない　　全単射

図 1.5

逆写像 $f^{-1}:Y\to X$ の存在と，$f:X\to Y$ の全単射性は同値である．

$\mathbb{R}$ を実数全体の集合，$\mathbb{R}_{\geqq 0}$ を非負実数全体の集合とする．同じ対応の規則 $x\mapsto x^2$ でも，

$$f_1:\mathbb{R}\to\mathbb{R} \text{ は全射でも単射でもない．}$$

$$f_2:\mathbb{R}\to\mathbb{R}_{\geqq 0} \text{ は全射だが単射でない．}$$

$f_3:\mathbb{R}_{\geqq 0}\to\mathbb{R}$ は全射でないが単射である．

$f_4:\mathbb{R}_{\geqq 0}\to\mathbb{R}_{\geqq 0}$ は全単射である．

したがって $f_1\sim f_4$ のうち f_4 のみが逆写像をもつ．

9 濃度

二つの集合 X,Y の間に全単射があるとき，X と Y の濃度が等しいという．濃度は個数の拡張概念である．

10 順序数

任意の集合に対して，うまい順序があって，元を一列に並べる (整列集合にする) ことができる．これは**整列可能定理**と呼ばれる．

二つの整列集合 X,Y の間に順序を保つ全単射があるとき，X と Y は**順序数**が等しい (順序同型である) という．

非負整数や非負偶数，正の奇数に普通に順序を入れた整列集合の順序数はすべて同じで，ω と書くことが多い．非負整数を並べかえて $1<3<5<\cdots<0<2<4<\cdots$ とした整列集合の順序数は $\omega+\omega=\omega\cdot 2$ になる．

11 逆双曲線関数

$y=\sinh x$ の逆関数は $y=\log(x+\sqrt{x^2+1})$．

$y=\cosh x\ (x\geqq 0)$ の逆関数は $y=\log(x+\sqrt{x^2-1})\ (x\geqq 1)$．

$y=\tanh x$ の逆関数は $y=\dfrac{1}{2}\log\dfrac{1+x}{1-x}\ (-1<x<1)$．

12 逆三角関数

$\sin x\ \left(-\dfrac{\pi}{2}\leqq x\leqq\dfrac{\pi}{2}\right)$ の逆関数を $\mathrm{Arcsin}\,x\ (-1\leqq x\leqq 1)$ とおく．

$\mathrm{Sin}^{-1}x$ と書くこともあるが，$\dfrac{1}{\sin x}$ と勘違いしやすいので注意．

$\cos x\ (0\leqq x\leqq\pi)$ の逆関数を $\mathrm{Arccos}\,x\ (-1\leqq x\leqq 1)$ とおく．

$\mathrm{Cos}^{-1}x$ と書くこともあるが，$\dfrac{1}{\cos x}$ と勘違いしやすいので注意．

$\tan x\ \left(-\dfrac{\pi}{2}<x<\dfrac{\pi}{2}\right)$ の逆関数を $\mathrm{Arctan}\,x$ とおく．

$\mathrm{Tan}^{-1}x$ と書くこともあるが，$\dfrac{1}{\tan x}$ と勘違いしやすいので注意．

13 上限と下限

たとえば，区間 $I:a\leqq x\leqq b$ 内の実数の最大値 $\max I$ は b，最小値 $\min I$ は a，上限 $\sup I$ は b，下限 $\inf I$ は a である．

区間 $J: a<x<b$ 内の実数の最大値 $\max J$ はなし，最小値 $\min J$ もなし，上限 $\sup J$ は b，下限 $\inf J$ は a である．このように，等号が成立しない場合にも最大値，最小値を拡張した概念が**上限**，**下限**である．

14　数列の収束

どんなに小さな誤差限界 $\varepsilon>0$ に対しても，十分大きなすべての n に対して，$|a_n-\alpha|<\varepsilon$ となるとき，数列 $\{a_n\}$ は α に収束するという．$\lim\limits_{n\to\infty}a_n=\alpha$ とか $a_n\to\alpha\ (n\to\infty)$ と書く．

15　上極限と下極限

たとえば，$i=\sqrt{-1}$ のとき，数列
$$a_n=i^n+(-i)^n+\frac{1}{n}$$
は $2, 0, -2$ の近くを行き来しながら，これらの値に集まってくる．実際，$\lim\limits_{n\to\infty}a_{2n+1}=0$, $\lim\limits_{n\to\infty}a_{4n+2}=-2$, $\lim\limits_{n\to\infty}a_{4n}=2$ となる．

このように数値が集積する値のうち最大のものを**上極限**といい，$\limsup\limits_{n\to\infty}a_n$ とか $\overline{\lim\limits_{n\to\infty}}a_n$ と書く．上の例の場合，$\limsup\limits_{n\to\infty}a_n=2$ である．

最小のものを**下極限**といい，$\liminf\limits_{n\to\infty}a_n$ とか $\underline{\lim}\limits_{n\to\infty}a_n$ と書く．上の例の場合，$\liminf\limits_{n\to\infty}a_n=-2$ である．

16　コーシー列と完備性

$\begin{cases}m\to\infty\\n\to\infty\end{cases}$ のとき $|a_n-a_m|\to 0$ を満たす数列 $\{a_n\}$ を**コーシー列**という．どんなコーシー列も収束する集合は完備であるという．たとえば，有理数全体の集合 $\mathbb{Q}$ は完備ではないが，実数全体の集合 $\mathbb{R}$ は完備である．

17　絶対収束

$\sum\limits_{k=1}^{\infty}|a_k|$ が収束するとき，$\sum\limits_{k=1}^{\infty}a_k$ は**絶対収束**するという．和が絶対収束するなら，和は収束し，その値は足す順番によらない．

しかし，和が収束しても，和が絶対収束するとは限らない．この場合，和の値は足す順番によって変化する．

たとえば，0 でない整数の逆数を，正の数と負の数を交互に並べると，
$$1-1+\frac{1}{2}-\frac{1}{2}+\frac{1}{3}-\frac{1}{3}+\cdots=0$$

だが，正の数二つと負の数一つを交互に並べると，
$$1+\frac{1}{2}-1+\frac{1}{3}+\frac{1}{4}-\frac{1}{2}+\cdots=\log 2$$
となる．

18　連続

実数内の区間 I で定義された関数 $f(x)$ が**連続**とは，どんなに小さな数 $\varepsilon>0$ と任意の $y\in I$ に対しても，十分小さな数 $\delta>0$ を選ぶと，任意の x に対して
$$|x-y|<\delta \quad \text{ならば} \quad |f(x)-f(y)|<\varepsilon$$
とできることである．ここで，δ は ε,y の関数である．

19　一様連続

区間 I で定義された関数 $f(x)$ が**一様連続**とは，どんなに小さな数 $\varepsilon>0$ に対しても，十分小さな数 $\delta>0$ を選ぶと，任意の $x,y\in I$ に対して，
$$|x-y|<\delta \quad \text{ならば} \quad |f(x)-f(y)|<\varepsilon$$
とできることである．ここで，δ は ε のみの関数であって，y には無関係に選べることを要求する．

区間 I がコンパクト (有界閉区間) $a\leqq x\leqq b$ のときは，連続ならば一様連続になる．コンパクトでないときは，連続だが一様連続でないことがある．たとえば，区間 $0<x\leqq 1$ で定義された連続関数 $\dfrac{1}{x}$ は一様連続でない．

20　ロピタルの定理

$\lim\limits_{x\to a}\dfrac{f(x)}{g(x)}$ が不定型，つまり $\dfrac{0}{0}$ 型または $\dfrac{\infty}{\infty}$ 型で，$\lim\limits_{x\to a}\dfrac{f'(x)}{g'(x)}$ が存在し，$\left(\dfrac{f'(x)}{g'(x)}\right)=\begin{pmatrix}0\\0\end{pmatrix}$ となる点は，$x=a$ を除いて，$x=a$ の近くに存在しないとき
$$\lim_{x\to a}\frac{f(x)}{g(x)}=\lim_{x\to a}\frac{f'(x)}{g'(x)}$$
が成り立つ．

$\lim\limits_{x\to a}\dfrac{f'(x)}{g'(x)}$ が存在しない場合には不成立である．たとえば，$\lim\limits_{x\to 0}\dfrac{x^2\sin\dfrac{1}{x}}{x}$ は 0 に収束するが，分母分子を微分して得られる極限

$$\lim_{x\to 0}\frac{2x\sin\frac{1}{x}-\cos\frac{1}{x}}{1}$$

は振動する.
$\begin{pmatrix}f'(x)\\g'(x)\end{pmatrix}=\begin{pmatrix}0\\0\end{pmatrix}$ の解が $x=a$ に集積する (いくらでも近くにある) と, 不成立である. たとえば,

$$\lim_{x\to 0}\frac{\frac{2}{x}+\sin\frac{2}{x}}{\left(\frac{2}{x}+\sin\frac{2}{x}\right)\left(2+\sin\frac{1}{x}\right)}$$

は $\frac{1}{3}$ と 1 の間を振動するが,

$$\left(\frac{2}{x}+\sin\frac{2}{x}\right)'=-\frac{2}{x^2}-\frac{2}{x^2}\cos\frac{2}{x}=-\frac{4}{x^2}\cos^2\frac{1}{x}$$

より, 分母分子を微分して得られる極限は,

$$\lim_{x\to 0}\frac{-\frac{4}{x^2}\cos^2\frac{1}{x}}{\left(-\frac{4}{x^2}\cos^2\frac{1}{x}\right)\left(2+\sin\frac{1}{x}\right)+\left(\frac{2}{x}+\sin\frac{2}{x}\right)\left(-\frac{1}{x^2}\cos\frac{1}{x}\right)}$$
$$=\lim_{x\to 0}\frac{4\cos\frac{1}{x}}{\left(4\cos\frac{1}{x}\right)\left(2+\sin\frac{1}{x}\right)+\left(\frac{2}{x}+\sin\frac{2}{x}\right)}=0$$

となる.

問題と解答・解説

問題 1.1

> ロピタルの定理

次の極限値を求めよ.

(問 1) $\displaystyle\lim_{x \to +0} \left(\frac{1}{x}\right)^x$

(問 2) $\displaystyle\lim_{x \to 0} \frac{(1+x)^{\frac{1}{x}} - e}{x}$

解答 | 問 1

$$\log\left(\lim_{x\to+0}\left(\frac{1}{x}\right)^x\right) = \lim_{x\to+0}\log\left(\frac{1}{x}\right)^x = \lim_{x\to+0} x\log\left(\frac{1}{x}\right)$$
$$= \lim_{x\to+0} -x\log x = \lim_{x\to+0} -\frac{\log x}{\frac{1}{x}}.$$

これは $\dfrac{\infty}{\infty}$ 型なので,ロピタルの定理が使える (p.25).

$$\lim_{x\to+0} -\frac{(\log x)'}{\left(\frac{1}{x}\right)'} = \lim_{x\to+0} -\frac{\frac{1}{x}}{\frac{-1}{x^2}} = \lim_{x\to+0} x = 0.$$

$\log\left(\displaystyle\lim_{x\to+0}\left(\frac{1}{x}\right)^x\right) = 0$ より,$\displaystyle\lim_{x\to+0}\left(\frac{1}{x}\right)^x = e^0.$

(答) 1.

問 1 の別解　まず,$0 < x \leqq 1$ のとき,$-\dfrac{2}{\sqrt{x}} \leqq \log x \leqq 0$ であることを証明する.

$f(x) = \log x + \dfrac{2}{\sqrt{x}}$ とおくと,

$$f'(x) = \frac{1}{x} - \frac{1}{x\sqrt{x}} = \frac{\sqrt{x}-1}{x\sqrt{x}}.$$

増減表は,

x	$+0$	$\cdots$	1	$\cdots$
$f'(x)$		$-$	0	$+$
$f(x)$		$\searrow$	2	$\nearrow$

よって，$f(x) \geqq 2 > 0$ より，$x > 0$ で $-\dfrac{2}{\sqrt{x}} < \log x$ となる．

$\log x = \log_e x$ は単調増加なので，$0 < x \leqq 1$ のとき，$\log x \leqq \log 1 = 0$．
上の 2 式を合わせて，$-\dfrac{2}{\sqrt{x}} \leqq \log x \leqq 0$．この両辺に $-x$ をかけて，

$$0 \leqq -x \log x \leqq \dfrac{2x}{\sqrt{x}} = 2\sqrt{x} \to 0 \qquad (x \to +0)$$

挟みうち論法により，

$$\lim_{x \to +0} -x \log x = 0 \iff \lim_{x \to +0} (\log x^{-x}) = 0$$
$$\iff \log(\lim_{x \to +0} x^{-x}) = 0$$
$$\iff \lim_{x \to +0} x^{-x} = e^0 = 1.$$

よって，

(答)　1.

問 2　$f(x) = (1+x)^{\frac{1}{x}}$ とおくと，$\lim_{x \to 0} f(x) = e$ であるから，与式は $\dfrac{0}{0}$ 型である．ロピタルの定理 (p.25) を適用すると，

$$\lim_{x \to 0} \dfrac{f(x) - e}{x} = \lim_{x \to 0} \dfrac{\{f(x) - e\}'}{x'} = \lim_{x \to 0} f'(x). \tag{1}$$

$\log f(x) = \dfrac{\log(1+x)}{x}$ の両辺を微分すると，対数微分の公式より，

$$\dfrac{f'(x)}{f(x)} = \dfrac{\dfrac{1}{1+x} x - \{\log(1+x)\} \cdot 1}{x^2}.$$

よって，

$$f'(x) = \dfrac{\dfrac{x}{1+x} - \log(1+x)}{x^2}(1+x)^{\frac{1}{x}} = \dfrac{x - (1+x)\log(1+x)}{x^2(1+x)}(1+x)^{\frac{1}{x}}.$$

これを代入すると，

$$(1) = \lim_{x \to 0} \frac{x-(1+x)\log(1+x)}{x^2(1+x)} \times \lim_{x \to 0}(1+x)^{\frac{1}{x}} = \lim_{x \to 0} \frac{x-(1+x)\log(1+x)}{x^2(1+x)} \times e.$$

この極限も $\dfrac{0}{0}$ 型なので,ロピタルの定理を適用する.

$$e \lim_{x \to +0} \frac{\{x-(1+x)\log(1+x)\}'}{(x^2+x^3)'} = e \lim_{x \to +0} \frac{1-\{\log(1+x)+1\}}{2x+3x^2}$$

$$= e \lim_{x \to +0} \left\{ \frac{-\log(1+x)}{x} \cdot \frac{1}{2+3x} \right\} = e \times (-1) \times \frac{1}{2}.$$

(答) $-\dfrac{e}{2}$.

解説 ロピタルの定理は,もし,$\dfrac{0}{0}$ 型で $f'(x), g'(x)$ が $x=a$ で連続かつ $g'(a) \neq 0$ なら,次のように簡単に証明できる.

$$\lim_{x \to a} \frac{f(x)}{g(x)} = \lim_{x \to a} \frac{f(x)-f(a)}{g(x)-g(a)} = \lim_{x \to a} \frac{\dfrac{f(x)-f(a)}{x-a}}{\dfrac{g(x)-g(a)}{x-a}} = \frac{f'(a)}{g'(a)} = \lim_{x \to a} \frac{f'(x)}{g'(x)}.$$

$y=f(x)$ のグラフに関して次の二つが成り立つ.

ロルの定理 $a \neq b$ かつ $f(a)=f(b)$ のとき $f'(c)=0$ を満たす c が a と b の間にある(図 1.6(左)).

平均値の定理 $a \neq b$ のとき $\dfrac{f(b)-f(a)}{b-a} = f'(c)$ を満たす c が a と b の間にある(図 1.6(中)).

後者を,パラメータ表示された曲線 $(x,y)=(f(t),g(t))$ に拡張すると,次が成り立つ.

コーシーの平均値の定理 $g(a) \neq g(b)$ かつ a と b の間で $(f'(x), g'(x)) \neq (0,0)$ のとき $\dfrac{f(b)-f(a)}{g(b)-g(a)} = \dfrac{f'(c)}{g'(c)}$ を満たす c が a と b の間にある(p.38).

証明は

$$(f(b)-f(a))(g(x)-g(a)) - (g(b)-g(a))(f(x)-f(a))$$

にロルの定理を適用する.

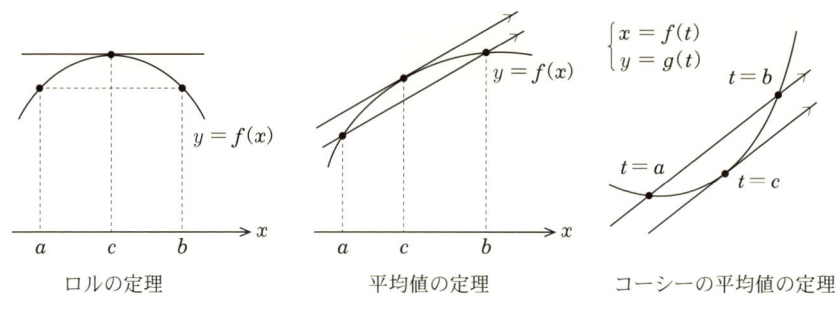

図 1.6

一般の場合の $\dfrac{0}{0}$ 型のロピタルの定理の証明は，コーシーの平均値の定理を用いるとできる．

$$\lim_{x\to a}\frac{f(x)}{g(x)}=\lim_{x\to a}\frac{f(x)-f(a)}{g(x)-g(a)}=\lim_{x\to a}\frac{f'(c)}{g'(c)}$$

c は a と x の間なので $x\to a$ のとき $c\to a$ となる．したがって，

$$\lim_{x\to a}\frac{f(x)}{g(x)}=\lim_{c\to a}\frac{f'(c)}{g'(c)}$$

$\dfrac{\infty}{\infty}$ 型の場合の証明は，もし $\displaystyle\lim_{x\to a}\frac{f(x)}{g(x)}=A$ の存在を仮定してよければ，$A\neq 0$ のとき，次のように簡単にできる．

$$A=\lim_{x\to a}\frac{f(x)}{g(x)}=\lim_{x\to a}\frac{\dfrac{1}{g(x)}}{\dfrac{1}{f(x)}}.$$

これが $\dfrac{0}{0}$ 型なので，ロピタルの定理を適用して，

$$\lim_{x\to a}\frac{\left(\dfrac{1}{g(x)}\right)'}{\left(\dfrac{1}{f(x)}\right)'}=\lim_{x\to a}\frac{\dfrac{-g'(x)}{g(x)^2}}{\dfrac{-f'(x)}{f(x)^2}}=\lim_{x\to a}\left(\frac{f(x)}{g(x)}\right)^2\frac{g'(x)}{f'(x)}=A^2\lim_{x\to a}\frac{g'(x)}{f'(x)}.$$

よって，$\displaystyle\lim_{x\to a}\frac{g'(x)}{f'(x)}=\frac{1}{A}$ より $\displaystyle\lim_{x\to a}\frac{f'(x)}{g'(x)}=A$．

一般の場合の $\dfrac{\infty}{\infty}$ 型のロピタルの定理の証明は，コーシーの平均値の定理

$$\frac{f(x)-f(a+\delta)}{g(x)-g(a+\delta)}=\frac{f'(c)}{g'(c)}$$

を

$$\frac{f(x)}{g(x)}\cdot\frac{1-\dfrac{f(a+\delta)}{f(x)}}{1-\dfrac{g(a+\delta)}{g(x)}}=\frac{f'(c)}{g'(c)}$$

と変形すれば，ε–δ 論法と似た方法で証明できる．

（発展）　マクローリン展開の極限への応用

$(1+x)^{\frac{1}{x}}$ は，次のようにして，マクローリン展開 (p.39) することができる．$|x|<1$ のとき，等比数列の和の公式より，

$$\frac{1}{1+x}=1-x+x^2-x^3+x^4-\cdots.$$

両辺を 0 から x まで積分すると，右辺は項別に (ばらばらに) 積分することが可能なので

$$\log(1+x)=x-\frac{x^2}{2}+\frac{x^3}{3}-\frac{x^4}{4}+\cdots,$$
$$\log(1+x)^{\frac{1}{x}}=\frac{\log(1+x)}{x}=1-\frac{x}{2}+\frac{x^2}{3}-\frac{x^3}{4}+\cdots.$$

これを $f(x)$ とおく．

$$(1+x)^{\frac{1}{x}}=e^{f(x)}=e^{1-\frac{x}{2}+\frac{x^2}{3}-\frac{x^3}{4}+\cdots}=e\cdot e^{-\frac{x}{2}+\frac{x^2}{3}-\frac{x^3}{4}+\cdots}. \tag{2}$$

e^x のマクローリン展開 $e^x=1+x+\dfrac{x^2}{2}+\dfrac{x^3}{3!}+\dfrac{x^4}{4!}+\cdots$ (p.40) に代入すると，

$$(2)=e\left\{1+\left(-\frac{x}{2}+\frac{x^2}{3}-\frac{x^3}{4}+\frac{x^4}{5}-\cdots\right)+\frac{\left(-\dfrac{x}{2}+\dfrac{x^2}{3}-\dfrac{x^3}{4}+\cdots\right)^2}{2}\right.$$
$$\left.+\frac{\left(-\dfrac{x}{2}+\dfrac{x^2}{3}-\cdots\right)^3}{3!}+\frac{\left(-\dfrac{x}{2}+\dfrac{x^2}{3}-\cdots\right)^4}{4!}+\cdots\right\}$$

第 1 章 関数と極限

$$= e\left(1 - \frac{1}{2}x + \frac{11}{24}x^2 - \frac{7}{16}x^3 + \frac{2447}{5760}x^4 - \cdots\right).$$

これを問 2 の問題の式に代入すれば，極限はすぐに求まる．

類題 1.1
[双曲線関数]

次の極限を求めよ．
(1) $\displaystyle\lim_{x\to 0}\frac{\sinh x}{x}$ (2) $\displaystyle\lim_{x\to 0}\frac{1-\cosh x}{x^2}$ (3) $\displaystyle\lim_{x\to 0}\frac{\tanh x - x}{x^3}$

解答 | $(\sinh x)' = \cosh x$, $(\cosh x)' = \sinh x$, $(\tanh x)' = \dfrac{1}{\cosh^2 x}$ が成り立つ．

(1) $\dfrac{0}{0}$ 型なので，ロピタルの定理が使えて，

$$(与式) = \lim_{x\to 0}\frac{(\sinh x)'}{(x)'} = \lim_{x\to 0}\frac{\cosh x}{1} = \cosh 0.$$

(答)　1.

(2) $\dfrac{0}{0}$ 型なので，ロピタルの定理が使えて，

$$(与式) = \lim_{x\to 0}\frac{(1-\cosh x)'}{(x^2)'} = \lim_{x\to 0}\frac{-\sinh x}{2x} = -\frac{1}{2}\lim_{x\to 0}\frac{\sinh x}{x} = -\frac{1}{2}\times 1.$$

ここで，(1) の結果を用いた．

(答)　$-\dfrac{1}{2}$.

(2) の別解　半角公式より，あるいは倍角公式 $\cosh 2t = 2\sinh^2 t + 1$ を逆算して，

$$(与式) = \lim_{x\to 0}\frac{-2\sinh^2\frac{x}{2}}{x^2} = -\lim_{x\to 0}\left(\frac{\sinh\frac{x}{2}}{\frac{x}{2}}\right)^2 \frac{1}{2} = -1^2 \times \frac{1}{2} = -\frac{1}{2}.$$

ここで，(1) の結果を用いた．

(3) $\dfrac{0}{0}$ 型なので，ロピタルの定理が使えて，

$$
\begin{aligned}
(\text{与式}) &= \lim_{x\to 0}\frac{(\tanh x - x)'}{(x^3)'} = \lim_{x\to 0}\frac{\dfrac{1}{\cosh^2 x}-1}{3x^2} = \lim_{x\to 0}\frac{1-\cosh^2 x}{3x^2\cosh^2 x}\\
&= \frac{1}{3}\left\{\lim_{x\to 0}\frac{1-\cosh^2 x}{x^2}\cdot\frac{1}{\cosh^2 x}\right\} = \frac{1}{3}\left\{\lim_{x\to 0}\frac{1-\cosh x}{x^2}\cdot\frac{1+\cosh x}{\cosh^2 x}\right\}\\
&= \frac{1}{3}\times\left(-\frac{1}{2}\right)\times 2.
\end{aligned}
$$

ここで, (2) の結果を用いた.

(答) $-\dfrac{1}{3}$.

問題 1.2

定積分の和とスターリングの公式

$N=1,2,\ldots$ に対して実数 I_N を次で定める.

$$I_N = \sum_{k=1}^{N}\int_0^1 \frac{x}{k+2x}dx$$

$I_N - a\log N$ が $N\to\infty$ のとき有限な値に収束するような実数 a を求めよ. また, この極限値を求めよ. 必要ならばスターリングの公式 $\displaystyle\lim_{n\to\infty}\frac{n!}{\sqrt{2\pi n}}\left(\frac{e}{n}\right)^n = 1$ を用いてよい.

2011 年 東京大 数理科学研究科 数理科学専攻

解答 まず I_N を計算する.

$$
\begin{aligned}
I_N &= \sum_{k=1}^{N}\int_0^1 \left(\frac{1}{2}-\frac{\dfrac{k}{2}}{k+2x}\right)dx = \sum_{k=1}^{N}\left[\frac{x}{2}-\frac{k}{4}\log(k+2x)\right]_0^1\\
&= \sum_{k=1}^{N}\left\{\frac{1}{2}-\frac{k}{4}\log(k+2)+\frac{k}{4}\log k\right\} = \frac{N}{2}-\sum_{\ell=3}^{N+2}\frac{\ell-2}{4}\log\ell + \sum_{k=1}^{N}\frac{k}{4}\log k\\
&= \frac{N}{2}+\left(\sum_{\ell=3}^{N+2}\frac{2}{4}\log\ell - \sum_{\ell=3}^{N+2}\frac{\ell}{4}\log\ell\right) + \sum_{k=2}^{N}\frac{k}{4}\log k\\
&= \frac{N}{2}+\sum_{\ell=3}^{N+2}\frac{2}{4}\log\ell - \frac{N+1}{4}\log(N+1) - \frac{N+2}{4}\log(N+2) + \frac{2}{4}\log 2
\end{aligned}
$$

$$= \frac{N}{2} + \sum_{\ell=1}^{N+2} \frac{2}{4}\log\ell - \frac{N+1}{4}\log(N+1) - \frac{N+2}{4}\log(N+2). \tag{1}$$

$\dfrac{n!}{\sqrt{2\pi n}}\left(\dfrac{e}{n}\right)^n = f(n)$ とおくと，問題文より，$\displaystyle\lim_{n\to\infty} f(n) = 1$ となる．
$n! = f(n) n^{n+\frac{1}{2}} e^{-n} \sqrt{2\pi}$ なので，両辺に $\log$ をつけて，

$$\sum_{k=1}^{n} \log k = \log f(n) + \left(n + \frac{1}{2}\right)\log n - n + \frac{1}{2}\log(2\pi).$$

$n = N+2$ を代入すると，

$$\sum_{k=1}^{N+2} \log k = \log f(N+2) + \left(N+2+\frac{1}{2}\right)\log(N+2) - (N+2) + \frac{1}{2}\log(2\pi).$$

これを (1) に代入する．

$$\frac{N}{2} + \frac{1}{2}\left\{\log f(N+2) + \left(N+\frac{5}{2}\right)\log(N+2) - (N+2) + \frac{1}{2}\log(2\pi)\right\}$$
$$- \frac{N+1}{4}\log(N+1) - \frac{N+2}{4}\log(N+2)$$
$$= \frac{1}{2}\log f(N+2) + \frac{1}{2}\log(N+2) - 1 + \frac{1}{4}\log(2\pi) + \frac{N+1}{4}\{\log(N+2) - \log(N+1)\}$$
$$= \frac{1}{2}\log f(N+2) + \frac{1}{2}\log(N+2) - 1 + \frac{1}{4}\log(2\pi) + \frac{1}{4}\log\left(1 + \frac{1}{N+1}\right)^{N+1}.$$

よって，

$$\lim_{N\to\infty}\left(I_N - \frac{1}{2}\log N\right)$$
$$= \lim_{N\to\infty}\left\{\frac{1}{2}\log f(N+2) + \frac{1}{2}\log\frac{N+2}{N} - 1 + \frac{1}{4}\log(2\pi) + \frac{1}{4}\log\left(1 + \frac{1}{N+1}\right)^{N+1}\right\}$$
$$= \frac{1}{2}\log 1 + \frac{1}{2}\log 1 - 1 + \frac{1}{4}\log(2\pi) + \frac{1}{4}\log e = \frac{1}{4}\log(2\pi) - \frac{3}{4}.$$

（答） $a = \dfrac{1}{2}$．　極限値は $\dfrac{1}{4}\log(2\pi) - \dfrac{3}{4}$．

解説 ｜ スターリングの公式は，次のようにして，簡単に証明できる．
問題 0.3 の「発展」(p.11) で書いたウォリスの公式の逆数より，

$$\lim_{n\to\infty} \frac{1}{(2n+1)} \frac{(2n+1)^2}{(2n)^2} \times \cdots \times \frac{5^2}{4^2} \cdot \frac{3^2}{2^2} \cdot 1^2 = \frac{2}{\pi}$$

$$\iff \lim_{n\to\infty}(2n+1)\frac{(2n-1)^2\times\cdots\times 5^2\cdot 3^2\cdot 1^2}{(2n)^2\times\cdots\times 6^2\cdot 4^2\cdot 2^2}=\frac{2}{\pi}$$

$$\iff \lim_{n\to\infty}\sqrt{2n+1}\frac{(2n-1)\times\cdots\times 5\cdot 3\cdot 1}{(2n)\times\cdots\times 6\cdot 4\cdot 2}=\sqrt{\frac{2}{\pi}}$$

$$\iff \lim_{n\to\infty}\frac{\sqrt{2n+1}}{\sqrt{n}}\cdot\frac{\sqrt{n}(2n)!}{\{(2n)\times\cdots\times 6\cdot 4\cdot 2\}^2}=\sqrt{\frac{2}{\pi}}$$

$$\iff \lim_{n\to\infty}\sqrt{2}\frac{\sqrt{n}(2n)!}{(2^n n!)^2}=\sqrt{\frac{2}{\pi}}$$

$$\iff \lim_{n\to\infty}\frac{\sqrt{n}(2n)!}{2^{2n}(n!)^2}=\frac{1}{\sqrt{\pi}}. \tag{2}$$

また，区分求積における誤差評価式

$$\lim_{n\to\infty}n\left(\sum_{k=1}^{n}f\left(\frac{k}{n}\right)\frac{1}{n}-\int_{0}^{1}f(x)dx\right)=\frac{f(1)-f(0)}{2}$$

を $f(x)=\log(x+1)$ に適用して，

$$\lim_{n\to\infty}\left\{\sum_{k=1}^{n}\log\left(1+\frac{k}{n}\right)-n\int_{0}^{1}\log(x+1)dx\right\}=\frac{\log(1+1)-\log(0+1)}{2}$$

$$\iff \lim_{n\to\infty}\left\{\sum_{k=1}^{n}\log\left(\frac{n+k}{n}\right)-n[(x+1)\log(x+1)-(x+1)]_{0}^{1}\right\}=\frac{\log 2-\log 1}{2}$$

$$\iff \lim_{n\to\infty}\left\{\log\frac{(2n)!}{n^n\,n!}-n(2\log 2-1)\right\}=\frac{\log 2}{2}$$

$$\iff \lim_{n\to\infty}\frac{(2n)!}{n^n\,n!}\cdot\frac{e^n}{2^{2n}}=\sqrt{2} \tag{3}$$

(3)÷(2) より，$\displaystyle\lim_{n\to\infty}\frac{n!e^n}{\sqrt{n}\,n^n}=\sqrt{2\pi}$. 　　　　　　　　　　　　(証明終わり)

（発展）　オイラー・マクローリンの和公式と区分求積の誤差評価

a を 2 以上の整数とする．$\sum_{k=1}^{n}k^a$ の n の係数 B_a は**ベルヌーイ数**と呼ばれる．

例　$\displaystyle\sum_{k=1}^{n}k^2=\frac{n^3}{3}+\frac{n^2}{2}+\frac{n}{6}$ より $B_2=\frac{1}{6}$，

$\displaystyle\sum_{k=1}^{n}k^3=\frac{n^4}{4}+\frac{n^3}{2}+\frac{n^2}{4}$ より $B_3=0$，

$$\sum_{k=1}^{n} k^4 = \frac{n^5}{5} + \frac{n^4}{2} + \frac{n^3}{3} - \frac{n}{30} \text{ より } B_4 = -\frac{1}{30}.$$

オイラー-マクローリンの和公式

$$\sum_{k=1}^{n} f(k) = \int_0^n f(x)dx + \frac{f(n)-f(0)}{2} + \sum_{k=1}^{\infty} \frac{B_{2k}}{(2k)!}(f^{(2k-1)}(n) - f^{(2k-1)}(0))$$
$$= \int_0^n f(x)dx + \frac{f(n)-f(0)}{2} + \frac{f'(n)-f'(0)}{12} + \cdots$$

より

$$\sum_{k=1}^{n} f\left(\frac{k}{n}\right)\frac{1}{n} = \int_0^1 f(x)dx + \frac{f(1)-f(0)}{2n} + \frac{f'(1)-f'(0)}{12n^2} + \cdots$$

が成り立つ.

第2章 微分法

基礎のまとめ

1 逆三角関数の微分

$$(\text{Arcsin}\,x)' = \frac{1}{\sqrt{1-x^2}}, \qquad (\text{Arccos}\,x)' = -\frac{1}{\sqrt{1-x^2}}, \qquad (\text{Arctan}\,x)' = \frac{1}{1+x^2}.$$

2 導関数が簡単になる例

$$(-\log|\cos x|)' = \tan x, \qquad \left(\log\left|\tan\frac{x}{2}\right|\right)' = \frac{1}{\sin x}.$$

$$\left\{\log\left(x+\sqrt{x^2+1}\right)\right\}' = \frac{1}{\sqrt{x^2+1}}, \qquad \left\{\log\left(x+\sqrt{x^2-1}\right)\right\}' = \frac{1}{\sqrt{x^2-1}}.$$

$$\left[\frac{1}{2}\left\{x\sqrt{x^2+1}+\log\left(x+\sqrt{x^2+1}\right)\right\}\right]' = \sqrt{x^2+1}.$$

$$\left\{\frac{1}{2}\left(x\sqrt{1-x^2}+\text{Arcsin}\,x\right)\right\}' = \sqrt{1-x^2}.$$

$$\left\{\frac{1}{2}\left(\frac{x}{x^2+1}+\text{Arctan}\,x\right)\right\}' = \frac{1}{(1+x^2)^2}, \qquad \left(\frac{1}{2}\log\frac{1+x}{1-x}\right)' = \frac{1}{1-x^2}.$$

3 ライプニッツの公式

$f(x), g(x)$ を n 回微分可能な関数とし，${}_n\mathrm{C}_k$ を異なる n 個の中から異なる k 個を選ぶ組み合わせの総数とする．積 $f(x)g(x)$ の n 回導関数は，

$$\{f(x)g(x)\}^{(n)} = \sum_{k=0}^{n} {}_n\mathrm{C}_k f^{(n-k)}(x)g^{(k)}(x)$$

となる．教科書によっては ${}_n\mathrm{C}_k$ を $\binom{n}{k}$ と書いているが，平面ベクトルと混乱するので注意が必要である．

4 合成関数の高階微分

たとえば，$e^{f(x)}$ の n 回微分には

$$\{f'(x)\}^{a_1}\{f''(x)\}^{a_2}\times\cdots\times\{f^{(n)}(x)\}^{a_n}e^{f(x)} \qquad (a_1+2a_2+\cdots+na_n=n)$$

の形の項のみが出てくる．この係数は，n 人を 1 人の班 a_1 個，2 人の班 a_2 個，3 人の班 a_3 個，…に振り分ける方法に等しい．

特に，$(e^{e^x})^{(n)} = (b_1 e^x + b_2 e^{2x} + \cdots + b_n e^{nx}) e^{e^x}$ とおくと，b_k はスターリング数 $S(n,k)$ に等しい．$S(n,k)$ の定義は，n 人を k 個の班に分ける方法の総数である．

5 コーシーの平均値の定理

$f(t), g(t)$ が $a \leq t \leq b$ で連続，$a < t < b$ で微分可能かつ $\begin{pmatrix} f'(t) \\ g'(t) \end{pmatrix} = \begin{pmatrix} 0 \\ 0 \end{pmatrix}$ となる点がないとする．このとき，曲線 $(f(t), g(t))$ 上の異なる 2 点 A$(f(a), g(a))$, B$(f(b), g(b))$ に対して 線分 AB と平行な接線が A と B の間の点

$$\text{C}(f(c), g(c)) \qquad (a < c < b)$$

で引ける (図 2.1)．

式で書くと，a と b の間の値 c が存在して

$$\begin{pmatrix} f(b) - f(a) \\ g(b) - g(a) \end{pmatrix} /\!/ \begin{pmatrix} f'(c) \\ g'(c) \end{pmatrix}$$

を満たす．

$\begin{pmatrix} f'(t) \\ g'(t) \end{pmatrix} = \begin{pmatrix} 0 \\ 0 \end{pmatrix}$ となる点があると接線が存在しないことがある．たとえば，曲線 (t^3, t^2) 上の 2 点 A$(-1, 1)$, B$(1, 1)$ の場合，点 C の可能性は $(0, 0)$ しかないが，曲線は原点で尖っており，接線は引けない (図 2.2)．

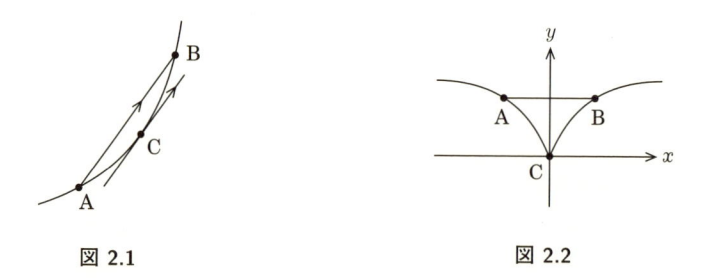

図 2.1

図 2.2

6 テーラーの定理

$f(x)$ が a と x を含む開区間で $n+1$ 回微分可能なとき，次式を満たす c が a と x の間にある．

$$f(x) = f(a) + f'(a)(x-a) + \frac{f''(a)}{2}(x-a)^2 + \cdots + \frac{f^{(n)}(a)}{n!}(x-a)^n$$

$$+ \frac{f^{(n+1)}(c)}{(n+1)!}(x-a)^{n+1}.$$

これを a を中心とする**テーラーの定理**という.

$0<\theta<1$ を満たす θ を用いて, $c=a+\theta(x-a)$ とも書ける.

$\dfrac{f^{(n+1)}(c)}{(n+1)!}(x-a)^{n+1} = \dfrac{f^{(n+1)}(a+\theta(x-a))}{(n+1)!}(x-a)^{n+1}$ を**剰余項**という.

7 マクローリンの定理

テーラーの定理で, 中心 a が 0 の場合を**マクローリンの定理**という. 具体的には,

$$f(x) = f(0) + f'(0)x + \frac{f''(0)}{2}x^2 + \cdots + \frac{f^{(n)}(0)}{n!}x^n + \frac{f^{(n+1)}(c)}{(n+1)!}x^{n+1}$$

を満たす c が 0 と x の間に存在する.

$0<\theta<1$ を満たす θ を用いて, $c=\theta x$ とも書ける.

$\dfrac{f^{(n+1)}(c)}{(n+1)!}x^{n+1} = \dfrac{f^{(n+1)}(\theta x)}{(n+1)!}x^{n+1}$ を**剰余項**という.

8 テーラー展開

剰余項の極限 $\displaystyle\lim_{n\to\infty}\frac{f^{(n+1)}(c)}{(n+1)!}(x-a)^{n+1}$ が 0 となる区間 $|x-a|<\rho$ では,

$$f(x) = f(a) + f'(a)(x-a) + \frac{f''(a)}{2}(x-a)^2 + \cdots + \frac{f^{(n)}(a)}{n!}(x-a)^n + \cdots$$

のように $f(x)$ がべき級数 (無限次の多項式) で表せる. これを a を中心とする**テーラー展開**という.

9 マクローリン展開

テーラー展開で中心 a が 0 の場合を**マクローリン展開**という. 具体的には,

$$f(x) = f(0) + f'(0)x + \frac{f''(0)}{2}x^2 + \cdots + \frac{f^{(n)}(0)}{n!}x^n + \cdots$$

となる.

10 マクローリン展開の例

$\dfrac{1}{1+x} = 1 - x + x^2 - x^3 + x^4 - x^5 + \cdots \qquad (|x|<1).$

$\dfrac{1}{(1+x)^2} = 1 - 2x + 3x^2 - 4x^3 + \cdots \qquad (|x|<1).$

$$\log|1+x| = x - \frac{x^2}{2} + \frac{x^3}{3} - \frac{x^4}{4} + \cdots \qquad (|x|<1).$$

$$\mathrm{Arctan}\, x = x - \frac{x^3}{3} + \frac{x^5}{5} - \frac{x^7}{7} + \cdots \qquad (|x|<1).$$

$$(1+x)^\alpha = 1 + \alpha x + \frac{\alpha(\alpha-1)}{2}x^2 + \frac{\alpha(\alpha-1)(\alpha-2)}{3!}x^3 + \cdots \qquad (|x|<1).$$

$$e^x = 1 + x + \frac{x^2}{2} + \frac{x^3}{3!} + \frac{x^4}{4!} + \cdots.$$

$$\sinh x = x + \frac{x^3}{3!} + \frac{x^5}{5!} + \frac{x^7}{7!} + \cdots, \qquad \cosh x = 1 + \frac{x^2}{2} + \frac{x^4}{4!} + \frac{x^6}{6!} + \cdots.$$

$$\sin x = x - \frac{x^3}{3!} + \frac{x^5}{5!} - \frac{x^7}{7!} + \cdots, \qquad \cos x = 1 - \frac{x^2}{2} + \frac{x^4}{4!} - \frac{x^6}{6!} + \cdots.$$

11　C^n 級

I を開区間とする．I の各点で，$f(x)$ が n 回微分できて，n 階導関数が連続のとき，$f(x)$ は C^n 級であるという．

I の各点で，$f(x)$ が何回でも微分できるとき，C^∞ 級であるとか**滑らか**であるという．

I の各点の近傍 (近く) で，$f(x)$ がテーラー展開で表されるとき，C^ω 級であるとか**実解析的**であるという．

C^∞ 級であっても C^ω 級とは限らない．たとえば，$f: \mathbb{R} \to \mathbb{R}$ を $x \neq 0$ で $f(x) = e^{-\frac{1}{x^2}}$, $x=0$ で $f(x)=0$ と定める (図 2.3)．$f(x)$ は原点を含めて無限回微分可能なので，$\mathbb{R}$ 全体で C^∞ 級であるが，原点の近傍でマクローリン展開不可能なので，0 を含む開区間 I で C^ω 級ではない．

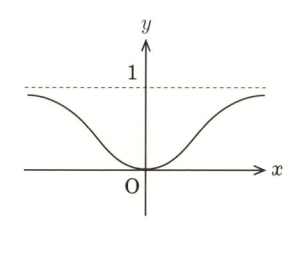

図 2.3

12　包絡線

曲線群 $C_t : y = f(t,x)$ の全部と接する曲線 C を C_t の**包絡線**という (図 2.4)．C は $y = f(t,x)$ を t で偏微分 (p.112) して得られる式 $0 = \dfrac{\partial f}{\partial t}(t,x)$ と $y = f(t,x)$ を連立して求められる．

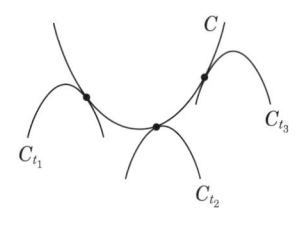

図 2.4

13　曲線の曲率

曲線 $y=f(x)$ 上の点 $A(a,f(a))$ における法線を n_a とおく．n_a と n_{a+h} の交点の $h\to 0$ での極限 P を，曲線 $y=f(x)$ の点 A における**曲率中心**（図 2.5），AP を**曲率半径**（図 2.6），$\dfrac{1}{\mathrm{AP}}$ を**曲率**という．

曲率中心は，$\mathrm{P}\left(a-\dfrac{f'(a)(1+\{f'(a)\}^2)}{f''(a)},\ f(a)+\dfrac{1+\{f'(a)\}^2}{f''(a)}\right)$.

曲率半径 ρ は $\mathrm{AP}=\dfrac{\left(\sqrt{1+\{f'(a)\}^2}\right)^3}{|f''(a)|}$.

曲率 κ は $\dfrac{1}{\rho}=\dfrac{|f''(a)|}{\left(\sqrt{1+\{f'(a)\}^2}\right)^3}$ となる．

たとえば，曲線 $y=f(x)=a+bx+cx^2+\cdots$ のとき，$x=0$ における曲率 $\kappa=\dfrac{|2c|}{(\sqrt{1+b^2})^3}$．特に $b=0$ のとき，$\kappa=2c=2f''(0)$ となる．

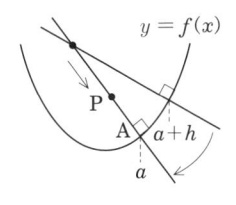

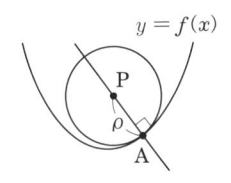

図 2.5　　　　図 2.6

曲線 $y=f(x)$ がパラメータ表示 $(x,y)=(f(t),g(t))$ で与えられている場合も同様に曲率中心，曲率半径，曲率を定める．また，次のようにして曲率を出すこともできる．

曲線 $(x,y)=(f(t),g(t))$ の**単位接ベクトル**は $e=\dfrac{1}{\sqrt{\{f'(t)\}^2+\{g'(t)\}^2}}\begin{pmatrix}f'(t)\\g'(t)\end{pmatrix}$．

これを弧長 $s=\int_0^t \sqrt{\{f'(u)\}^2+\{g'(u)\}^2}\,du$ で微分すると

$$\frac{d}{ds}\boldsymbol{e} = \frac{dt}{ds} \cdot \frac{d}{dt}\boldsymbol{e} = \frac{1}{\sqrt{(f')^2+(g')^2}} \cdot \frac{f'g''-f''g'}{\{\sqrt{(f')^2+(g')^2}\}^3} \begin{pmatrix} -g'(t) \\ f'(t) \end{pmatrix}$$

となる．この大きさ $\dfrac{|f'g''-f''g'|}{\{\sqrt{(f')^2+(g')^2}\}^3}$ も曲率 κ に等しい (図 2.7)．

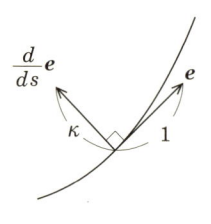

図 2.7

14 曲面の曲率

曲面 $z=f(x,y)$ を，z 軸に平行な直線 $(x,y)=(a,b)$ を含む平面で切った切り口に現れる曲線の，$(x,y,z)=(a,b,f(a,b))$ における曲率の極値 κ_1, κ_2 をこの平面の $(x,y)=(a,b)$ における**主曲率**という．$\kappa_1\kappa_2$ を**ガウス曲率**，$\kappa_1+\kappa_2$ または $\dfrac{\kappa_1+\kappa_2}{2}$ を**平均曲率**という (図 2.8)．

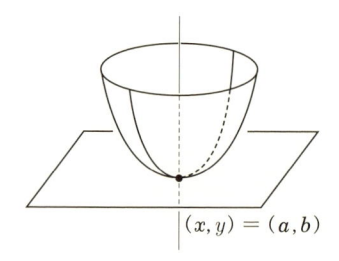

図 2.8

主曲率は，方程式

$$\det\left(\lambda\begin{pmatrix} 1+(f_x)^2 & f_xf_y \\ f_xf_y & 1+(f_y)^2 \end{pmatrix} - \frac{1}{\sqrt{1+(f_x)^2+(f_y)^2}}\begin{pmatrix} f_{xx} & f_{xy} \\ f_{xy} & f_{yy} \end{pmatrix}\right)=0$$

の解であり，ガウス曲率は，

$$\kappa_1\kappa_2 = \frac{f_{xx}f_{yy}-(f_{xy})^2}{\{1+(f_x)^2+(f_y)^2\}^2},$$

平均曲率は,

$$\kappa_1+\kappa_2 = \frac{f_{xx}\{1+(f_y)^2\}-2f_xf_yf_{xy}+f_{yy}\{1+(f_x)^2\}}{\{1+(f_x)^2+(f_y)^2\}^{\frac{3}{2}}}$$

で求められる.

特に $(f_x,f_y)=(0,0)$ のとき,主曲率は $\begin{pmatrix} f_{xx} & f_{xy} \\ f_{xy} & f_{yy} \end{pmatrix}$ の固有値であり,ガウス曲率は,$\kappa_1\kappa_2 = f_{xx}f_{yy}-(f_{xy})^2$ 平均曲率は,$\kappa_1+\kappa_2 = f_{xx}+f_{yy}$ となる.

たとえば曲面 $z=f(x,y)=a+bx^2+cxy+dy^2+\cdots$ のとき,$(x,y)=(0,0)$ におけるガウス曲率は $\kappa_1\kappa_2=4bd-c^2$,平均曲率は $\kappa_1+\kappa_2=2b+2d$ となる.$c=0$ の場合,κ_1,κ_2 は $2b, 2d$,つまり,$2f_{xx}(0,0), 2f_{yy}(0,0)$ に等しくなる.

15 縮閉線と伸開線

曲線 $C_1: y=f(x)$ 上の点 $\mathrm{A}(a,f(a))$ における曲率中心を P とおく.a を動かしたときの P の軌跡 C_2 を C_1 の**縮閉線**という(図 2.9).C_1 の各点における法線の包絡線が縮閉線 C_2 になる.C_2 に糸をピンと張ってほどいていくときの先端の軌跡を**伸開線**という.C_1 は C_2 の伸開線の一つとなる(図 2.10).

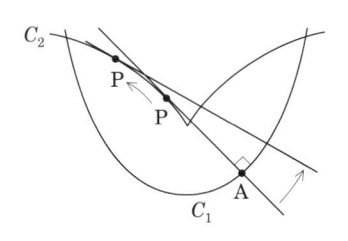

図 2.9

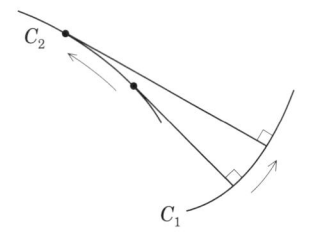

図 2.10

問題と解答・解説

問題 2.1

法線の包絡線

(問1) $(x,y)=(x(t),y(t))$ の $t=t_0$ における法線の式を $y=\alpha(t)x+\beta(t)$ の形で求めよ．

(問2) 曲線 $(x,y)=\left(t-\tanh t, \dfrac{1}{\cosh t}\right)$ の $t=t_0$ における法線の式を $y=\alpha(t)x+\beta(t)$ の形で求めよ．

(問3) 法線 $y=\alpha(t)x+\beta(t)$ の包絡線を求めよ．

(問4) 問3で求めた法線の包絡線を求めよ．媒介変数を消去して y を x の関数として明示せよ．

2012 年 東京大 理学系研究科 天文学専攻 (改題)

解答 | 問1 法線上の点を (X,Y) とおく．点 $(x(t_0),y(t_0))$ を通ることから，

$$\begin{pmatrix} X-x(t_0) \\ Y-y(t_0) \end{pmatrix} \tag{1}$$

は法線に平行である．一方，法線は接線に直交することから，接ベクトル $\begin{pmatrix} x'(t_0) \\ y'(t_0) \end{pmatrix}$ は (1) と垂直になっている (図 2.11)．内積が 0 より，

$$x'(t_0)(X-x(t_0))+y'(t_0)(Y-y(t_0))=0.$$

よって，$y'(t_0)\neq 0$ のとき，

$$Y=-\frac{x'(t_0)}{y'(t_0)}(X-x(t_0))+y(t_0)=-\frac{x'(t_0)}{y'(t_0)}X+\frac{x'(t_0)x(t_0)}{y'(t_0)}+y(t_0).$$

X,Y,t_0 を，順に x,y,t に置き換えて，

(答) $\quad y=-\dfrac{x'(t)}{y'(t)}x+\dfrac{x'(t)x(t)}{y'(t)}+y(t).$

問2

$$\cosh^2 t-\sinh^2 t=\left(\frac{e^t+e^{-t}}{2}\right)^2-\left(\frac{e^t-e^{-t}}{2}\right)^2=1$$

より，与えられた曲線 (図 2.12) の接ベクトルの成分は，

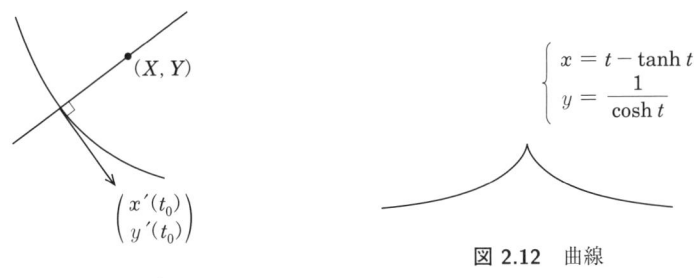

図 2.11 法線

$$\begin{cases} x = t - \tanh t \\ y = \dfrac{1}{\cosh t} \end{cases}$$

図 2.12 曲線

$$x' = (t - \tanh t)' = 1 - \frac{1}{\cosh^2 t} = \frac{\cosh^2 t - 1}{\cosh^2 t} = \frac{\sinh^2 t}{\cosh^2 t},$$

$$y' = \left(\frac{1}{\cosh t}\right)' = \{(\cosh t)^{-1}\}' = -(\cosh t)^{-2}(\cosh t)' = -\frac{\sinh t}{\cosh^2 t}$$

より $\dfrac{x'}{y'} = -\sinh t$. これらを問 1 の答えに代入して, $\tanh t = \dfrac{\sinh t}{\cosh t}$ を用いると,

$$y = (\sinh t)x - \sinh t(t - \tanh t) + \frac{1}{\cosh t}$$

$$= (\sinh t)x - t\sinh t + \frac{\sinh^2 t}{\cosh t} + \frac{1}{\cosh t}$$

より,

(答) $y = (\sinh t)x - t\sinh t + \cosh t.$

問 3

$$y = \alpha(t)x + \beta(t) \tag{2}$$

の両辺を t で偏微分して, $0 = \alpha'(t)x + \beta'(t)$. よって, $\alpha'(t) \neq 0$ のとき,

$$x = -\frac{\beta'(t)}{\alpha'(t)}.$$

これを (2) に代入して,

$$y = -\frac{\alpha(t)\beta'(t)}{\alpha'(t)} + \beta(t).$$

よって, 包絡線のパラメータ表示は,

(答) $(x, y) = \left(-\dfrac{\beta'(t)}{\alpha'(t)}, -\dfrac{\alpha(t)\beta'(t)}{\alpha'(t)} + \beta(t)\right).$

問 4   問 2 より

$$\begin{cases} \alpha(t)=\sinh t \\ \beta(t)=-t\sinh t+\cosh t \end{cases}$$

である．よって，

$$\begin{cases} \alpha'(t)=\cosh t \\ \beta'(t)=-t\cosh t. \end{cases}$$

したがって，$\dfrac{\beta'(t)}{\alpha'(t)}=-t$．これらを問 3 の結果に代入して，

$$(x,y)=(t,\cosh t).$$

（答） $y=\cosh x.$

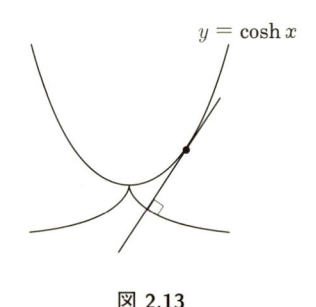

図 2.13

解説 xy 平面上の曲線 $C_t: f(x,y,t)=0$ の包絡線とは，C_t すべてが接する曲線 $y=g(x)$ のことである．C_t と $C_{t+\Delta t}$ の交点は，$\Delta t \to 0$ とすると C_t と $y=g(x)$ の接点に限りなく近づくので，$y=g(x)$ 上にのる (図 2.14)．交点は次式を連立すると求めることができる．

$$\begin{cases} f(x,y,t)=0 \\ f(x,y,t+\Delta t)=0 \end{cases} \iff \begin{cases} f(x,y,t)=0 \\ f(x,y,t+\Delta t)-f(x,y,t)=0 \end{cases}$$

$$\iff \begin{cases} f(x,y,t)=0 \\ \dfrac{f(x,y,t+\Delta t)-f(x,y,t)}{\Delta t}=0. \end{cases}$$

$\Delta t \to 0$ とすることにより，C_t と $y=g(x)$ の接点は

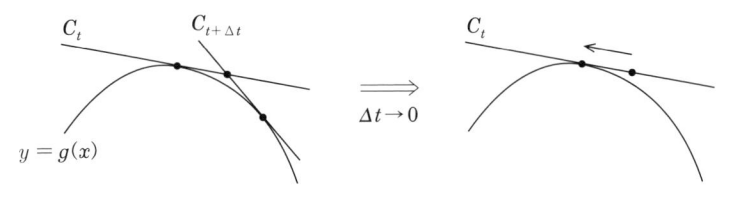

図 2.14

$$\begin{cases} f(x,y,t)=0 \\ \dfrac{\partial f(x,y,t)}{\partial t}=0 \end{cases}$$

を連立すると出ることがわかる．これが包絡線の式になる．

t が消去できれば，包絡線は $y=g(x)$ の形で求まる．t が消去できなくても，$x=g(t), y=h(t)$ の形で表すことができれば，包絡線のパラメータ表示が得られる．点 $(x,y)=(g(t),h(t))$ は C_t と包絡線の接点になっている．

（発展）　牽引線と縮閉線

問 2 の曲線は**牽引線**（トラクトリクス）と呼ばれる．曲線上の点 $\mathrm{P}\left(t-\tanh t, \dfrac{1}{\cosh t}\right)$ における接線と x 軸との交点が $\mathrm{Q}(t,0)$ となり，$\mathrm{PQ}=1$（一定）である．このことから x 軸上を正の方向に進みながら長さ 1 の紐で犬を引っぱるときの犬の歩く軌跡が，問 2 の曲線の $t \geqq 0$ の部分であることがわかる．

$t<0$ の部分では犬に引っぱられている．x 軸上を正の方向に歩く人を，犬が人の速さの定数倍で追いかけるときの犬の軌跡は追跡線と呼ばれ，牽引線とは別の曲線になるので注意せよ．

一般に曲線 C の法線の包絡線は C の縮閉線 (evolute) と一致する (p.43)．よって問 4 の結果は，牽引線の縮閉線が懸垂線 (catenary) $y=\cosh x$ であることを示している．

放物線 $y=x^2$ の縮閉線は，$y=\dfrac{3}{2\sqrt[3]{2}}x^{\frac{2}{3}}+\dfrac{1}{2}$ となる．

対数螺旋 $r=e^{\theta}$ の縮閉線は，対数螺旋 $r=e^{\theta-\frac{\pi}{2}}$ となる．

楕円 $\dfrac{x^2}{a^2}+\dfrac{y^2}{b^2}=1$ の縮閉線はアステロイドを伸ばした $(ax)^{\frac{2}{3}}+(by)^{\frac{2}{3}}=(a^2-b^2)^{\frac{2}{3}}$ となる．

第 2 章 微分法

サイクロイド $(t-\sin t, 1-\cos t)$ の縮閉線はサイクロイド $(t+\sin t, -1+\cos t)$ となる．

円 $x^2+y^2=a^2$ の内側を半径 1 の円が回る内サイクロイド $((a-1)\cos t+\cos(a-1)t, (a-1)\sin t-\sin(a-1)t)$ の縮閉線は，もとの曲線を回転拡大した $\dfrac{a}{a-2}((a-1)\cos t-\cos(a-1)t, (a-1)\sin t+\sin(a-1)t)$ となる．

円 $x^2+y^2=a^2$ の外側を半径 1 の円が回る外サイクロイド $((a+1)\cos t-\cos(a+1)t, (a+1)\sin t-\sin(a+1)t)$ の縮閉線は，もとの曲線を回転縮小した $\dfrac{a}{a+2}((a+1)\cos t+\cos(a+1)t, (a+1)\sin t+\sin(a+1)t)$ となる．

$(\cos t+t\sin t, \sin t-t\cos t)$ の縮閉線は円 $(\cos t, \sin t)$ となる．

類題 2.1

デカルトの正葉線

デカルトの正葉線 $x^3-3axy+y^3=0$ $(a>0)$ を考える．

(問 1) 極方程式 $r=r(\theta)$ で曲線を表せ．

(問 2) x と y を $u=\tan\theta$ のみで表せ．

(問 3) 任意の u に対して，この曲線上の点 $(x,y)=(x(u),y(u))$ における接線の方程式 $Y=Y(X)$ が次式を満たすことを示せ．

$$(X-x)\frac{dy}{du}=(Y-y)\frac{dx}{du}.$$

(問 4) この接線の方程式を X, Y, u のみで表せ．

(問 5) デカルトの正葉線の概形を描け．

2012 年 東京大 総合文化研究科 広域科学専攻 (改題)

解答 | 問 1 与式に $x=r\cos\theta, y=r\sin\theta$ を代入すると，

$$(r\cos\theta)^3-3a(r\cos\theta)(r\sin\theta)+(r\sin\theta)^3=0$$
$$\iff r(\cos^3\theta+\sin^3\theta)-3a\cos\theta\sin\theta=0 \quad \text{または} \quad r=0. \tag{1}$$

$$\cos^3\theta=-\sin^3\theta \iff \cos\theta=-\sin\theta \iff \theta=\frac{3\pi}{4}+n\pi$$

であり，このとき (1) は不成立なので，曲線 (1) 上で $\cos^3\theta+\sin^3\theta\neq 0$. よって，

$$(1) \iff r = \frac{3a\cos\theta\sin\theta}{\cos^3\theta + \sin^3\theta}.$$

これは $\theta = 0$ のとき 0 となるので, $r = 0$ を含んでいる. したがって,

$$(\text{答}) \quad r = \frac{3a\cos\theta\sin\theta}{\cos^3\theta + \sin^3\theta}.$$

問 2

$$(x, y) = (r\cos\theta, r\sin\theta) = \left(\frac{3a\cos^2\theta\sin\theta}{\cos^3\theta + \sin^3\theta}, \frac{3a\cos\theta\sin^2\theta}{\cos^3\theta + \sin^3\theta}\right).$$

$\cos\theta = 0 \iff \theta = \frac{\pi}{2} + n\pi$ のとき $(x, y) = (0, 0)$ となる.

$\cos\theta \neq 0$ のとき, 分母分子を $\cos^3\theta$ で割って,

$$(x, y) = \left(\frac{3a\tan\theta}{1 + \tan^3\theta}, \frac{3a\tan^2\theta}{1 + \tan^3\theta}\right) = \left(\frac{3au}{1 + u^3}, \frac{3au^2}{1 + u^3}\right).$$

これは $u = 0$ のとき $(0, 0)$ となるので, $(x, y) = (0, 0)$ を含んでいる. よって,

$$(\text{答}) \quad (x, y) = \left(\frac{3au}{1 + u^3}, \frac{3au^2}{1 + u^3}\right).$$

問 3 問 2 で求めた式を $(x, y) = (x(u), y(u))$ とおく. 与えられた曲線上の点はこの式で表される. 接線の方向ベクトルは $\begin{pmatrix} \dfrac{dx}{du} \\ \dfrac{dy}{du} \end{pmatrix}$ であるから, 接線の方程式は,

$$\frac{X - x(u)}{\dfrac{dx}{du}} = \frac{Y - y(u)}{\dfrac{dy}{du}}.$$

分母を掃って,

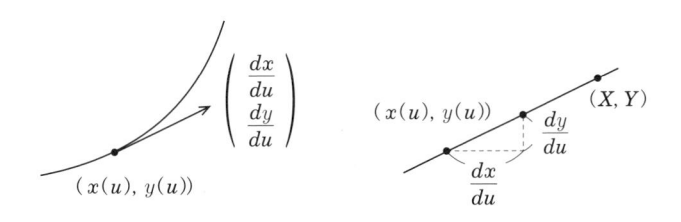

図 **2.15**

$$(X-x(u))\frac{dy}{du}=(Y-y(u))\frac{dx}{du}.$$

(証明終わり)

問 4

$$\frac{dx}{du}=\frac{3a(1+u^3)-3au(3u^2)}{(1+u^3)^2}=\frac{3a(1-2u^3)}{(1+u^3)^2},$$

$$\frac{dy}{du}=\frac{6au(1+u^3)-3au^2(3u^2)}{(1+u^3)^2}=\frac{3au(2-u^3)}{(1+u^3)^2}$$

である.問 3 で求めた公式に代入して,

$$\left(X-\frac{3au}{1+u^3}\right)\frac{3au(2-u^3)}{(1+u^3)^2}=\left(Y-\frac{3au^2}{1+u^3}\right)\frac{3a(1-2u^3)}{(1+u^3)^2}.$$

両辺に $\frac{(1+u^3)^2}{3a}$ をかけて,

$$\left(X-\frac{3au}{1+u^3}\right)u(2-u^3)=\left(Y-\frac{3au^2}{1+u^3}\right)(1-2u^3)$$

$$\iff u(2-u^3)X=(1-2u^3)Y+\frac{3au^2(2-u^3)}{1+u^3}-\frac{3au^2(1-2u^3)}{1+u^3}$$

$$=(1-2u^3)Y+\frac{3au^2(1+u^3)}{1+u^3}.$$

よって,

(答) $u(2-u^3)X=(1-2u^3)Y+3au^2.$

問 5 点 (x,y) は $\frac{dx}{du}>0$ のとき右方に,$\frac{dx}{du}<0$ のとき左方に動き,$\frac{dy}{du}>0$ のとき上方に,$\frac{dy}{du}<0$ のとき下方に動くことに注意すると,増減表は以下のようになる.

u	$-\infty$	$\cdots$	$-1-0$	$-1+0$	$\cdots$	0	$\cdots$	$\frac{1}{\sqrt[3]{2}}$	$\cdots$	$\sqrt[3]{2}$	$\cdots$	∞
$\frac{dx}{du}$	0	$+$			$+$	$3a$	$+$	0	$-$	$-a$	$-$	0
x	0	$\to$	∞	$-\infty$	$\to$	0	$\to$	$\sqrt[3]{4}a$	$\leftarrow$	$\sqrt[3]{2}a$	$\leftarrow$	0
$\frac{dy}{du}$	0	$-$			$-$	0	$+$	$\sqrt[3]{4}a$	$+$	0	$-$	0
y	0	$\downarrow$	$-\infty$	∞	$\downarrow$	0	$\uparrow$	$\sqrt[3]{2}a$	$\uparrow$	$\sqrt[3]{4}a$	$\downarrow$	0

よって，求める概形は

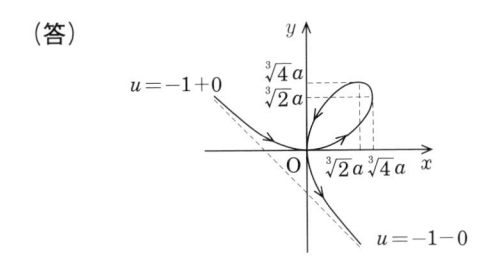

(答)

$u=-1+0$, $\sqrt[3]{4}a$, $\sqrt[3]{2}a$, $\sqrt[3]{2}a$, $\sqrt[3]{4}a$, $u=-1-0$

問題 2.2

$\boxed{n \text{ 階導関数}}$

$f:\mathbb{R}\to\mathbb{R}$ を

$$f(x)=\begin{cases} e^{-\frac{1}{x}} & (x>0 \text{ のとき}) \\ 0 & (x\leqq 0 \text{ のとき}) \end{cases}$$

で定義する．$f(x)$ は何回でも微分可能であることを示せ．

解答 (i) $x>0$ のとき．$f(x)=e^{-\frac{1}{x}}$ である．これは無限回微分可能である．

n を自然数とし，$f(x)$ の n 階導関数を $f^{(n)}(x)$ とおく．定数項が 1 の，ある $n-1$ 次多項式 $p_n(x)$ を用いて，

$$f^{(n)}(x)=\frac{p_n(x)}{x^{2n}}e^{-\frac{1}{x}}$$

の形に書けることを，数学的帰納法で示す．

[1] $n=1$ のとき．$f^{(n)}(x)=\dfrac{1}{x^2}e^{-\frac{1}{x}}$ なので，$p_1(x)=1$ とすればよい．

[2] $n=k$ のとき成立を仮定する．つまり，

$$f^{(k)}(x)=\frac{p_k(x)}{x^{2k}}e^{-\frac{1}{x}}$$

の形であることを仮定する．この両辺を x で微分すると，

$$f^{(k+1)}(x)=\left\{p_k(x)x^{-2k}e^{-\frac{1}{x}}\right\}'$$

$$=p_k'(x)x^{-2k}e^{-\frac{1}{x}}+p_k(x)(-2k)x^{-2k-1}e^{-\frac{1}{x}}$$

第 2 章 微分法

$$+p_k(x)x^{-2k}\frac{1}{x^2}e^{-\frac{1}{x}}$$
$$=\frac{p_k'(x)x^2+(-2kx+1)p_k(x)}{x^{2k+2}}e^{-\frac{1}{x}}.$$

ここで
$$p_{k+1}(x)=p_k'(x)x^2+(-2kx+1)p_k(x)$$
とおくと,
$$f^{(k+1)}(x)=\frac{p_{k+1}(x)}{x^{2(k+1)}}e^{-\frac{1}{x}}$$
の形になる.

$p_k(x)=ax^{k-1}+\cdots+1$ のとき, $p_{k+1}(x)=-a(k+1)x^k+\cdots+1$ になるので, $p_{k+1}(x)$ は定数項が 1 の $k+1$ 次式である.

(ii) $x<0$ のとき. $f(x)=0$ であるから, 任意の非負整数 n に対して $f^{(n)}(x)=0$.

(iii) $x=0$ のとき. 任意の非負整数 n に対して, $f^{(n)}(0)=0$ であることを, 数学的帰納法で示す.

[1] $n=0$ のとき. $f^{(n)}(x)=f(x)$ の定義より $f^{(n)}(0)=0$.
[2] $n=k$ のとき, 成立を仮定する. つまり, $f^{(k)}(0)=0$ を仮定する.

微分係数の定義より,
$$f^{(k+1)}(x)=\lim_{h\to 0}\frac{f^{(k)}(0+h)-f^{(k)}(0)}{h}=\lim_{h\to 0}\frac{f^{(k)}(h)}{h}. \tag{1}$$

[2-i] $h>0$ のとき. (i) の結果より,
$$(1)=\lim_{h\to +0}\frac{p_k(h)}{h^{2k+1}}e^{-\frac{1}{h}}=\lim_{t\to\infty}\frac{t^{2k+1}p_k\left(\frac{1}{t}\right)}{e^t}.$$

ここで $t=\frac{1}{h}$ とおいた. $t^{k-1}p_k\left(\frac{1}{t}\right)$ は $k-1$ 次の多項式になるので, 上の式の分子は, $2k+1$ 次の多項式になる. 多項式より指数関数のほうが速く増加するので, 極限値は 0.

[2-ii] $h<0$ のとき. (ii) の結果より,
$$(1)=\lim_{h\to -0}\frac{0}{h}=0$$

[2-i], [2-ii] より $f^{(k+1)}(0)=0$.

[1],[2] より，任意の非負整数 n に対して，$f^{(n)}(0)=0$ となる．

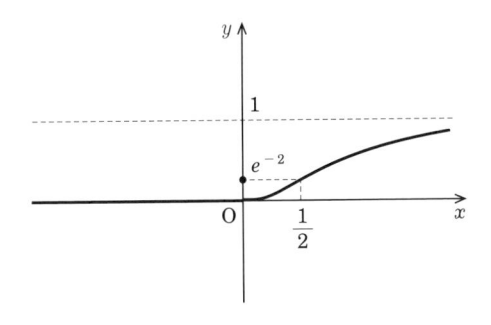

図 2.16

解説 | 任意の数 a に対して $\lim_{t\to\infty}\dfrac{t^a}{e^t}=0$ が成り立つ．このことは，次のように証明できる．

(I) $a\leqq 0$ のときは $\lim_{t\to\infty}\dfrac{1}{e^t t^{-a}}=0$．

(II) $a>0$ のときを考える．$x\geqq 0$ のとき $e^0\leqq e^x$．両辺を 0 から x まで積分して $x\leqq e^x-1$．再び積分して $\dfrac{x^2}{2}\leqq e^x-x-1$．よって $e^x\geqq 1+x+\dfrac{x^2}{2}\geqq \dfrac{x^2}{2}$ なので，

$$0\leqq \frac{x}{e^x}\leqq \frac{2}{x}$$

挟みうち論法により，

$$\lim_{x\to\infty}\frac{x}{e^x}=0.$$

これを用いると，

$$\lim_{t\to\infty}\frac{t^a}{e^t}=\lim_{t\to\infty}\left(\frac{t}{e^{\frac{t}{a}}}\right)^a. \tag{2}$$

$u=\dfrac{t}{a}$ とおくと，(2) は

$$\lim_{u\to\infty}\left(\frac{au}{e^u}\right)^a=a^a\left(\lim_{u\to\infty}\frac{u}{e^u}\right)^a=0.$$

(補足) 滑らかだが解析的でない関数

本問の $f(x)$ は $x=0$ で C^∞ 級 (滑らか) であるが，C^ω 級 (解析的) ではない (p.40)．なぜなら，もし，マクローリン展開可能だとすると，$f^{(n)}(0)=0$ よりマクローリン展開の係数がすべて 0 となり，$x=0$ の近くで恒等的に $f(x)=0$ となって，$f(x)$ の定義に矛盾する．

p.40 の関数 $f(x)=e^{-\frac{1}{x^2}}$ ($x\neq 0$)，$f(0)=0$ が解析的でないことも同様にして示すことができる．

問題 2.3

べき乗の近似計算

$(1.002)^{1000}$ を小数第 3 位まで求めよ．必要ならば自然対数の底 $e=2.71828\cdots$，およびその 2 乗 $e^2=7.3890\cdots$ を用いてもよい．

2011 年 東京大 総合文化研究科 広域科学専攻

解答 ｜ $x>0$ のとき，$1-x^2<1<1+x^3$ より
$$1-x<\frac{1}{1+x}<1-x+x^2.$$
両辺を 0 から x まで積分して，
$$x-\frac{x^2}{2}<\log(1+x)<x-\frac{x^2}{2}+\frac{x^3}{3}.$$
log を外して，$e^{x-\frac{x^2}{2}}<1+x<e^{x-\frac{x^2}{2}+\frac{x^3}{3}}$．
全体を $\frac{2}{x}$ 乗して，
$$e^{2-x}<(1+x)^{\frac{2}{x}}<e^{2-x+\frac{2x^2}{3}} \iff e^2 e^{-x}<(1+x)^{\frac{2}{x}}<e^2 e^{-x+\frac{2x^2}{3}}. \quad (1)$$
e^{-x} のグラフは下に凸なので，原点における接線 $1-x$ はグラフの下側にある (図 2.17)．つまり，
$$1-x<e^{-x} \quad (x\neq 0 \text{ のとき}). \quad (2)$$
よって，
$$e^2(1-x)<e^2 e^{-x} \quad (3)$$

54

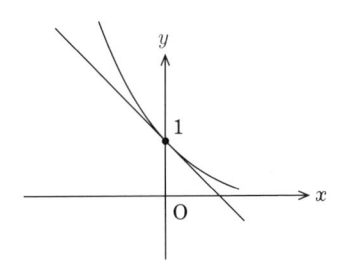

図 2.17

(2) の逆数をとって

$$e^x \leqq \frac{1}{1-x} < 1+x+x^2 \qquad (x<0 \text{ のとき})$$

$0<x<\dfrac{3}{2}$ で $-x+\dfrac{2}{3}x^2<0$ より,x を $-x+\dfrac{2}{3}x^2$ に置き換えて,

$$e^{-x+\frac{2}{3}x^2} < 1+\left(-x+\frac{2}{3}x^2\right)+\left(-x+\frac{2}{3}x^2\right)^2$$
$$= 1-x+\frac{5}{3}x^2-\frac{4}{3}x^3+\frac{4}{9}x^4$$
$$< 1-x+\frac{5}{3}x^2 \qquad (0<x<3 \text{ のとき})$$

よって,

$$e^2 e^{-x+\frac{2}{3}x^2} < e^2\left(1-x+\frac{5}{3}x^2\right) \tag{4}$$

(1) に,(3)(4) を代入して,

$$e^2(1-x) < (1+x)^{\frac{2}{x}} < e^2\left(1-x+\frac{5}{3}x^2\right).$$

$x=0.002$ を代入すると,

$$e^2(1-0.002) < 1.002^{1000} < e^2(1-0.002+0.00000\dot{6}).$$
$$7.3890-0.014778 < 1.002^{1000} < 7.3890-0.014778+0.00004926.$$
$$7.374222 < 1.002^{1000} < 7.37427126.$$

（答） 7.374.

解説 ｜ マクローリンの定理 (p.39) を $f(x)=\log(1+x)$ の場合に適用すると，n が正の整数のとき，

$$f^{(n)}(x)=\frac{(-1)^{n-1}(n-1)!}{(1+x)^n}$$

なので，

$$f(x)=x-\frac{x^2}{2}+\frac{x^3}{3}-\cdots+(-1)^{n-1}\frac{x^n}{n}+(-1)^n\frac{x^{n+1}}{(1+c)^{n+1}(n+1)}$$

を得る．剰余項

$$(-1)^n\frac{x^{n+1}}{(1+c)^{n+1}(n+1)}$$

は $x>0$ のとき n が奇数なら負，偶数なら正なので，$f(x)$ を多項式で上下から評価できる．たとえば

$$x-\frac{x^2}{2}+\cdots-\frac{x^{2m}}{2m}<f(x)<x-\frac{x^2}{2}+\cdots+\frac{x^{2m+1}}{2m+1}$$

が成り立つ．上の解答では，この事実を $m=1$ の場合に証明しながら使っている．

マクローリンの定理を $f(x)=(1+x)^{1000}$ の場合に適用すると，

$$f(x)=1+1000x+499500x^2+\cdots+{}_{1000}\mathrm{C}_n x^n+{}_{1000}\mathrm{C}_{n+1}(1+c)^{1000-(n+1)}x^{n+1}$$

となり，$x=0.002$ の場合でも剰余項

$$_{1000}\mathrm{C}_{n+1}(1+c)^{1000-(n+1)}x^{n+1}$$

がなかなか小さくならず，計算が大変である．そこで，本解答では，与式を $(1+x)^{\frac{2}{x}}$ の $x=0.002$ の場合と考えて，関数 $(1+x)^{\frac{2}{x}}=e^{\frac{2}{x}\log(1+x)}$ を考察した．

(発展)　マクローリン展開を使った誤差評価

$\displaystyle\lim_{n\to\infty}\left(1+\frac{x}{n}\right)^n=e^x$ から得られる近似式 $e^x \fallingdotseq \left(1+\frac{x}{n}\right)^n$ より，

$$1.002^{1000}=\left(1+\frac{1}{500}\right)^{1000}=\left\{\left(1+\frac{1}{500}\right)^{500}\right\}^2\fallingdotseq e^2=7.3890560989\cdots$$

を得る．これでは，誤差が大きすぎるので，もっと細かく見る必要がある．

公比 $-x$ の無限等比数列の和の公式より $|-x|<1$ のとき，

$$\frac{1}{1+x}=1-x+x^2-x^3+\cdots.$$

収束円板 $|x|<1$ 内では項別積分できるので，両辺を 0 から x まで積分して，

$$\log(1+x)=x-\frac{x^2}{2}+\frac{x^3}{3}-\frac{x^4}{4}+\cdots.$$

x を $\frac{x}{n}$ に置き換えて n 倍すると，

$$n\log\left(1+\frac{x}{n}\right)=x-\frac{x^2}{2n}+\frac{x^3}{3n^2}-\frac{x^4}{4n^3}+\cdots.$$

左辺は $\log\left(1+\frac{x}{n}\right)^n$ なので，$\log$ を外すと，

$$\left(1+\frac{x}{n}\right)^n=e^{x-\frac{x^2}{2n}+\frac{x^3}{3n^2}-\cdots}=e^x e^{-\frac{x^2}{2n}+\frac{x^3}{3n^2}-\cdots} \tag{5}$$

となる．e^x のマクローリン展開 $1+x+\frac{x^2}{2}+\frac{x^3}{3!}+\cdots$ を用いると，

$$(5)=e^x\left\{1+\left(-\frac{x^2}{2n}+\frac{x^3}{3n^2}-\frac{x^4}{4n^3}+\cdots\right)+\frac{1}{2}\left(-\frac{x^2}{2n}+\cdots\right)^2+\cdots\right\}$$
$$=e^x\left\{1-\frac{x^2}{2n}+\frac{x^3}{3n^2}+\frac{(n-2)x^4}{8n^3}+\cdots\right\}$$

を得る．よって，

$$e^x-\left(1+\frac{x}{n}\right)^n=e^x\left(\frac{x^2}{2n}-\frac{x^3}{3n^2}-\cdots\right). \tag{6}$$

$n=1000, x=2$ を代入すると，

$$e^2-(1.002)^{1000}=e^2\left(\frac{4}{2000}-\frac{8}{3000000}-\cdots\right)$$
$$=7.3890(0.002-0.000002\dot{6}-\cdots).$$

これが，上で述べた大きすぎる誤差である．

右辺の第 1 項を移項して

$$e^2-e^2\frac{4}{2000}-(1.002)^{1000}=e^2\left(-\frac{8}{3000000}-\cdots\right)$$

とすると誤差は十分小さくなる．

(6) を用いると，$\displaystyle\lim_{n\to\infty}n\left\{e^x-\left(1+\frac{x}{n}\right)^n\right\}=e^x\frac{x^2}{2}$ ということもわかる．

第 2 章 微分法

類題 2.2
正弦・余弦のマクローリン展開と近似値

(問 1) $f(x) = x - \sin x$ とする．実数 $x \geq 0$ に対して，$f(x) \geq 0$ であることを証明せよ．

(問 2) 実数 $x \geq 0$ に対して，以下の四つの不等式が成り立つことを証明せよ．

$$1 - \frac{x^2}{2} \leq \cos x \quad (1)$$

$$x - \frac{x^3}{6} \leq \sin x \quad (2)$$

$$\cos x \leq 1 - \frac{x^2}{2} + \frac{x^4}{24} \quad (3)$$

$$\sin x \leq x - \frac{x^3}{6} + \frac{x^5}{120} \quad (4)$$

(問 3) $\sin \dfrac{1}{10}$ の小数点以下上位 6 桁の値を求めよ．

(問 4) $\cos\left(\dfrac{\pi}{6}\right) = \dfrac{\sqrt{3}}{2}$ を用いて，$2 - \sqrt{3} \leq \left(\dfrac{\pi}{6}\right)^2 \leq 6 - 2\sqrt{3}\sqrt{1 + \sqrt{3}}$ であることを証明せよ．

2012 年 東京大 新領域創成科学研究科 複雑理工専攻

解答 | **問 1** $x \geq 0$ のとき，$\cos x \leq 1$ の両辺を 0 から x まで積分すると，

$$\sin x \leq x. \quad (5)$$

よって，$x - \sin x \geq 0$. (証明終わり)

問 2 (5) の両辺を 0 から x まで積分して，

$$(-\cos x) - (-\cos 0) \leq \frac{x^2}{2}.$$

移項して，

$$1 - \frac{x^2}{2} \leq \cos x.$$

これが，示すべき (1) 式である．この式の両辺を 0 から x まで積分して，

$$x - \frac{x^3}{3!} \leq \sin x.$$

これが，示すべき (2) 式である．この式の両辺を 0 から x まで積分して，
$$\frac{x^2}{2} - \frac{x^4}{4!} \leqq (-\cos x) - (-\cos 0).$$
移項して，
$$\cos x \leqq 1 - \frac{x^2}{2} + \frac{x^4}{4!}.$$
これが，示すべき (3) 式である．この式の両辺を 0 から x まで積分して，
$$\sin x \leqq x - \frac{x^3}{3!} + \frac{x^5}{5!}.$$

(証明終わり)

これが示すべき (4) 式である．

問 3 問 2 の (2) と (4) 式より，
$$x - \frac{x^3}{6} \leqq \sin x \leqq x - \frac{x^3}{6} + \frac{x^5}{120}.$$
$x = \frac{1}{10}$ を代入して，
$$\frac{1}{10} - \frac{1}{6000} \leqq \sin \frac{1}{10} \leqq \frac{1}{10} - \frac{1}{6000} + \frac{1}{12000000}.$$
$$0.1 - 0.0001666\cdots \leqq \sin \frac{1}{10} \leqq 0.1 - 0.0001666\cdots + 0.00000008333\cdots.$$
$$0.09983333\cdots \leqq \sin \frac{1}{10} \leqq 0.09983341666\cdots.$$
よって，

(**答**) 0.099833．

問 4 問 2 の (1) 式より，$2 - 2\cos x \leqq x^2$．$x = \frac{\pi}{6}$ を代入して，$2 - \sqrt{3} \leqq \left(\frac{\pi}{6}\right)^2$．
問 2 の (3) 式より，
$$x^4 - 12x^2 + 24 - 24\cos x \geqq 0.$$
$x = \frac{\pi}{6}$ を代入して，
$$\left(\frac{\pi}{6}\right)^4 - 12\left(\frac{\pi}{6}\right)^2 + 24 - 12\sqrt{3} \geqq 0.$$

$t = \left(\dfrac{\pi}{6}\right)^2$ とおくと，$t^2 - 12t + 24 - 12\sqrt{3} \geqq 0$.
$t < 6$ なので，
$$t \leqq 6 - \sqrt{12 + 12\sqrt{3}} = 6 - \sqrt{12}\sqrt{1+\sqrt{3}} = 6 - 2\sqrt{3}\sqrt{1+\sqrt{3}}.$$

(証明終わり)

問題 2.4

ルジャンドル関数

ルジャンドル関数 $P_n(z)$ $(n = 0, 1, 2, \cdots)$ の母関数 $F(h, z)$ は
$$F(h, z) = \dfrac{1}{\sqrt{1 - 2hz + h^2}}$$
であり，$P_n(z)$ $(n = 0, 1, 2, \cdots)$ と
$$F(h, z) = \sum_{n=0}^{\infty} h^n P_n(z)$$
の関係がある．この式を利用して，$P_0(z), P_1(z), P_2(z)$ を求めよ．

2012 年 東京大 理学系研究科 地球惑星科学専攻 (改題)

解答 $f(x) = (1+x)^{\alpha}$ の n 階導関数は
$$f^{(n)}(x) = \alpha(\alpha-1)(\alpha-2) \times \cdots \times (\alpha-n+1)(1+x)^{\alpha-n}$$
である．$x = 0$ を代入すると，
$$f^{(n)}(0) = \alpha(\alpha-1)(\alpha-2) \times \cdots \times (\alpha-n+1).$$
これをマクローリン展開の公式
$$f(x) = f(0) + f'(0)x + \dfrac{f''(0)}{2}x^2 + \dfrac{f'''(0)}{3!}x^3 + \cdots + \dfrac{f^{(n)}(0)}{n!}x^n + \cdots$$
に代入すると，2 項定理の拡張
$$(1+x)^{\alpha} = 1 + \alpha x + \dfrac{\alpha(\alpha-1)}{2}x^2 + \dfrac{\alpha(\alpha-1)(\alpha-2)}{3!}x^3 + \cdots \tag{1}$$
を得る．収束半径は，ダランベールの公式 (p.194) より，

$$\lim_{n\to\infty}\left|\frac{f^n(0)}{n!}\cdot\frac{(n+1)!}{f^{n+1}(0)}\right|=\lim_{n\to\infty}\left|\frac{n+1}{\alpha-n}\right|=1$$

なので，収束円は $|x|<1$.

(1) 式に $x=-t$, $\alpha=-\dfrac{1}{2}$ を代入して，

$$\frac{1}{\sqrt{1-t}}=(1-t)^{-\frac{1}{2}}=1+\frac{-1}{2}(-t)+\frac{\frac{-1}{2}\cdot\frac{-3}{2}}{2}(-t)^2+\frac{\frac{-1}{2}\cdot\frac{-3}{2}\cdot\frac{-5}{2}}{3!}(-t)^3+\cdots$$

$$=1+\frac{1}{2}t+\frac{1\cdot 3}{2\cdot 4}t^2+\frac{1\cdot 3\cdot 5}{2\cdot 4\cdot 6}t^3+\cdots.$$

t に $2hz-h^2$ を代入すると，

$$F(h,z)=\frac{1}{\sqrt{1-2hz+h^2}}=1+\frac{1}{2}(2hz-h^2)+\frac{1\cdot 3}{2\cdot 4}(2hz-h^2)^2$$

$$+\frac{1\cdot 3\cdot 5}{2\cdot 4\cdot 6}(2hz-h^2)^3+\cdots \quad (|2hz-h^2|<1).$$

収束円内では，絶対収束するので，和は足す順によらない (p.24).
よって，

$$F(h,z)=1+zh+\left(\frac{3}{2}z^2-\frac{1}{2}\right)h^2+\left(\frac{5}{2}z^3-\frac{3}{2}z\right)h^3+(h\text{ の }4\text{ 乗以上の項}).$$

問題の定義式より，

(答) $P_0(z)=1$, $P_1(z)=z$, $P_2(z)=\dfrac{3}{2}z^2-\dfrac{1}{2}$.

解説 | 微分方程式

$$(x^2-1)y''+2xy'-n(n+1)y=0$$

を**ルジャンドルの微分方程式**という．

x の n 次多項式

$$P_n(x)=\frac{1}{2^n n!}\cdot\frac{d^n}{dx^n}(x^2-1)^n$$

はこの微分方程式を満たす．$P_n(x)$ を**ルジャンドル多項式**という．これが本問の $P_n(z)$ と同じものである．

$$\int_{-1}^{1}P_m(x)P_n(x)dx=\begin{cases}0 & (m\neq n)\\ \dfrac{2}{2n+1} & (m=n)\end{cases}$$

が成り立つ．したがって，実係数の多項式全体の空間に内積 $(*,*)$ を

$$(f,g) = \int_{-1}^{1} f(x)g(x)dx$$

で入れると，$P_n(x)$ $(n=0,1,2,\cdots)$ は直交基底となる．

（発展）　スツルム・リウヴィル型の微分方程式

$(1-x^2)y'' - xy' + n^2 y = 0$ を**チェビシェフの微分方程式**という．x の n 次多項式 $T_n(x) = \cos(n\mathrm{Arccos}\,x)$ はこの微分方程式を満たす．$T_n(x)$ を**チェビシェフ多項式**という．

$$\int_{-1}^{1} T_m(x) T_n(x) \frac{dx}{\sqrt{1-x^2}} = \begin{cases} 0 & (m \neq n) \\ \dfrac{\pi}{2} & (m = n) \end{cases}$$

が成り立つ．

$y'' - xy' + ny = 0$ を**エルミートの微分方程式**という．x の n 次多項式

$$H_n(x) = (-1)^n e^{\frac{x^2}{2}} \left(e^{-\frac{x^2}{2}} \right)^{(n)}$$

はこの微分方程式を満たす．$H_n(x)$ を**エルミート多項式**という．

$$\int_{-\infty}^{\infty} H_m(x) H_n(x) e^{-\frac{x^2}{2}} dx = \begin{cases} 0 & (m \neq n) \\ \sqrt{2\pi} n! & (m = n) \end{cases}$$

が成り立つ．

$xy'' - (x-1)y' + ny = 0$ を**ラゲルの微分方程式**という．x の n 次多項式

$$L_n(x) = e^x (x^n e^{-x})^{(n)}$$

はこの微分方程式を満たす．$L_n(x)$ を**ラゲル多項式**という．

$$\int_0^{\infty} L_m(x) L_n(x) e^{-x} dx = \begin{cases} 0 & (m \neq n) \\ (n!)^2 & (m = n) \end{cases}$$

が成り立つ．

問題 2.5

極値の判定

2変数関数 $f(x,y) = \dfrac{x+y}{(x^2+1)(y^2+1)}$ について，以下の問いに答えよ．

(問1) 領域 $\{(x,y) \in \mathbb{R}^2 \mid 0 \leqq x \leqq 1, \ 0 \leqq y \leqq 1\}$ における $f(x,y)$ の最大値を求めよ．

(問2) 平面 $\mathbb{R}^2$ における $f(x,y)$ の最大値を求めよ．

2012年 東京大 数理科学研究科 数理科学専攻

解答 | $D: -\dfrac{\pi}{2} < \theta < \dfrac{\pi}{2}, \ -\dfrac{\pi}{2} < \varphi < \dfrac{\pi}{2}$ から $\mathbb{R}^2$ への写像を
$$(\theta, \varphi) \to (x,y) = (\tan\theta, \tan\varphi)$$
で定義すると，全単射になる．

$$f(\tan\theta, \tan\varphi) = \frac{\tan\theta + \tan\varphi}{\cos^{-2}\theta \cos^{-2}\varphi} = \cos\theta\cos\varphi(\sin\theta\cos\varphi + \sin\varphi\cos\theta)$$
$$= \cos\theta\cos\varphi\sin(\theta+\varphi) \tag{1}$$

である．$\cos\theta > 0, \cos\varphi > 0$ なので，最大値は $\sin(\theta+\varphi) > 0$ の場合を考察すればよい．

$$(1) = \frac{1}{2}\{\cos(\theta+\varphi) + \cos(\theta-\varphi)\}\sin(\theta+\varphi) \tag{2}$$
$$= \frac{1}{4}\sin 2(\theta+\varphi) + \frac{1}{2}\cos(\theta-\varphi)\sin(\theta+\varphi)$$
$$\leqq \frac{1}{4}\sin 2(\theta+\varphi) + \frac{1}{2}\sin(\theta+\varphi). \tag{3}$$

等号成立は $\cos(\theta-\varphi) = 1$ のときのみ．$t = \theta + \varphi$ とおくと，$-\pi < t < \pi$ であり，$(3) = \dfrac{1}{4}\sin 2t + \dfrac{1}{2}\sin t$ となる．これを $f(t)$ とおくと，

$$f'(t) = \frac{1}{2}\cos 2t + \frac{1}{2}\cos t = \frac{1}{2}(2\cos^2 t - 1 + \cos t) = \frac{1}{2}(2\cos t - 1)(\cos t + 1)$$

となる．よって，増減表は，

t	$-\pi$	$\cdots$	$-\dfrac{\pi}{3}$	$\cdots$	$\dfrac{\pi}{3}$	$\cdots$	π
$f'(t)$	0	$-$	0	$+$	0	$-$	0
$f(t)$	0	$\searrow$	$-\dfrac{3\sqrt{3}}{8}$	$\nearrow$	$\dfrac{3\sqrt{3}}{8}$	$\searrow$	0

問 1　$0 \leqq x \leqq 1$, $0 \leqq y \leqq 1$ に対応する D の部分集合は，$0 \leqq \theta \leqq \dfrac{\pi}{4}$, $0 \leqq \varphi \leqq \dfrac{\pi}{4}$ である．したがって，$0 \leqq t \leqq \dfrac{\pi}{2}$ となる．(3) の等号成立条件と上の表より，$\cos(\theta - \varphi) = 1$ かつ $t = \dfrac{\pi}{3}$ のとき，つまり，$\theta = \dfrac{\pi}{6}$, $\varphi = \dfrac{\pi}{6}$ のとき $f(x, y)$ は最大となり，最大値は

$$（答）\quad \dfrac{3\sqrt{3}}{8}.$$

問 2　上とまったく同じで，最大値は

$$（答）\quad \dfrac{3\sqrt{3}}{8}.$$

解説　本問は変数変換すると簡単に解ける．一般には，領域 D で定義された $f(x, y)$ の極値の判定は次のように行う．

D の境界 ∂D 上では，∂D のパラメータ表示を代入して調べる．

D の内部では，ヤコビベクトル $\vec{J} = (f_x, f_y)$ が $\vec{0}$ になる点 (x_0, y_0) を探し，この点におけるヘッセ行列 $H = \begin{pmatrix} f_{xx} & f_{xy} \\ f_{yx} & f_{yy} \end{pmatrix}$ の固有値の正負を調べることになる (p.120)．

(発展)　凸不等式 (イェンゼンの不等式)

本問は，次のように解くこともできる．

(解答の (2) のかわりに)

$-\pi < \theta + \varphi < \pi$ より，$0 < \theta + \varphi < \pi$．よって，$-\dfrac{\pi}{2} < \dfrac{\pi}{2} - (\theta + \varphi) < \dfrac{\pi}{2}$.

$\psi = \dfrac{\pi}{2} - (\theta + \varphi)$ とおくと $\theta + \varphi + \psi = \dfrac{\pi}{2}$ であり

$$(1) = \cos\theta \cos\varphi \cos\left\{\dfrac{\pi}{2} - (\theta + \varphi)\right\} = \cos\theta \cos\varphi \cos\psi.$$

$y = \log|\cos x|$ $\left(-\dfrac{\pi}{2} < x < \dfrac{\pi}{2}\right)$ のグラフ (図 2.18(左)) は上に凸なので，グラフ上の 3 点の重心はグラフより下側にある (図 2.18(右))．よって，

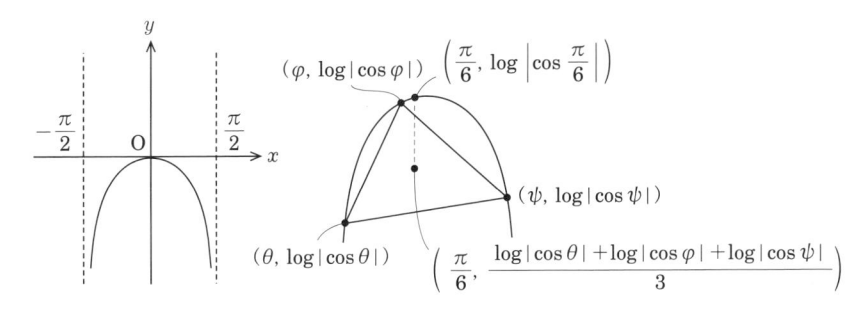

図 2.18

$$\frac{\log|\cos\theta|+\log|\cos\varphi|+\log|\cos\psi|}{3} \geq \log\left|\cos\frac{\theta+\varphi+\psi}{3}\right|$$
$$=\log\left|\cos\frac{\pi}{6}\right|=\log\frac{\sqrt{3}}{2}.$$

分母を掃って整理すると

$$\log|\cos\theta|+\log|\cos\varphi|+\log|\cos\psi| \geq 3\log\frac{\sqrt{3}}{2}$$
$$\iff \log|\cos\theta\cos\varphi\cos\psi| \geq \log\left(\frac{\sqrt{3}}{2}\right)^3.$$

log を外すと $\cos\theta\cos\varphi\cos\psi \geq \dfrac{3\sqrt{3}}{8}$.

等号成立は $\theta=\varphi=\psi$ より 角 θ,φ,ψ が三つとも $\dfrac{\pi}{6}$ のときのみ．よって，最小値は $\dfrac{3\sqrt{3}}{8}$．このように，グラフの凸性を利用して作られる不等式を**凸不等式**とか，**イェンゼンの不等式**という．

問題 2.6

導関数の連続性

$f:\mathbb{R}\to\mathbb{R}$ は，何回でも微分できる関数で，偶関数であるとする．$x\geq 0$ で定義された関数 $g(x)$ を $g(x)=f(\sqrt{x})$ で定める．

(問 1) 右微分係数 $g'_+(0)$ が $\displaystyle\lim_{x\to +0} g'(x)$ に等しいことを証明せよ．

(問 2) 右微分係数 $g''_+(0)$ が $\displaystyle\lim_{x\to +0} g''(x)$ に等しいことを証明せよ．

2010 年 東京大 数理科学研究科 数理科学専攻

解答 $f(x)$ が偶関数，つまり，$f(-x)=f(x)$ が成り立つとき，合成関数の微分の公式を n 回用いて

$$(-1)^n f^{(n)}(-x) = f(x)$$

を得る．よって，奇数階導関数は奇関数，偶数階導関数は偶関数である．特に，$f^{(2m-1)}(0)=0$ である．

問1 $f(x)$ は偶関数なのでマクローリンの定理より，

$$f(x) = f(0) + \frac{f''(0)}{2} x^2 + \frac{f^{(4)}(c_1)}{4!} x^4$$

を満たす c_1 が 0 と x の間にある．

$$g(x) = f(\sqrt{x}) = f(0) + \frac{f''(0)}{2} x + \frac{f^{(4)}(c_1)}{4!} x^2$$

なので，右微分係数の定義より

$$\begin{aligned}
g'_+(0) &= \lim_{h \to +0} \frac{g(0+h) - g(0)}{h} \\
&= \lim_{h \to +0} \frac{\left\{ f(0) + \frac{f''(0)}{2} h + \frac{f^{(4)}(c_1)}{4!} h^2 \right\} - f(0)}{h} \\
&= \lim_{h \to +0} \left(\frac{f''(0)}{2} + \frac{f^{(4)}(c_1)}{4!} h \right) = \frac{f''(0)}{2}. \qquad (1)
\end{aligned}$$

ここで，$f(x)$ の 4 回微分 $f^{(4)}(x)$ が連続関数なので，有界閉区間上で，有界な値を取ることを用いた．

$f'(x)$ は奇関数なのでマクローリンの定理より，

$$f'(x) = f''(0) x + \frac{f^{(4)}(0)}{3!} x^3 + \frac{f^{(6)}(c_2)}{5!} x^5$$

を満たす c_2 が 0 と x の間にある．

合成関数の微分の公式より，

$$\begin{aligned}
g'(x) &= f'(\sqrt{x}) \times \frac{1}{2\sqrt{x}} = \left(f''(0)\sqrt{x} + \frac{f^{(4)}(0)}{3!} x\sqrt{x} + \frac{f^{(6)}(c_2)}{5!} x^2 \sqrt{x} \right) \times \frac{1}{2\sqrt{x}} \\
&= \frac{f''(0)}{2} + \frac{f^{(4)}(0)}{12} x + \frac{f^{(6)}(c_2)}{240} x^2. \qquad (2)
\end{aligned}$$

よって，

$$\lim_{x \to +0} g'(x) = \frac{f''(0)}{2}. \tag{3}$$

(1), (3) より $g'_+(0) = \lim_{x \to +0} g'(x).$ (証明終わり)

問 2 (2) より,

$$g''_+(0) = \lim_{h \to +0} \frac{g'(0+h) - g'(0)}{h}$$

$$= \lim_{h \to +0} \frac{\left\{\dfrac{f''(0)}{2} + \dfrac{f^{(4)}(0)}{12}h + \dfrac{f^{(6)}(c_2)}{240}h^2\right\} - \dfrac{f''(0)}{2}}{h}$$

$$= \lim_{h \to +0} \left(\frac{f^{(4)}(0)}{12} + \frac{f^{(6)}(c_2)}{240}h\right) = \frac{f^{(4)}(0)}{12}. \tag{4}$$

$f''(x)$ は偶関数なのでマクローリンの定理より,

$$f''(x) = f''(0) + \frac{f^{(4)}(0)}{2}x^2 + \frac{f^{(6)}(c_3)}{4!}x^4$$

を満たす c_3 が 0 と x の間にある.

合成関数の微分の公式より,

$$g''(x) = f''(\sqrt{x}) \times \frac{1}{4x} + f'(\sqrt{x}) \times \frac{-1}{4x\sqrt{x}} = f''(\sqrt{x}) \times \frac{1}{4x} - g'(x) \times \frac{1}{2x}$$

$$= \left(f''(0) + \frac{f^{(4)}(0)}{2}x + \frac{f^{(6)}(c_3)}{4!}x^2\right)\frac{1}{4x}$$

$$\quad - \left(\frac{f''(0)}{2} + \frac{f^{(4)}(0)}{12}x + \frac{f^{(6)}(c_3)}{240}x^2\right)\frac{1}{2x}$$

$$= \frac{f^{(4)}(0)}{12} + \frac{f^{(6)}(c_2)}{120}x.$$

よって,

$$\lim_{x \to +0} g''(x) = \frac{f^{(4)}(0)}{12}. \tag{5}$$

(4), (5) より $g''_+(0) = \lim_{x \to +0} g''(x).$ (証明終わり)

解説 | $f'(x)$ が存在しても $f'(x)$ が連続とは限らない.つまり $\lim_{x \to a} f'(x) = f'(a)$ が成り立つとは限らない.たとえば $f(x)$ を $x=0$ のとき 0,$x \neq 0$ のとき $x^2 \sin\dfrac{1}{x}$

第 2 章 微分法

で定義する．

微分係数の定義より $f'(0)=0$ であり，$x\neq 0$ のとき $f'(x)=2x\sin\dfrac{1}{x}-\cos\dfrac{1}{x}$ となる．$\lim\limits_{x\to 0}f'(x)$ は $-1\leq y\leq 1$ の間を振動し，$f'(0)=0$ には収束しない．したがって $f'(x)$ は $x=0$ で連続でない．本問の関数 $g(x)$ $(x\geq 0)$ の場合，$g'(x)$ $(x>0)$ を右微分係数を用いて $x\geq 0$ に拡張すると，$x=0$ で連続になることを問1で示している．

（発展）　関数のなめらかなつぎはぎ

実数値関数 $f(x)$ が偶関数で，テーラー展開できるとする．
$$f(x)=a_0+a_1x^2+a_2x^4+a_3x^6+\cdots$$
このとき
$$f(ix)=a_0-a_1x^2+a_2x^4-a_3x^6+\cdots$$
も実数値関数である．

$f(\sqrt{x})$ $(x\geq 0)$ は本問と同様にして，n 階導関数を $x\geq 0$ に連続に拡張できる．また，$f(i\sqrt{-x})$ $(x\leq 0)$ も本問と同様にして，n 階導関数を $x\leq 0$ に連続に拡張できる．

$f(\sqrt{x})$ と $f(i\sqrt{-x})$ をつなげた関数は $x=0$ でも無限回微分可能となる．たとえば，
$$\cosh(ix)=1+\frac{(ix)^2}{2}+\frac{(ix)^4}{4!}+\frac{(ix)^6}{6!}+\cdots=1-\frac{x^2}{2}+\frac{x^4}{4!}-\frac{x^6}{6!}+\cdots=\cos x$$

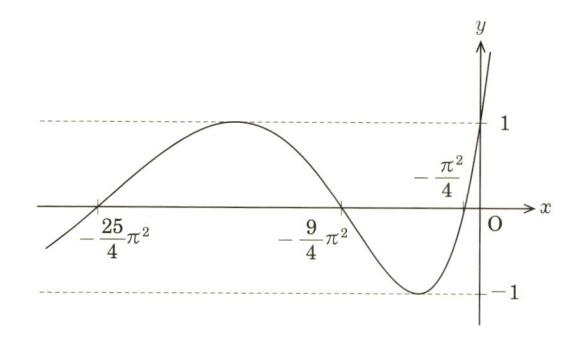

図 2.19

であるから $\cos(\sqrt{-x})$ $(x \leqq 0)$ と $\cosh\sqrt{x}$ $(x \geqq 0)$ を原点で無限回微分可能になるようにつなげることができる (図 2.19).

この関数のマクローリン展開は，$1+\dfrac{x}{2}+\dfrac{x^2}{4!}+\dfrac{x^3}{6!}+\cdots$ となる．

第3章 積分法

基礎のまとめ

1 有名な原始関数と定積分

$$\int \frac{1}{\sqrt{a^2-x^2}} dx = \begin{cases} \mathrm{Arcsin} \dfrac{x}{a} + C & (a>0 \text{ のとき}), \\ -\mathrm{Arcsin} \dfrac{x}{a} + C & (a<0 \text{ のとき}). \end{cases}$$

$$\int \frac{1}{a^2+x^2} dx = \frac{1}{a} \mathrm{Arctan} \frac{x}{a} + C.$$

$$\int \tan x \, dx = -\log|\cos x| + C.$$

$$\int \frac{1}{\sin x} dx = \log\left|\tan \frac{x}{2}\right| + C.$$

$$\int \frac{1}{\sqrt{x^2+A}} dx = \log\left|x+\sqrt{x^2+A}\right| + C.$$

$$\int \sqrt{x^2+A} \, dx = \frac{1}{2}\left\{x\sqrt{x^2+A} + A\log\left|x+\sqrt{x^2+A}\right|\right\} + C.$$

$$\int \frac{1}{(1+x^2)^2} dx = \frac{1}{2}\left(\frac{x}{x^2+1} + \mathrm{Arctan} \, x\right) + C.$$

$$\int_0^{\frac{\pi}{2}} \sin^n x \, dx = \frac{(n-1)!!}{n!!} \cdot \frac{\pi}{2} \quad (n \text{ が偶数のとき}),$$

$$\qquad\qquad\quad = \frac{(n-1)!!}{n!!} \quad (n \text{ が奇数のとき}).$$

ここで，$n!! = \begin{cases} n(n-2)(n-4) \times \cdots \times 4 \cdot 2 & (n \text{ が偶数のとき}) \\ n(n-2)(n-4) \times \cdots \times 3 \cdot 1 & (n \text{ が奇数のとき}) \end{cases}$ と定義する．

$$\int_{-\infty}^{\infty} e^{-x^2} dx = \sqrt{\pi}, \quad \int_{-\infty}^{\infty} \frac{\sin x}{x} dx = \pi, \quad \int_{-\infty}^{\infty} \sin(x^2) dx = \sqrt{\frac{\pi}{2}}.$$

$$\int_{-\infty}^{\infty} e^{-x^2} dx = \sqrt{\pi}, \quad \int_{-\infty}^{\infty} \frac{\sin x}{x} dx = \pi, \quad \int_{-\infty}^{\infty} \sin(x^2) dx = \sqrt{\frac{\pi}{2}}.$$

m, n が非整数値で $0 \leqq m < n-1$ のとき

$$\int_{0}^{\infty} \frac{x^m}{1+x^n} dx = \frac{\pi}{n} \cdot \frac{1}{\sin \dfrac{m+1}{n}\pi}.$$

$0 < a < 1$ のとき

$$\int_{0}^{\infty} \frac{x^{a-1}}{1+x} dx = \frac{\pi}{\sin \pi a}.$$

2 ガンマ関数

$s > 0$ のとき

$$\Gamma(s) = \int_{0}^{\infty} x^{s-1} e^{-x} dx$$

でガンマ関数を定義する．$\Gamma(s+1) = s\Gamma(s)$, $\Gamma(1) = 1$ であり，s が自然数のとき，

$$\Gamma(s) = (s-1)!$$

が成り立つ．

ガンマ関数は階乗を実数に拡張したものとみなせる．たとえば $\Gamma\left(\dfrac{1}{2}\right) = \sqrt{\pi}$ は $\left(-\dfrac{1}{2}\right)!$ であると考えることができる．

3 ベータ関数

$p > 0$ かつ $q > 0$ のとき

$$B(p,q) = \int_{0}^{1} x^{p-1}(1-x)^{q-1} dx$$

でベータ関数を定義する．

$$B(p,q+1) = \frac{q}{p} B(p+1,q), \quad B(p+q-1,1) = \frac{1}{p+q-1}$$

であり，p, q が自然数のとき，

$$B(p,q) = \frac{(p-1)!(q-1)!}{(p+q-1)!}$$

が成り立つ．

ガンマ関数で表すと，$B(p,q) = \dfrac{\varGamma(p)\varGamma(q)}{\varGamma(p+q)}$ となる．これは，p,q が実数の場合にも成り立つ．$p+q=1$ のときは $B(p,q) = \dfrac{\pi}{\sin \pi p}$ となる．

$\int_0^{\frac{\pi}{2}} \sin^m x \cos^n x \, dx$ は，$t = \sin^2 x$ とおくと，$\dfrac{1}{2} B\left(\dfrac{m+1}{2}, \dfrac{n+1}{2}\right)$ に等しくなる．

4 曲線の長さ

曲線 $y = f(x)$ の $a \leqq x \leqq b$ の部分の長さ L (図 3.1) は

$$L = \int_a^b \sqrt{1 + \{f'(x)\}^2} \, dx.$$

曲線 $(x,y) = (f(t), g(t))$ の $a \leqq t \leqq b$ の部分の長さ L は (図 3.2)

$$L = \int_a^b \sqrt{\{f'(t)\}^2 + \{g'(t)\}^2} \, dt.$$

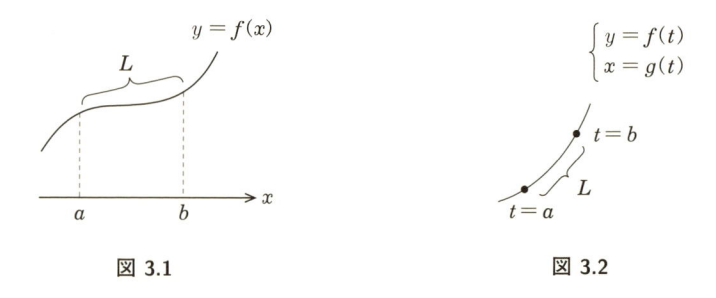

図 3.1

図 3.2

5 y 軸回転体の体積

図形 $(0 \leqq)a \leqq x \leqq b$ かつ $0 \leqq y \leqq f(x)$ を y 軸で回転して得られる立体 (図 3.3) の体積 V は

$$V = \int_a^b 2\pi x f(x) \, dx.$$

6 曲面積

曲線 $y = f(x)$ の $a \leqq x \leqq b$ の部分を x 軸で回転させて得られる曲面 (図 3.4) の面積 A は

$$A = \int_a^b 2\pi f(x) \sqrt{1 + \{f'(x)\}^2} \, dx.$$

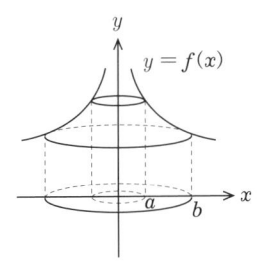

図 3.3

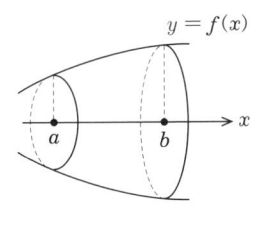

図 3.4

D の面積は $\int_\alpha^\beta \dfrac{1}{2} r^2 d\theta$.

C の長さは $\int_\alpha^\beta \sqrt{r^2 + (r')^2}\, d\theta$.

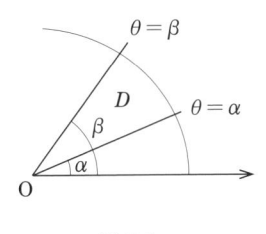

図 3.5

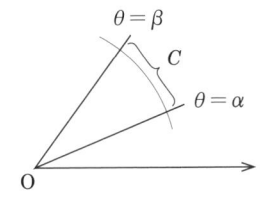

図 3.6

8 ラプラス変換

$\mathcal{L}[f](s) = \displaystyle\int_0^\infty e^{-sx} f(x)\, dx$ を $f(x)$ の**ラプラス変換**と呼ぶ. ただし, s は積分が収束する範囲を動くとする.

ラプラス変換の例

$\mathcal{L}[e^{ax} x^b] = \dfrac{b!}{(s-a)^{b+1}}$. 特に $\mathcal{L}[x^b] = \dfrac{b!}{s^{b+1}}$, $\mathcal{L}[e^{ax}] = \dfrac{1}{s-a}$, $\mathcal{L}[1] = \dfrac{1}{s}$.

$\mathcal{L}[e^{ax} \cos bx] = \dfrac{s-a}{(s-a)^2 + b^2}$. 特に $\mathcal{L}[\cos bx] = \dfrac{s}{s^2 + b^2}$.

$\mathcal{L}[e^{ax} \sin bx] = \dfrac{b}{(s-a)^2 + b^2}$. 特に $\mathcal{L}[\sin bx] = \dfrac{b}{s^2 + b^2}$.

ラプラス変換の性質

対数が s 乗を s 倍にするのと同様に，ラプラス変換は微分を s 倍にする．この性質を用いると，微分方程式を簡単に解くことができる．$\mathcal{L}[f](s)=F(s)$, $\mathcal{L}[g](s)=G(s)$ とおくと，次が成り立つ．

$$\mathcal{L}[kf(x)+lg(x)]=kF(s)+\ell G(s) \quad (線形性).$$

$$\mathcal{L}[e^{ax}f(x)]=F(s-a) \quad (平行移動則).$$

$$\mathcal{L}[f(x-a)]=e^{-as}F(s), \quad \mathcal{L}[f(ax)]=\frac{1}{|a|}F\left(\frac{s}{a}\right).$$

$$\mathcal{L}[f'(x)]=sF(s)-f(0), \quad \mathcal{L}[f''(x)]=s^2F(s)-f'(0)-sf(0).$$

$$\mathcal{L}\left[\int_0^x f(t)dt\right]=\frac{1}{s}F(s), \quad \mathcal{L}\left[\int_0^x f(x-t)g(t)dt\right]=F(s)G(s).$$

$f(x)$ が $x=0$ で連続なら $f(0)=\lim_{s\to\infty}sF(s)$. $f(x)$ が $x\to\infty$ で収束するなら $\lim_{x\to\infty}f(x)=\lim_{s\to 0}sF(s)$.

$e^{-ax}f(x)$ が有界なら，$b>a$ のとき $x>0$ で $f(x)=\dfrac{1}{2\pi i}\displaystyle\int_{b-i\infty}^{b+i\infty}F(s)e^{sx}ds$.

9 有界変動関数

y 軸上を移動する人が，時刻 x において $y=f(x)$ の位置にいるとする．時刻 a から b までの間に移動した道のりの長さを $f(x)$ の $a\leqq x\leqq b$ における**全変動**という．この全変動が有限のとき $f(x)$ は $a\leqq x\leqq b$ において**有界変動**であるという．

たとえば，連続関数 $f(x)$ を $f(0)=0, 0<x\leqq\dfrac{1}{\pi}$ で $f(x)=x\cos\dfrac{1}{x}$ と定めると，$0\leqq x\leqq\dfrac{1}{\pi}$ における全変動は $\dfrac{1}{\pi}+2\left(\dfrac{1}{2\pi}+\dfrac{1}{3\pi}+\dfrac{1}{4\pi}+\cdots\right)=\infty$ 以上なので，$f(x)$ は有界変動でない．

10 フーリエ級数

$-\pi<x<\pi$ で定義された有界変動関数 $f(x)$ は，

$$f(x)=a_0+a_1\cos x+a_2\cos 2x+\cdots+b_1\sin x+b_2\sin 2x+\cdots$$

と表される．ただし，不連続点 $x=a$ での右辺の値は $\lim_{x\to a-0}f(x)$ と $\lim_{x\to a+0}f(x)$ を足して 2 で割った値になる．$f(x)$ が連続関数なら，$-\pi<x<\pi$ に含まれる任意の閉区間上で，右辺は $f(x)$ に一様収束する．

係数は，n を自然数とすると，次式で求まる．

$$a_0 = \frac{1}{2\pi}\int_{-\pi}^{\pi} f(x)dx, \quad a_n = \frac{1}{\pi}\int_{-\pi}^{\pi} f(x)\cos nx\, dx,$$

$$b_n = \frac{1}{\pi}\int_{-\pi}^{\pi} f(x)\sin nx\, dx.$$

この公式からもわかる通り，$f(x)$ が偶関数なら $\cos nx \ (n=0,1,2,\cdots)$ のみの和で，奇関数なら $\sin nx \ (n=1,2,3,\cdots)$ のみの和で表せる．

定義域を $-L < x < L$ に変更すると

$$f(x) = a_0 + \sum_{k=1}^{\infty}\left(a_k\cos\frac{\pi kx}{L} + b_k\sin\frac{\pi kx}{L}\right)$$

となり係数は

$$a_0 = \frac{1}{2L}\int_{-L}^{L} f(x)dx, \quad a_n = \frac{1}{L}\int_{-L}^{L} f(x)\cos\frac{\pi nx}{L}dx,$$

$$b_n = \frac{1}{L}\int_{-L}^{L} f(x)\sin\frac{\pi nx}{L}dx$$

となる．

たとえば，$-\dfrac{1}{2} \leqq x \leqq \dfrac{1}{2}$ において，

$$\frac{\cosh x}{2\sinh\dfrac{1}{2}} = 1 + \sum_{n=1}^{\infty}\frac{2(-1)^n}{1+4\pi^2 n^2}\cos 2\pi nx$$

となる (図 3.7)．特に $x = \dfrac{1}{2}$ を代入すると，

$$\frac{e+1}{2(e-1)} = 1 + \sum_{n=1}^{\infty}\frac{2}{1+4\pi^2 n^2}$$

を得る．

11 複素フーリエ級数

上の 10 と同じ条件下で，

$$f(x) = c_0 + c_1 e^{ix} + c_2 e^{2ix} + c_3 e^{3ix} + \cdots$$

と表される．係数は，n を非負整数とすると，次式で求まる．

$$c_n = \frac{1}{2\pi}\int_{-\pi}^{\pi} f(x)e^{-inx}dx.$$

$$y = \frac{\cosh x}{2\sinh \frac{1}{2}}$$

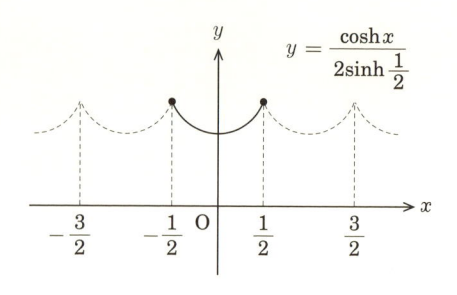

図 3.7

12 フーリエ変換

$\int_{-\infty}^{\infty}|f(x)|dx$ が有限な関数 $f(x)$ に対して

$$\frac{1}{\sqrt{2\pi}}\int_{-\infty}^{\infty}f(x)e^{-i\omega x}dx$$

で定まる新しい関数 $\mathcal{F}[f](\omega)$ を $f(x)$ の**フーリエ変換**という．教科書によっては

$$\int_{-\infty}^{\infty}f(x)e^{-i\omega x}dx$$

などで定義しているものもあるので注意．

フーリエ変換の例

$a>0$ とする．$\mathcal{F}[e^{-ax^2}] = \frac{1}{\sqrt{2a}}e^{-\frac{\omega^4}{4a}}$,

$-a \leqq x \leqq a$ で 1, それ以外で 0 の関数 $f(x)$ に対して

$$\mathcal{F}[f(x)] = \sqrt{\frac{2}{\pi}} \cdot \frac{\sin a\omega}{\omega},$$

$$\mathcal{F}[e^{-a|x|}] = \sqrt{\frac{2}{\pi}} \cdot \frac{a}{a^2+\omega^2},$$

$$\mathcal{F}\left[\frac{1}{x^2+a^2}\right] = \sqrt{\frac{2}{\pi}} \cdot \frac{e^{-a|\omega|}}{a}.$$

フーリエ変換の性質

$\mathcal{F}[f](\omega) = F(\omega)$, $\mathcal{F}[g](\omega) = G(\omega)$ とおくと次が成り立つ．

$\mathcal{F}[kf(x) + lg(x)] = kF(\omega) + lG(\omega)$ 　　（線形性）．

$\mathcal{F}[e^{iax}f(x)] = F(\omega - a)$ 　　（平行移動則）．

$$\mathcal{F}[f(x-a)] = e^{-ia\omega}F(\omega), \quad \mathcal{F}[f(ax)] = \frac{1}{|a|}F\left(\frac{\omega}{a}\right), \quad \mathcal{F}[f'(x)] = i\omega F(\omega).$$

$$\mathcal{F}\left[\int_{-\infty}^{\infty} f(x-t)g(t)dt\right] = \sqrt{2\pi}F(\omega)G(\omega).$$

$F(\omega)$ は一様連続で $\lim_{|\omega|\to\infty} F(\omega) = 0$　　(リーマン-ルベーグの補題).

また $\int_{-\infty}^{\infty} |f(x)|^2 dx$ が有限のとき,

$$\int_{-\infty}^{\infty} |f(x)|^2 dx = \int_{-\infty}^{\infty} |\mathcal{F}[f](\omega)|^2 d\omega$$

(プランシュレルの定理,　パーセバルの等式)

や

$$\sum_{n=-\infty}^{\infty} f(n) = \sqrt{2\pi} \sum_{n=-\infty}^{\infty} \mathcal{F}[f](2\pi n) \quad (\text{ポアソンの和公式})$$

も成り立つ.

たとえば, $f(x) = e^{-|x|}$ とすると,

$$\mathcal{F}[f](\omega) = \frac{1}{\sqrt{2\pi}}\left(\frac{1}{1+i\omega} + \frac{1}{1-i\omega}\right) = \frac{1}{\sqrt{2\pi}} \cdot \frac{2}{1+\omega^2}$$

なので,

$$\sum_{n=-\infty}^{\infty} f(n) = 1 + 2\sum_{n=1}^{\infty} e^{-n} = 1 + 2 \cdot \frac{e^{-1}}{1-e^{-1}} = \frac{e+1}{e-1},$$

$$\sqrt{2\pi}\sum_{n=-\infty}^{\infty} \mathcal{F}[f](2\pi n) = \sum_{n=-\infty}^{\infty} \frac{2}{1+(2\pi n)^2} = 2 + \sum_{n=1}^{\infty} \frac{4}{1+4\pi^2 n^2}.$$

よって

$$\frac{e+1}{2(e-1)} = 1 + \sum_{n=1}^{\infty} \frac{2}{1+4\pi^2 n^2}.$$

問題と解答・解説

問題 3.1

ガンマ関数と階乗

$s>0$ で，関数 $\Gamma(s)=\int_0^\infty x^{s-1}e^{-x}dx$ を定義する．以下の問に答えよ．

（問1） $\Gamma(s+1)=s\Gamma(s)$ であることを証明せよ．

（問2） n が自然数であるとき，$\Gamma(n+1)=n!$ であることを証明せよ．

解答 | 問1 自然数 n を s より大きく取る．マクローリン展開の公式より，$x>0$ のとき，

$$e^x = 1+x+\frac{x^2}{2}+\frac{x^3}{3!}+\cdots+\frac{x^n}{n!}+\cdots > \frac{x^n}{n!}.$$

よって，

$$x^s e^{-x} = \frac{x^s}{e^x} < \frac{x^s}{x^n/(n!)} = \frac{n!}{x^{n-s}}.$$

$\lim_{x\to\infty} x^s e^{-x} \leq \lim_{x\to\infty} \frac{n!}{x^{n-s}} = 0.$

$x^s e^{-x} > 0$ なので，$\lim_{x\to\infty} x^s e^{-x} \geq 0$（等号がなくても，極限を取ると等号がつく）．

挟みうち論法により，$\lim_{x\to\infty} x^s e^{-x} = 0.$

部分積分より，

$$\begin{aligned}
\Gamma(s+1) &= \int_0^\infty x^s e^{-x} dx = \lim_{R\to\infty} \int_0^R x^s e^{-x} dx \\
&= \lim_{R\to\infty} \left(\left[x^s \frac{e^{-x}}{-1} \right]_0^R - \int_0^R s x^{s-1} \frac{e^{-x}}{-1} dx \right) \\
&= \lim_{R\to\infty} \left\{ (-R^s e^{-R} + 0) + s \int_0^R x^{s-1} e^{-x} dx \right\} \\
&= -\lim_{R\to\infty} R^s e^{-R} + s\Gamma(s) = s\Gamma(s).
\end{aligned}$$

（証明終わり）

問2 問1より，$\Gamma(n+1)=n\Gamma(n)$. 数学的帰納法により $\Gamma(n+1)=n!\Gamma(1)$.

$$\Gamma(1) = \int_0^\infty x^{1-1} e^{-x} dx = \int_0^\infty e^{-x} dx = \left[\frac{e^{-x}}{-1}\right]_0^\infty = 0 - (-1) = 1.$$

よって，$\Gamma(n+1) = n!$. (証明終わり)

解説 | 問 2 からわかる通り，$\Gamma(s)$ は階乗を拡張する関数となる．たとえば，

$$\Gamma\left(\frac{1}{2}\right) = \int_0^\infty x^{\frac{1}{2}-1} e^{-x} dx = \int_0^\infty \frac{1}{\sqrt{x}} e^{-x} dx$$

は $x = u^2$ とおくと

$$\int_0^\infty e^{-u^2} 2du = \int_{-\infty}^\infty e^{-u^2} du$$

になる．これは有名な定積分で，値が $\sqrt{\pi}$ となる．

$\Gamma\left(\frac{1}{2}\right) = \sqrt{\pi}$ は，$\left(-\frac{1}{2}\right)! = \sqrt{\pi}$ を表しているとみなすこともできる．

$$\Gamma\left(\frac{3}{2}\right) = \int_0^\infty x^{\frac{3}{2}-1} e^{-x} dx = \int_0^\infty \sqrt{x} e^{-x} dx$$

は問 1 の性質から，

$$\Gamma\left(\frac{3}{2}\right) = \frac{1}{2}\Gamma\left(\frac{1}{2}\right) = \frac{\sqrt{\pi}}{2}$$

となる．$\Gamma\left(\frac{3}{2}\right) = \frac{\sqrt{\pi}}{2}$ は，$\left(\frac{1}{2}\right)! = \frac{\sqrt{\pi}}{2}$ を表しているとみなすこともできる．

(補足) $\Gamma\left(\frac{1}{2}\right)$ のさまざまな導出法

$\Gamma(s)\Gamma(1-s) = \int_0^\infty \frac{u^{s-1}}{1+u} du$ であることが知られている．これに $s = \frac{1}{2}$ を代入すると，$\left\{\Gamma\left(\frac{1}{2}\right)\right\}^2 = \int_0^\infty \frac{u^{-\frac{1}{2}}}{1+u} du$.

$u = v^2$ とおくと，

$$\int_0^\infty \frac{2}{1+v^2} dv = [2\mathrm{Arctan}\, v]_0^\infty = \pi.$$

よって，$\Gamma\left(\frac{1}{2}\right) = \sqrt{\pi}$ を得る．

$\Gamma(s)\Gamma(1-s) = \int_0^1 x^{s-1}(1-x)^{-s} dx$ が成り立つことも知られている．これに

第 3 章 積分法

$s = \dfrac{1}{2}$ を代入すると

$$\left\{\Gamma\left(\frac{1}{2}\right)\right\}^2 = \int_0^1 x^{-\frac{1}{2}}(1-x)^{-\frac{1}{2}}dx = \int_0^1 \frac{1}{\sqrt{\frac{1}{4}-\left(x-\frac{1}{2}\right)^2}}dx$$

$$= [\mathrm{Arcsin}(2x-1)]_0^1 = \pi.$$

よって，$\Gamma\left(\dfrac{1}{2}\right) = \sqrt{\pi}$ を得る．

$\Gamma(s)\Gamma(1-s) = \dfrac{\pi}{\sin \pi s}$ が成り立つことも知られている．これに $s = \dfrac{1}{2}$ を代入すると，$\left\{\Gamma\left(\dfrac{1}{2}\right)\right\}^2 = \dfrac{\pi}{\sin \dfrac{\pi}{2}} = \pi.$ よって，$\Gamma\left(\dfrac{1}{2}\right) = \sqrt{\pi}$ を得る．

類題 3.1

ガンマ関数とガウスの誤差積分

$\displaystyle\int_0^\infty \sqrt{x}\, e^{-x}\, dx = \int_0^\infty e^{-y^2}\, dy$ を示せ．

2011 年 東京大 理学系研究科 生物科学専攻 (改題)

解答 ∥

$$\int_0^\infty \sqrt{x}\, e^{-x}\, dx = \left[\sqrt{x}\, \frac{e^{-x}}{-1}\right]_0^\infty - \int_0^\infty \frac{1}{2\sqrt{x}}\cdot\frac{e^{-x}}{-1}dx$$

$$= 0 - 0 + \frac{1}{2}\int_0^\infty \frac{1}{\sqrt{x}}\, e^{-x}\, dx.$$

$x = y^2$ と置換すると，$dx = 2y\, dy$ である．

$$\frac{1}{2}\int_0^\infty \frac{1}{\sqrt{x}}\, e^{-x}\, dx = \frac{1}{2}\int_0^\infty \frac{1}{y}\, e^{-y^2}\, 2y\, dy = \int_0^\infty e^{-y^2}\, dy.$$

(証明終わり)

問題 3.2

有理関数の原始関数

n を自然数とする不定積分 I_n を次のように定義する．

$$I_n = \int \frac{1}{(x^2+2)^n} dx.$$

以下の問いに答えよ．

(問 1) I_{n+1} を I_n を用いた漸化式で表せ．

(問 2) I_1, I_2 をそれぞれ求めよ．

(問 3) 次の不定積分を求めよ．

$$\int \frac{4x^4+2x^3+10x^2+3x+9}{(x+1)(x^2+2)^2} dx.$$

解答 | 問 1 部分積分法により，

$$I_n = \int 1 \cdot \frac{1}{(x^2+2)^n} dx = x \cdot \frac{1}{(x^2+2)^n} - \int x \frac{(-n)(2x)}{(x^2+2)^{n+1}} dx. \tag{1}$$

(1) の右辺の被積分関数は，

$$2n \cdot \frac{x^2}{(x^2+2)^{n+1}} = 2n \cdot \frac{(x^2+2)-2}{(x^2+2)^{n+1}} = 2n\left\{\frac{1}{(x^2+2)^n} - 2\frac{1}{(x^2+2)^{n+1}}\right\}$$

なので，(1) は，

$$I_n = \frac{x}{(x^2+2)^n} + 2n(I_n - 2I_{n+1})$$

$$\iff 4nI_{n+1} = \frac{x}{(x^2+2)^n} + (2n-1)I_n$$

(答) $\displaystyle I_{n+1} = \frac{x}{4n(x^2+2)^n} + \frac{2n-1}{4n} I_n.$

問 2 公式より，

(答) $\displaystyle I_1 = \int \frac{1}{2+x^2} dx = \frac{1}{\sqrt{2}} \operatorname{Arctan} \frac{x}{\sqrt{2}} + C.$

漸化式に $n=1$ を代入すると，

(答) $\displaystyle I_2 = \frac{x}{4(x^2+2)} + \frac{1}{4} I_1 = \frac{x}{4(x^2+2)} + \frac{1}{4\sqrt{2}} \operatorname{Arctan} \frac{x}{\sqrt{2}} + C.$

問 3 まず，部分分数分解する．

$$\frac{4x^4+2x^3+10x^2+3x+9}{(x+1)(x^2+2)^2}=\frac{a}{x+1}+\frac{bx+c}{x^2+2}+\frac{dx+e}{(x^2+2)^2}.$$

分母を掃うと，

$$4x^4+2x^3+10x^2+3x+9=a(x^2+2)^2+(bx+c)(x+1)(x^2+2)+(dx+e)(x+1).$$

係数比較して，$a=2, b=2, c=0, d=-2, e=1$ となる．

$$\int\left\{\frac{2}{x+1}+\frac{2x}{x^2+2}+\frac{-2x+1}{(x^2+2)^2}\right\}dx$$
$$=2\log|x+1|+\int\frac{(x^2+2)'}{x^2+2}dx-\int\frac{(x^2+2)'}{(x^2+2)^2}dx+I_2.$$

よって，

(**答**) $\quad 2\log|x+1|+\log|x^2+2|+\dfrac{1}{x^2+2}+\dfrac{x}{4(x^2+2)}+\dfrac{1}{4\sqrt{2}}\operatorname{Arctan}\dfrac{x}{\sqrt{2}}+C.$

解説 ｜ 問 1 は，$\log x$ の積分と同様に，被積分関数が 1 との積になっていると考えて，部分積分するとできる．

問 2 の答えに出てくる $\operatorname{Arctan} x$ は $\tan x\left(-\dfrac{\pi}{2}<x<\dfrac{\pi}{2}\right)$ の逆関数である．$\operatorname{Tan}^{-1}x$ と書く人もいるが，逆数 $\dfrac{1}{\tan x}$ と勘違いすることが多いので，細心の注意が必要である．

公式

$$a\neq 0 \text{ のとき}\quad \int\frac{1}{x^2+a^2}dx=\frac{1}{a}\operatorname{Arctan}\frac{x}{a}+C$$

は大学の微分積分学で習う基本公式の一つである．証明は次のようにできる．

$x=a\tan\theta\left(-\dfrac{\pi}{2}<\theta<\dfrac{\pi}{2}\right)$ とおくと，$dx=(a\tan\theta)'d\theta=a(1+\tan^2\theta)d\theta$ であるから，

$$\int\frac{1}{x^2+a^2}dx=\int\frac{1}{a^2+(a\tan\theta)^2}\cdot a(1+\tan^2\theta)d\theta=\int\frac{1}{a}d\theta=\frac{1}{a}\theta+C. \quad (2)$$

θ の範囲制限より，$\tan\theta=\dfrac{x}{a}\Longleftrightarrow\theta=\operatorname{Arctan}\dfrac{x}{a}$．よって，

$$(2)=\frac{1}{a}\operatorname{Arctan}\frac{x}{a}+C.$$

問 3 の被積分関数は $\dfrac{\text{多項式}}{\text{多項式}}$ の形になっている．この形の関数を有理関数とい

う．有理関数の積分は次の手順で行う．

分子の次数が分母の次数以上ならば，分子を分母で割って，(商)$+\dfrac{\text{余り}}{\text{多項式}}$ という帯分数の形にする．これで，分子の次数は分母の次数未満になる．このあと，部分分数分解を行う．

部分分数の分母が1次式なら分子は定数でおけばよいが，分母が2次式なら分子は1次以下の式でおく．分母が2次式なのに分子を定数でおくと，分母を掃って係数比較したとき，解がなくなるおそれがある．

たとえば
$$\frac{x+1}{x(x-1)^2}=\frac{a}{x}+\frac{b}{(x-1)^2}$$
とおくと
$$x+1=a(x+1)^2+bx$$
より $0=a$ かつ $1=2a+b$ かつ $1=a$ となり解なし．

正しくは
$$\frac{x+1}{x(x-1)^2}=\frac{a}{x}+\frac{bx+c}{(x-1)^2}$$
とおいて $a=1, b=-1, c=3$ となる．

分母が n 次式なら分子は $n-1$ 次以下の式でおく．
$\dfrac{\text{多項式}}{(x+\alpha)^n}$ や $\dfrac{\text{多項式}}{(x^2+px+q)^n}$ のような式は，さらに部分分数分解して，
$$\frac{a_n}{(x+\alpha)^n}+\frac{a_{n-1}}{(x+\alpha)^{n-1}}+\cdots+\frac{a_2}{(x+\alpha)^2}+\frac{a_1}{x+\alpha}$$
や
$$\frac{b_nx+c_n}{(x^2+px+q)^n}+\cdots+\frac{b_2x+c_2}{(x^2+px+q)^2}+\frac{b_1x+c_1}{x^2+px+q}$$
の形にできる．

(発展)　原始関数と漸化式

以下の例に示すように，部分積分を用いて漸化式を作ることができる．
$I_a=\displaystyle\int (x^2+b)^a dx$ とおくと $a\neq -\dfrac{1}{2}$ のとき

$$I_a = x(x^2+b)^a - \int xa(x^2+b)^{a-1} 2x dx$$

$$= x(x^2+b)^a - 2a \int (x^2+b-b)(x^2+b)^{a-1} dx$$

$$= x(x^2+b)^a - 2a(I_a - bI_{a-1})$$

$$\therefore I_a = \frac{x(x^2+b)^a}{2a+1} + \frac{2ab}{2a+1} I_{a-1}.$$

$I_a = \int (\log x)^a dx$ とおくと

$$I_a = x(\log x)^a - \int xa(\log x)^{a-1} \frac{1}{x} dx$$

$$= x(\log x)^a - aI_{a-1}$$

$I_a = \int \cos^a x dx$ とおくと $a \neq -1$ のとき

$$I_{a+1} = \int \cos^{a+1} x dx$$

$$= \cos^a x \sin x - \int a\cos^{a-1} x(-\sin x)\sin x dx$$

$$= \cos^a x \sin x + a(I_{a-1} - I_{a+1}),$$

$$I_{a+1} = \frac{\cos^a x \sin x}{a+1} + \frac{a}{a+1} I_{a-1}$$

$I_a = \int \tan^a x dx$ とおくと

$$I_{a+2} = \int \tan^{a+2} x dx = \int \tan^a x \tan^2 x dx$$

$$= \int \tan^a x \left(\frac{1}{\cos^2 x} - 1 \right) dx = \int \tan^a x (\tan x)' dx - I_a$$

よって $a \neq -1$ のとき $I_{a+2} = \dfrac{\tan^{a+1} x}{a+1} - I_a$, $a = -1$ のとき $I_{a+2} = \log|\tan x| - I_a$.

類題 3.2

逆三角関数と積分

a を 0 でない実数とする.次の二つの積分を計算せよ.

(問 1) $\displaystyle\int_{-\infty}^{\infty}\frac{\frac{a}{\pi}}{x^2+a^2}dx.$

(問 2) $\displaystyle\int_{-\infty}^{\infty}\frac{\frac{a}{\pi}}{x^2+a^2}\cdot\frac{\frac{a}{\pi}}{(t-x)^2+a^2}dx.$

2010 年 東京大 数理科学研究科 数理科学専攻

解答 | **問 1** 積分の公式より,$a>0$ のとき,
$$\left[\frac{1}{\pi}\mathrm{Arctan}\frac{x}{a}\right]_{-\infty}^{\infty}=\frac{1}{\pi}\left(\frac{\pi}{2}-\frac{-\pi}{2}\right)=1.$$
$a<0$ のとき,
$$\frac{1}{\pi}\left(\frac{-\pi}{2}-\frac{\pi}{2}\right)=-1.$$

(答) $a>0$ のとき 1,$\quad a<0$ のとき -1.

問 2 被積分関数を部分分数展開すると,$t\neq 0$ のとき,
$$\frac{a^2}{\pi^2 t(t^2+4a^2)}\left\{\frac{2x+t}{x^2+a^2}+\frac{-2x+3t}{(x-t)^2+a^2}\right\}. \tag{1}$$

中括弧の中を整理すると,
$$\frac{2x}{x^2+a^2}-\frac{2(x-t)}{(x-t)^2+a^2}+\frac{t}{x^2+a^2}+\frac{t}{(x-t)^2+a^2}$$

となる.これらの原始関数は,
$$\log(x^2+a^2)-\log\{(x-t)^2+a^2\}+\frac{t}{a}\mathrm{Arctan}\frac{x}{a}+\frac{t}{a}\mathrm{Arctan}\frac{x-t}{a}$$

となる.よって,(1) の中括弧内の定積分は $a>0$ のとき
$$\left[\log\frac{x^2+a^2}{(x-t)^2+a^2}+\frac{t}{a}\mathrm{Arctan}\frac{x}{a}+\frac{t}{a}\mathrm{Arctan}\frac{x-t}{a}\right]_{-\infty}^{\infty}=0+\frac{t}{a}\pi+\frac{t}{a}\pi=\frac{2\pi t}{a}.$$

係数をかけて,

$$\frac{2a}{\pi(t^2+4a^2)}. \tag{2}$$

$a<0$ のときは，逆正接関数の定積分の値が -1 倍になるので，

$$-\frac{2a}{\pi(t^2+4a^2)}. \tag{3}$$

$t=0$ のとき問題 3.2 と同様にして公式

$$\int \frac{1}{(x^2+a^2)^2}dx = \frac{1}{2a^2}\left(\frac{x}{x^2+a^2}+\frac{1}{a}\operatorname{Arctan}\frac{x}{a}\right)+C$$

を得る．よって与式は

$$\frac{a^2}{\pi^2}\int_{-\infty}^{\infty}\frac{1}{(x^2+a^2)^2}dx = \frac{1}{\pi^2}\left[\frac{x}{x^2+a^2}+\frac{1}{a}\operatorname{Arctan}\frac{x}{a}\right]_{-\infty}^{\infty}$$

となる．この値は $a>0$ のとき $\dfrac{1}{2\pi a}$, $a<0$ のとき $-\dfrac{1}{2\pi a}$ であるから (2), (3) に $t=0$ を代入したものに等しい．

（答）　$a>0$ のとき $\dfrac{2a}{\pi(t^2+4a^2)}$,　　$a<0$ のとき $-\dfrac{2a}{\pi(t^2+4a^2)}$.

問題 3.3

立体の体積と表面積

$r>0$ とする．

(問1) xyz 空間において，$x^2+y^2\leqq r^2$ かつ $y^2+z^2\leqq r^2$ を満たす領域を D とおく．D の体積と表面積を求めよ．

(問2) xyz 空間において，$x^2+y^2\leqq r^2$ かつ $y^2+z^2\leqq r^2$ かつ $z^2+x^2\leqq r^2$ を満たす領域を E とおく．E の体積と表面積を求めよ．

解答 ｜ 問1　与えられた立体を平面 $y=y_0$ で切った切り口の式は，

$x^2+y_0^2\leqq r^2$　かつ　$y_0^2+z^2\leqq r^2$

$\iff$　$-\sqrt{r^2-y_0^2}\leqq x\leqq \sqrt{r^2-y_0^2}$　かつ　$-\sqrt{r^2-y_0^2}\leqq z\leqq \sqrt{r^2-y_0^2}$.

これは一辺の長さが $2\sqrt{r^2-y_0^2}$ の正方形なので，切り口の面積 $S(y_0)$ は $4(r^2-y_0^2)$（図 3.9）．よって，D の体積は

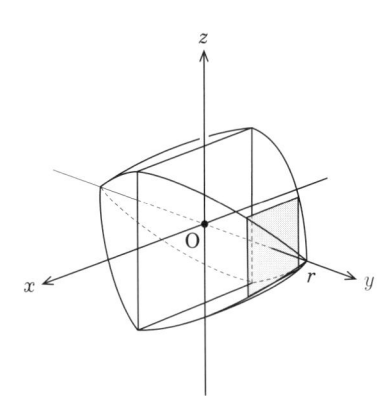

図 3.8　立体 D と断面

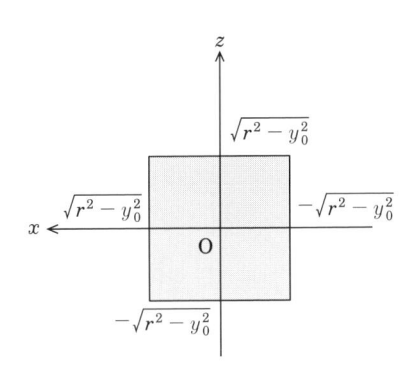

図 3.9　右から見た断面の正方形

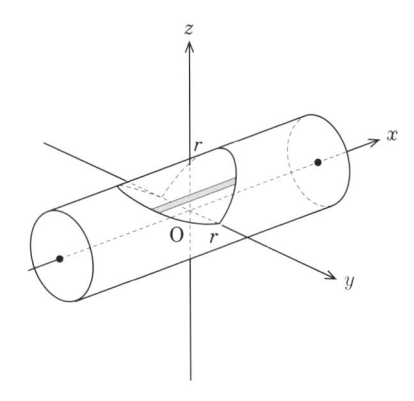

図 3.10　曲面と断面

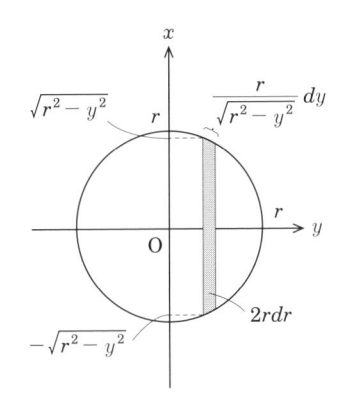

図 3.11　真上から見た無限小面積

$$\int_{-r}^{r} S(y)\,dy = 2\int_{0}^{r} 4(r^2-y^2)\,dy = \frac{16}{3}r^3.$$

立体の表面のうち，$z^2 \geq x^2$ の部分は，$y^2+z^2=r^2$ で表される．z について解くと，$z=\pm\sqrt{r^2-y^2}$ であるから，$z'=\pm\dfrac{-y}{\sqrt{r^2-y^2}}$．

円弧 $x=0$ かつ $y^2+z^2=r^2$ に沿った無限小長さは

$$\sqrt{1+(z')^2}\,dy = \frac{r}{\sqrt{r^2-y^2}}\,dy.$$

よって，切り口の正方形の一辺が描く曲面の無限小面積は，一辺の長さが $2\sqrt{r^2-{y_0}^2}$ なので

$$\frac{r}{\sqrt{r^2-y^2}}dy \times (2\sqrt{r^2-y^2}) = 2r\,dy.$$

正方形の四辺が描く曲面の無限小面積は，この 4 倍の $8r\,dy$ である．したがって，D の表面積は

$$\int_{-r}^{r} 8r\,dy = 16r^2.$$

（答）　体積 $\dfrac{16}{3}r^3$，　表面積 $16r^2$.

問 2　$\dfrac{r}{\sqrt{2}} \leqq y \leqq r$ の範囲を問 1 の正方形が動いてできる立体 K の体積は，

$$\int_{\frac{r}{\sqrt{2}}}^{r} S(y)\,dy = \int_{\frac{r}{\sqrt{2}}}^{r} 4(r^2-y^2)\,dy = 4\left[r^2 y - \frac{y^3}{3}\right]_{\frac{r}{\sqrt{2}}}^{r} = \frac{8-5\sqrt{2}}{3}r^3.$$

E は一辺の長さが $2 \cdot \dfrac{r}{\sqrt{2}} = \sqrt{2}r$ の立方体の各面に K を貼りつけたものなので，E の体積は，

$$\frac{8-5\sqrt{2}}{3}r^3 \times 6 + (\sqrt{2}r)^3 = (16-8\sqrt{2})r^3 = 8(2-\sqrt{2})r^3.$$

$\dfrac{r}{\sqrt{2}} \leqq y \leqq r$ の範囲を問 1 の正方形が動くとき，四辺が描く曲面の面積は，

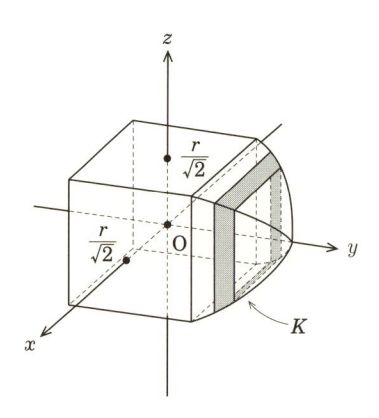

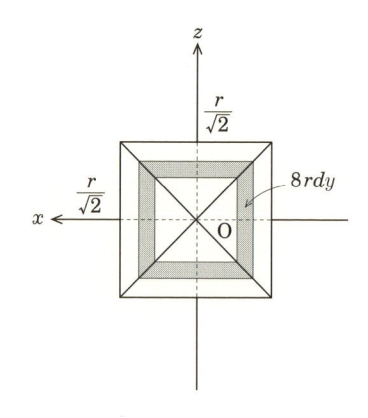

図 3.12　立体と K　　　**図 3.13**　右から見た無限小面積

$$\int_{\frac{r}{\sqrt{2}}}^{r} 8r\,dy = 8r\left(r - \frac{r}{\sqrt{2}}\right) = 4(2-\sqrt{2})r^2.$$

この曲面を，一辺の長さ $\sqrt{2}r$ の立方体の各面に貼りつけたものが，E の表面なので，E の表面積は，

$$6 \cdot 4(2-\sqrt{2})r^2 = 24(2-\sqrt{2})r^2.$$

(答) 体積 $8(2-\sqrt{2})r^3$, 表面積 $24(2-\sqrt{2})r^2$.

解説 ｜ 平面図形の面積は $\int (切り口の長さ)d(幅)$ で求まる．

立体の体積は $\int (切り口の面積)d(厚さ)$ で求まる．

y 軸立体の体積は $\int (円柱の側面積)d(厚さ)$ で求まる．

曲線の長さは $\int d(長さ)$ で求まる．たとえば，曲線 $a \leqq x \leqq b,\ y = f(x)$ の長さは $\int_a^b \sqrt{1+\{f'(x)\}^2}\,dx$ で計算できる．

回転体の表面積は $\int (回転方向の円周の長さ)d(母線の長さ)$ で求まる．

たとえば，曲線 $a \leqq x \leqq b,\ y = f(x)$ を x 軸で回転して得られる曲面の面積は

$$\int_a^b 2\pi f(x)\sqrt{1+\{f'(x)\}^2}\,dx$$

で計算できる (図 3.14)．本問は，この公式を作るときと同じ発想を用いて解いている．

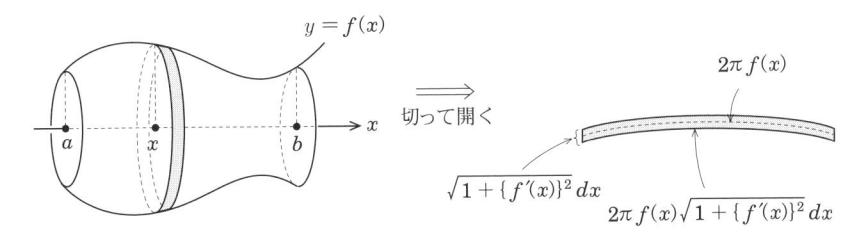

図 3.14　x 軸回転体の無限小側面積

図 3.15　　　　　　　　　　　図 3.16

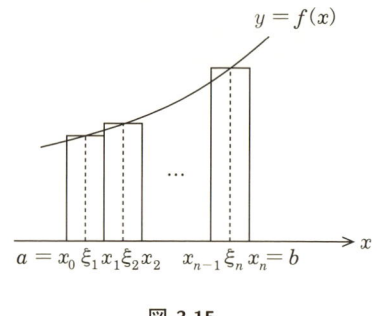

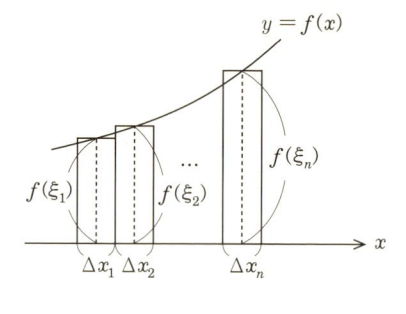

（補足）　定積分の厳密な定義

定積分 $\int_a^b f(x)dx$ は，微小量 $f(x)\Delta x_k$ の和 $\sum_{k=1}^n f(\xi_k)\Delta x_k$ の極限

$$\lim_{\Delta \to 0}\sum_{k=1}^n f(\xi_k)\Delta x_k \tag{1}$$

で定義される．ここで，Δ は $|\Delta x_k|$ $(k=1,2,\cdots,n)$ の最大値，$\Delta x_k = x_k - x_{k-1}$ であり，$a=x_0<x_1<x_2<\cdots<x_n=b$ である．また，$x_{k-1}\leqq \xi_k \leqq x_k$ である．高校の微積分では，区間 $a\leqq x\leqq b$ を等分して，$\Delta=\Delta x_k=\dfrac{b-a}{n}$ とした．また，

$$\xi_k=x_k=a+k\frac{b-a}{n} \quad \text{または} \quad \xi_k=x_{k-1}=a+(k-1)\frac{b-a}{n}$$

として，定積分を定義した．

大学の微積分の定義では，区間 $a\leqq x\leqq b$ が等分されるとは限らない．また，ξ_k も小区間 $x_{k-1}\leqq x\leqq x_k$ の端点とは限らない．

極限 (1) はどう切っても，どこで高さを測っても一定の値に収束することを要求する．

いずれにしても，定積分が，微小量の和の極限であることに変わりはない．このことを利用すれば，さまざまな公式を自作することができる．

たとえば，極方程式 $a\leqq \theta\leqq b$, $r=f(\theta)$ で表せる曲線 C 上の点を P とおき，線分 OP の通過領域を D とおく（図 3.17）．このとき，

D の面積は $\int_a^b \dfrac{1}{2}r^2 d\theta$ で表せる．

C の長さは $\int_a^b \sqrt{r^2+(r')^2}d\theta$ で表せる．

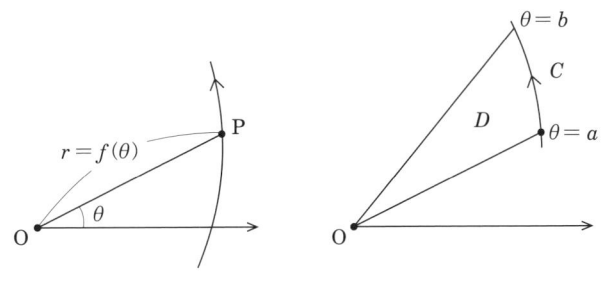

図 3.17

D を x 軸で回転させて得られる立体の体積は $\int_a^b \dfrac{2\pi}{3} r^3 \sin\theta d\theta$ で表せる．

C を x 軸で回転させて得られる曲面の面積は $\int_a^b 2\pi r \sqrt{r^2+(r')^2} \sin\theta d\theta$ で表せる．

類題 3.3

アステロイドとその高次元化

$p>0$ とする．

(問 1) xy 平面上の，アステロイドで囲まれた領域 $x^{\frac{2}{3}}+y^{\frac{2}{3}} \leqq p^{\frac{2}{3}}$ の面積 S を求めよ．

(問 2) xyz 空間内の領域 $x^{\frac{2}{3}}+y^{\frac{2}{3}}+z^{\frac{2}{3}} \leqq p^{\frac{2}{3}}$ の体積 V を求めよ．

解答 | 問 1 y を固定したとき，区間 $x^{\frac{2}{3}} \leqq p^{\frac{2}{3}} - y^{\frac{2}{3}}$ の長さ $L(y)$ は，
$$-(p^{\frac{2}{3}}-y^{\frac{2}{3}})^{\frac{3}{2}} \leqq x \leqq (p^{\frac{2}{3}}-y^{\frac{2}{3}})^{\frac{3}{2}}$$
より
$$L(y) = 2(p^{\frac{2}{3}}-y^{\frac{2}{3}})^{\frac{3}{2}}.$$
$S = \int_{-p}^{p} L(y) dy$ を $y = p\sin^3\theta \left(-\dfrac{\pi}{2} \leqq \theta \leqq \dfrac{\pi}{2}\right)$ と置換して求める．

$$\begin{array}{c|ccc} y & -p & \to & p \\ \hline \theta & -\dfrac{\pi}{2} & \to & \dfrac{\pi}{2} \end{array} \qquad (1)$$

$$dy = (p\sin^3\theta)'d\theta = 3p\sin^2\theta\cos\theta d\theta, \qquad (2)$$

$$L(y) = 2\left\{p^{\frac{2}{3}} - (p\sin^3\theta)^{\frac{2}{3}}\right\}^{\frac{3}{2}} = 2p(1-\sin^2\theta)^{\frac{3}{2}} = 2p(\cos^2\theta)^{\frac{3}{2}} = 2p|\cos\theta|^3.$$

$-\dfrac{\pi}{2} \leqq 0 \leqq \dfrac{\pi}{2}$ のとき $\cos \geqq 0$ より

$$L(y) = 2p\cos^3\theta. \qquad (3)$$

(1), (2), (3) より

$$S = \int_{-\frac{\pi}{2}}^{\frac{\pi}{2}} 2p\cos^3\theta(3p\sin^2\theta\cos\theta)d\theta = \int_{-\frac{\pi}{2}}^{\frac{\pi}{2}} 6p^2\cos^4\theta\sin^2\theta d\theta$$

$$= 12p^2\int_0^{\frac{\pi}{2}}\cos^4\theta(1-\cos^2\theta)d\theta = 12p^2\left(\int_0^{\frac{\pi}{2}}\cos^4\theta d\theta - \int_0^{\frac{\pi}{2}}\cos^6\theta d\theta\right).$$

公式

$$I_{2n} = \dfrac{2n-1}{2n}\times\cdots\times\dfrac{5}{6}\cdot\dfrac{3}{4}\cdot\dfrac{1}{2}\cdot\dfrac{\pi}{2}, \qquad I_{2n+1} = \dfrac{2n}{2n+1}\times\cdots\times\dfrac{6}{7}\cdot\dfrac{4}{5}\cdot\dfrac{2}{3}\cdot 1$$

より (p.10),

$$S = 12p^2\left(\dfrac{3}{4}\cdot\dfrac{1}{2}\cdot\dfrac{\pi}{2} - \dfrac{5}{6}\cdot\dfrac{3}{4}\cdot\dfrac{1}{2}\cdot\dfrac{\pi}{2}\right) = 12p^2\cdot\dfrac{1}{6}\cdot\dfrac{3}{4}\cdot\dfrac{1}{2}\cdot\dfrac{\pi}{2} = \dfrac{3\pi}{8}p^2.$$

(答) $\dfrac{3\pi}{8}p^2.$

問2 z を固定したとき,切り口

$$x^{\frac{2}{3}} + y^{\frac{2}{3}} \leqq p^{\frac{2}{3}} - z^{\frac{2}{3}} = \left\{\left(p^{\frac{2}{3}} - z^{\frac{2}{3}}\right)^{\frac{3}{2}}\right\}^{\frac{2}{3}}$$

の断面積 $S(z)$ は問1より $S(z) = \dfrac{3\pi}{8}\left\{(p^{\frac{2}{3}} - y^{\frac{2}{3}})^{\frac{3}{2}}\right\}^2 = \dfrac{3\pi}{8}(p^{\frac{2}{3}} - z^{\frac{2}{3}})^3.$

$V = \displaystyle\int_{-p}^{p} S(z)dz$ を $z = p\sin^3\theta$ $\left(-\dfrac{\pi}{2} \leqq \theta \leqq \dfrac{\pi}{2}\right)$ と置換して求める.問1と同様にして,

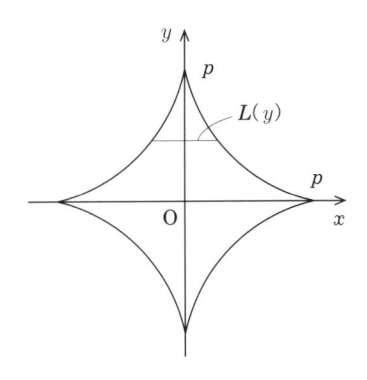

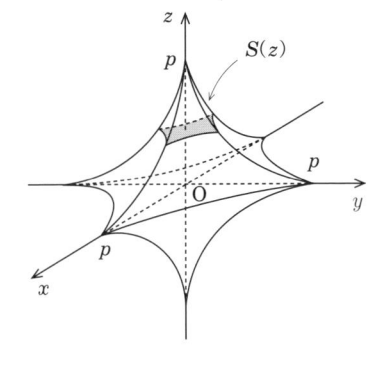

図 **3.18** アステロイド $L(y)$

図 **3.19** $S(z)$

$$V = \int_{-\frac{\pi}{2}}^{\frac{\pi}{2}} \frac{3\pi}{8} p^2 \cos^6\theta (3p\sin^2\theta \cos\theta) d\theta = \int_{-\frac{\pi}{2}}^{\frac{\pi}{2}} \frac{9\pi}{8} p^3 \cos^7\theta \sin^2\theta d\theta$$

$$= \frac{9\pi}{4} p^3 \int_0^{\frac{\pi}{2}} \cos^7\theta(1-\cos^2\theta) d\theta = \frac{9\pi}{4} p^3 \left(\int_0^{\frac{\pi}{2}} \cos^7\theta d\theta - \int_0^{\frac{\pi}{2}} \cos^9\theta d\theta \right)$$

$$= \frac{9\pi}{4} p^3 \left(\frac{6}{7} \cdot \frac{4}{5} \cdot \frac{2}{3} \cdot 1 - \frac{8}{9} \cdot \frac{6}{7} \cdot \frac{4}{5} \cdot \frac{2}{3} \cdot 1 \right) = \frac{9\pi}{4} p^3 \left(\frac{1}{9} \cdot \frac{6}{7} \cdot \frac{4}{5} \cdot \frac{2}{3} \cdot 1 \right)$$

よって

(答)　$\dfrac{4\pi}{35} p^3$.

問 2 の別解

$$V = \int_{-p}^{p} S(z) dz = \int_{-p}^{p} \frac{3\pi}{8} (p^{\frac{2}{3}} - z^{\frac{2}{3}})^3 dz = \frac{3\pi}{4} \int_0^p (p^{\frac{2}{3}} - z^{\frac{2}{3}})^3 dz$$

$$= \frac{3\pi}{4} \int_0^p (p^2 - 3p^{\frac{4}{3}} z^{\frac{2}{3}} + 3p^{\frac{2}{3}} z^{\frac{4}{3}} - z^2) dz = \frac{3\pi}{4} \left[p^2 z - \frac{9}{5} p^{\frac{4}{3}} z^{\frac{5}{3}} + \frac{9}{7} p^{\frac{2}{3}} z^{\frac{7}{3}} - \frac{1}{3} z^3 \right]_0^p$$

$$= \frac{3\pi}{4} \cdot \frac{16}{105} p^3$$

類題 3.4

|重心|

直線 $y = ax + b$ と 放物線 $y = cx^2$ $(c > 0)$ が $x = -1, 2$ で交わり，囲まれた部分 D の面積 S が $\dfrac{9}{2}$ であるとする．

(問1) a, b, c を求めよ.

(問2) D の重心を求めよ.

解答 | 問 1

$$ax+b-cx^2 = -c(x+1)(x-2) = c(x+1)(2-x) \qquad (1)$$

とおける. $\displaystyle\int_\alpha^\beta (x-\alpha)(\beta-x)dx = \frac{(\beta-\alpha)^3}{6}$ より

$$S = \int_{-1}^2 c(x+1)(2-x)dx = c\frac{3^3}{6} = \frac{9}{2}c.$$

これが $\dfrac{9}{2}$ に等しいことから $c=1$. (1) 式に代入して $a=1, b=2$ (図 3.20).

(**答**)　　$a=1, b=2, c=1.$

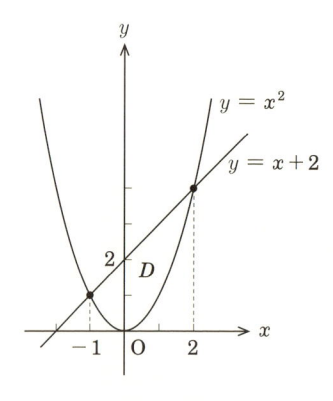

図 3.20　領域 D

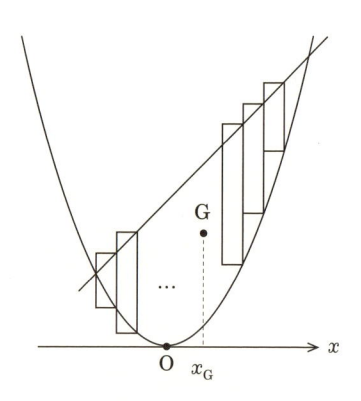

図 3.21　重心 G

問 2　領域 $a \leqq x \leqq b, f(x) \leqq y \leqq g(x)$ の重心の x 座標を x_G とおく.

$a \leqq x \leqq b$ を n 等分すると, k 番目の点 x_k は $a + k\dfrac{b-a}{n}$ となる. ここに底辺 $\dfrac{b-a}{n}$, 高さ $f(x_k)$ の長方形が乗っているとみなす (図 3.21). $x_l \leqq x_\mathrm{G} < x_{l+1}$ とすると, つり合いの式より

$$(x_\mathrm{G}-x_1)f(x_1)\frac{b-a}{n} + \cdots + (x_\mathrm{G}-x_l)f(x_l)\frac{b-a}{n}$$

$$= (x_{l+1} - x_G) f(x_{l+1}) \frac{b-a}{n} + \cdots + (x_n - x_G) f(x_n) \frac{b-a}{n}$$

$$\iff \sum_{k=1}^{n} (x_k - x_G) f(x_k) \frac{b-a}{n} = 0$$

$n \to \infty$ とすると

$$\int_a^b (x - x_G)(g(x) - f(x)) dx = 0$$

を得る.

$$\int_a^b x(g(x) - f(x)) dx = x_G \int_a^b (g(x) - f(x)) dx = x_G S.$$

よって,

$$S x_G = \int_{-1}^{2} x\{(x+2) - x^2\} dx$$

$$= \int_{-1}^{2} (2x + x^2 - x^3) dx = \left[x^2 + \frac{x^3}{3} - \frac{x^4}{4} \right]_{-1}^{2}$$

$$= 3 + 3 - \frac{16 - 1}{4} = \frac{24 - 15}{4} = \frac{9}{4}.$$

したがって, $x_G = \dfrac{9}{4S} = \dfrac{1}{2}$.

領域 $a \leqq y \leqq b$, $f(y) \leqq x \leqq g(y)$ の重心の y 座標を y_G とおくと, x_G と同様の公式

$$\int_a^b y(g(y) - f(y)) dy = y_G S$$

が成り立つ. 直線は $x = y - 2$, 放物線は $x = \pm\sqrt{y}$ で表されるので,

$$S y_G = \int_0^1 y\{\sqrt{y} - (-\sqrt{y})\} dy + \int_1^4 y\{\sqrt{y} - (y-2)\} dy$$

$$= \left[\frac{4}{5} y^{\frac{5}{2}} \right]_0^1 + \left[\frac{2}{5} y^{\frac{5}{2}} - \frac{y^3}{3} + y^2 \right]_1^4 = \frac{4}{5} + \left(\frac{62}{5} - \frac{63}{3} + 15 \right) = \frac{36}{5}.$$

よって, $y_G = \dfrac{9}{2S} = \dfrac{8}{5}$.

(答) $(x_G, y_G) = \left(\dfrac{1}{2}, \dfrac{8}{5} \right)$.

y_G を求める別解 図 3.21 の各長方形の重心の位置は $\dfrac{f(x_k)+g(x_k)}{2}$. 長方形の面積は $(g(x_k)-f(x_k))\dfrac{b-a}{n}$ であるから,

$$Sy_G \fallingdotseq \sum_{k=1}^{n} \frac{f(x_k)+g(x_k)}{2}(g(x_k)-f(x_k))\frac{b-a}{n}$$

$n\to\infty$ として

$$Sy_G = \frac{1}{2}\int_a^b \{g(x)^2 - f(x)^2\}dx$$

$$\frac{1}{2}\int_{-1}^{2}\{(x+2)^2-(x^2)^2\}dx = \frac{1}{2}\int_{-1}^{2}\{-x^4+x^2+4x+4\}dx$$

$$= \frac{1}{2}\left(-\frac{33}{5}+3+6+12\right) = \frac{36}{5}$$

(以下略)

問題 3.4

フーリエ変換

$x(t)$ のフーリエ変換 $X(\omega)$ は以下のように定義される.

$$X(\omega) = \int_{-\infty}^{\infty} x(t)e^{-i\omega t}dt$$

ここで,e は自然対数の底,i は虚数単位である.下図に示すように $x_a(t)$ と $y_b(t)$ を定義し,$z_{ab}(t) = \displaystyle\int_{-\infty}^{\infty} x_a(\tau)y_b(t-\tau)d\tau$ と定める.

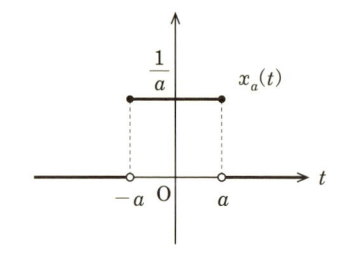

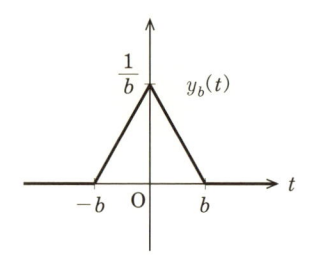

$$x_a(t) = \begin{cases} \dfrac{1}{a}, & |t| \leq a \\ 0, & |t| > a \end{cases} \qquad y_b(t) = \begin{cases} \dfrac{1}{b^2}t + \dfrac{1}{b}, & -b \leq t \leq 0 \\ -\dfrac{1}{b^2}t + \dfrac{1}{b}, & 0 < t \leq b \\ 0, & |t| > b \end{cases}$$

このとき，以下の問に答えよ．

(問 1) $x_a(t), y_b(t)$ それぞれのフーリエ変換 $X_a(\omega), Y_b(\omega)$ を求め，それらの極限 $X_0(\omega) = \lim_{a \to 0} X_a(\omega)$ と $Y_0(\omega) = \lim_{b \to 0} Y_b(\omega)$ を求めよ．

(問 2) $y_b(t-\tau)$ のフーリエ変換 $Y_{b\tau}(\omega)$ を求めよ．

(問 3) $z_{ab}(t)$ が偶関数となることを示し，$a=b=1$ のとき $z_{11}(t)$ の概形を図示せよ．

(問 4) $z_{ab}(t)$ のフーリエ変換 $Z_{ab}(\omega)$ を求めよ．

2011 年 東京大 新領域創成科学研究科 複雑理工専攻

解答 | 問 1 a, b は正の数である．

$$X_a(\omega) = \int_{-\infty}^{\infty} x_a(t) e^{-i\omega t} dt = \int_{-a}^{a} \frac{1}{a} e^{-i\omega t} dt$$
$$= \left[\frac{1}{-i\omega a} e^{-i\omega t}\right]_{-a}^{a} = \frac{e^{-i\omega a} - e^{i\omega a}}{-i\omega a} = \frac{-2i\sin\omega a}{-i\omega a} = \frac{2\sin\omega a}{\omega a}.$$

よって
$$X_0(\omega) = \lim_{a \to +0} \frac{2\sin\omega a}{\omega a} = 2.$$

$$Y_b(\omega) = \int_{-\infty}^{\infty} y_b(t) e^{-i\omega t} dt$$
$$= \int_{-b}^{0} \left(\frac{1}{b^2}t + \frac{1}{b}\right) e^{-i\omega t} dt + \int_{0}^{b} \left(-\frac{1}{b^2}t + \frac{1}{b}\right) e^{-i\omega t} dt$$
$$= \left[\left\{\frac{1}{-i\omega}\left(\frac{1}{b^2}t + \frac{1}{b}\right) + \frac{1}{\omega^2 b^2}\right\} e^{-i\omega t}\right]_{-b}^{0}$$
$$\quad + \left[\left\{\frac{1}{-i\omega}\left(-\frac{1}{b^2}t + \frac{1}{b}\right) - \frac{1}{\omega^2 b^2}\right\} e^{-i\omega t}\right]_{0}^{b}$$
$$= \left(-\frac{1}{i\omega b} + \frac{1}{\omega^2 b^2}\right) - \frac{1}{\omega^2 b^2} e^{i\omega b} - \frac{1}{\omega^2 b^2} e^{-i\omega b} - \left(-\frac{1}{i\omega b} - \frac{1}{\omega^2 b^2}\right)$$

$$= \frac{2-2\cos\omega b}{\omega^2 b^2}.$$

ロピタルの定理より，

$$Y_0(\omega) = \lim_{b \to +0} \frac{2-2\cos\omega b}{\omega^2 b^2} = \lim_{b \to +0} \frac{2\omega\sin\omega b}{2\omega^2 b} = 1.$$

(答) $X_a(\omega) = \dfrac{2\sin\omega a}{\omega a},\quad Y_b(\omega) = \dfrac{2-2\cos\omega b}{\omega^2 b^2},$

$X_0(\omega) = 2,\quad Y_0(\omega) = 1.$

問2 $u = t - \tau$ と置換する．

$$Y_{b\tau}(\omega) = \int_{-\infty}^{\infty} y_b(t-\tau)e^{-i\omega t}dt = \int_{-\infty}^{\infty} y_b(u)e^{-i\omega(u+\tau)}du$$

$$= e^{-i\omega\tau}\int_{-\infty}^{\infty} y_b(u)e^{-i\omega u}du = e^{-i\omega\tau}Y_b(\omega)$$

よって

(答) $e^{-i\omega\tau}\dfrac{2-2\cos\omega b}{\omega^2 b^2}.$

問3 $z_{11}(t) = \displaystyle\int_{-\infty}^{\infty} x_1(\tau)y_1(t-\tau)d\tau$ の t を $-t$ におきかえると，

$$z_{11}(-t) = \int_{-\infty}^{\infty} x_1(\tau)y_1(-t-\tau)d\tau. \tag{1}$$

$v = -\tau$ と置換すると，

$$(1) = \int_{\infty}^{-\infty} x_1(-v)y_1(-t+v)(-dv) = \int_{-\infty}^{\infty} x_1(-v)y_1(-t+v)dv.$$

x_1, y_1 は偶関数なので，

$$\int_{-\infty}^{\infty} x_1(v)y_1(t-v)dv = z_{11}(t),$$

$$x_1(t) = \begin{cases} 1, & |t| \leq 1 \\ 0, & |t| > 1 \end{cases} \qquad y_1(t) = \begin{cases} t+1, & -1 \leq t \leq 0 \\ -t+1, & 0 < t \leq 1 \\ 0, & |t| > 1 \end{cases}$$

である．

$y_1(t-\tau) = y_1(\tau-t)$ のグラフは $y_1(\tau)$ を t だけ平行移動したものである．し

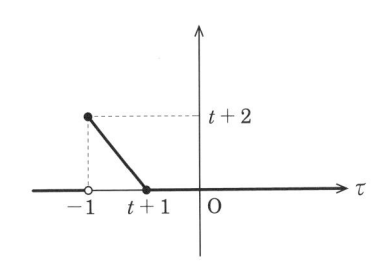

図 3.22 (ii) のグラフ

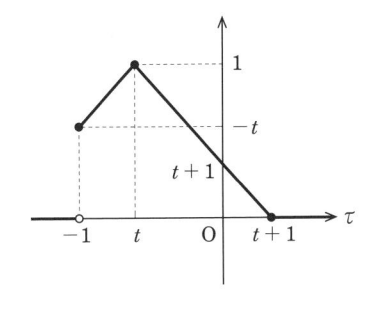

図 3.23 (iii) のグラフ

たがって，

(i) $t \leqq -2$ のとき．

$x_1(\tau) y_1(t-\tau) = 0$ であるから，$z_{11}(t) = 0$．

(ii) $-2 < t \leqq -1$ のとき．

$$x_1(\tau) y_1(t-\tau) = \begin{cases} -(\tau-t)+1 & (-1 \leqq \tau \leqq t+1) \\ 0 & (上以外) \end{cases}$$

であるから，$z_{11}(t) = \dfrac{(t+2)^2}{2}$．

(iii) $-1 < t \leqq 0$ のとき．

$$x_1(\tau) y_1(t-\tau) = \begin{cases} (\tau-t)+1 & (-1 \leqq \tau \leqq t) \\ -(\tau-t)+1 & (t \leqq \tau \leqq t+1) \\ 0 & (上以外) \end{cases}$$

であるから，

$$z_{11}(t) = \frac{(-t+1)(t-(-1))}{2} + \frac{1}{2} = 1 - \frac{t^2}{2}.$$

(i),(ii),(iii) と $z_{11}(t)$ の偶関数性より，グラフは，

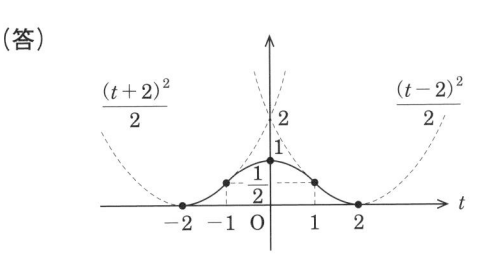

(答)

問4 xy 平面全体を D とおく.

$$Z_{ab}(\omega) = \int_{-\infty}^{\infty} \left(\int_{-\infty}^{\infty} x_a(\tau) y_b(t-\tau) d\tau \right) e^{-i\omega t} dt$$
$$= \iint_D x_a(\tau) y_b(t-\tau) e^{-i\omega t} d\tau dt.$$

ここで

$$\begin{cases} T = \tau = 1\tau + 0t \\ U = t - \tau = -1\tau + 1t \end{cases}$$

とおくと，点 (T,U) の動く範囲も D であり，ヤコビ行列式 (p.164) は $\det J = \begin{pmatrix} 1 & 0 \\ -1 & 1 \end{pmatrix} = 1$ であるから，

$$\iint_D x_a(T) y_b(U) e^{-i\omega(T+U)} |\det J| dT dU$$
$$= \int_{-\infty}^{\infty} \left(\int_{-\infty}^{\infty} x_a(T) y_b(U) e^{-i\omega T} e^{-i\omega U} dT \right) dU$$
$$= \left(\int_{-\infty}^{\infty} x_a(T) e^{-i\omega T} dT \right) \left(\int_{-\infty}^{\infty} y_b(U) e^{-i\omega U} dU \right)$$
$$= X_a(\omega) Y_b(\omega).$$

よって

(**答**) $\quad \dfrac{2\sin\omega a}{\omega a} \cdot \dfrac{2 - 2\cos\omega b}{\omega^2 b^2}.$

解説 ｜ デルタ関数 $\delta(x)$ を $x \neq 0$ で 0, $x = 0$ で ∞ となり $\int_{-\infty}^{\infty} \delta(x) f(x) dx = f(0)$ を満たす"関数"とする．このとき $\mathcal{F}[\delta(x)] = 1$. $\lim_{a \to +0} x_a(t) = 2\delta(t)$, $\lim_{b \to +0} y_b(t) = \delta(t)$ と思うことができるので，計算しなくても $X_0(\omega) = 2$, $Y_0(\omega) = 1$ がわかる．

（発展） 定積分へのフーリエ変換の応用

$f(x)$ のフーリエ変換の定義を本問と少し変えて

$$\mathcal{F}[f(x)](\omega) = \frac{1}{\sqrt{2\pi}} \int_{-\infty}^{\infty} f(x) e^{-i\omega t} dx$$

とする．$\mathcal{F}^{-1}[F(\omega)](x) = \dfrac{1}{\sqrt{2\pi}}\displaystyle\int_{-\infty}^{\infty} F(\omega)e^{i\omega x}d\omega$ とおく．$f(x)$, $F(\omega)$ の n 階導関数 $(n=0,1,2,\cdots)$ が $|x|\to\infty$, $|\omega|\to\infty$ のとき十分速く 0 に収束するなら $\mathcal{F}^{-1}[\mathcal{F}[f]]=f$, $\mathcal{F}[\mathcal{F}^{-1}[F]]=F$ が成り立つ．

この性質を用いてフーリエ変換の定義域を拡張できる．たとえば $\mathcal{F}^{-1}[\delta(x)] = \dfrac{1}{\sqrt{2\pi}}$ より $\mathcal{F}^{-1}[\sqrt{2\pi}\delta(x)] = 1$. 両辺に $\mathcal{F}$ をつけて $\mathcal{F}[1] = \sqrt{2\pi}\delta(x)$.

類題 3.2 の問 2 は次のようにしても解ける．

$$\mathcal{F}\left[\int_{-\infty}^{\infty} \frac{\frac{a}{\pi}}{t^2+a^2} \cdot \frac{\frac{a}{\pi}}{(x-t)^2+a^2} dt\right] = \sqrt{2\pi}\mathcal{F}\left[\frac{\frac{a}{\pi}}{t^2+a^2}\right]\mathcal{F}\left[\frac{\frac{a}{\pi}}{t^2+a^2}\right]$$

$$= \sqrt{2\pi}\left(\frac{1}{\sqrt{2\pi}}e^{-a|\omega|}\right)^2 = \frac{1}{\sqrt{2\pi}}e^{-2a|\omega|}.$$

両辺に $\mathcal{F}^{-1}$ をつけて

$$\int_{-\infty}^{\infty} \frac{\frac{a}{\pi}}{t^2+a^2} \cdot \frac{\frac{a}{\pi}}{(x-t)^2+a^2} dt = \frac{1}{\sqrt{2\pi}}\mathcal{F}^{-1}[e^{-2a|\omega|}] = \frac{2a}{\pi(4a^2+x^2)}.$$

x と t を入れかえて答を得る．

類題 3.5

ラプラス変換

以下三つの関数のラプラス変換を求めなさい．

（問 1） $\sin t$. （問 2） $\dfrac{1}{\sqrt{t}}$. （問 3） $\displaystyle\int_t^{\infty} \dfrac{e^{-u}}{u} du$.

2007 年 東京大 薬学系研究科（改題）

解答 | 関数 $f(t)$ のラプラス変換 $\mathcal{L}[f(t)](s)$ は，

$$\mathcal{L}[f(t)](s) = \int_0^{\infty} f(t)e^{-st} dt$$

により与えられる．

問 1 $\mathcal{L}[\sin t](s) = \displaystyle\int_0^{\infty} e^{-st}\sin t\, dt$ である．

$$(e^{-st}\sin t)' = -se^{-st}\sin t + e^{-st}\cos t = e^{-st}(-s\sin t + \cos t). \tag{1}$$

$$(e^{-st}\cos t)' = -se^{-st}\cos t + e^{-st}(-\sin t) = e^{-st}(-s\cos t - \sin t). \quad (2)$$

$s(1)+(2)$ より,

$$(se^{-st}\sin t + e^{-st}\cos t)' = e^{-st}(-s^2\sin t - \sin t).$$

$$\{e^{-st}(s\sin t + \cos t)\}' = -(s^2+1)e^{-st}\sin t.$$

$$\int e^{-st}\sin t\, dt = -\frac{e^{-st}}{s^2+1}(s\sin t + \cos t) + C.$$

よって, $s>0$ のとき,

$$\mathcal{L}[\sin t](s) = \left[-\frac{e^{-st}}{s^2+1}(s\sin t + \cos t)\right]_0^\infty$$

$$= 0 - \left(-\frac{1}{s^2+1}\right)$$

よって

(答) $\dfrac{1}{s^2+1}$.

問 2 $\displaystyle\int_{-\infty}^{\infty} e^{-x^2}dx = \sqrt{\pi}$ を用いる.

$$\mathcal{L}\left[\frac{1}{\sqrt{t}}\right](s) = \int_0^\infty \frac{1}{\sqrt{t}}e^{-st}dt. \quad (3)$$

$s>0$ のとき, $x=\sqrt{st}$ とおくと, $t=\dfrac{x^2}{s}$ より, $dt=\dfrac{2x}{s}dx$ であるから,

$$(3) = \int_0^\infty \frac{\sqrt{s}}{x}e^{-x^2}\frac{2x}{s}dx = \frac{2}{\sqrt{s}}\int_0^\infty e^{-x^2}dx = \frac{1}{\sqrt{s}}\int_{-\infty}^\infty e^{-x^2}dx = \frac{1}{\sqrt{s}}\sqrt{\pi}.$$

よって,

(答) $\mathcal{L}\left[\dfrac{1}{\sqrt{t}}\right](s) = \dfrac{\sqrt{\pi}}{\sqrt{s}}$.

問 3

$$\mathcal{L}\left[\int_t^\infty \frac{e^{-u}}{u}du\right](s) = \int_0^\infty \left(\int_t^\infty \frac{e^{-u}}{u}du\right)e^{-st}dt. \quad (4)$$

部分積分より, $s>0$ のとき

$$(4) = \left[\left(\int_t^\infty \frac{e^{-u}}{u}du\right)\frac{e^{-st}}{-s}\right]_0^\infty - \int_0^\infty \left(0 - \frac{e^{-t}}{t}\right)\frac{e^{-st}}{-s}dt$$

$$= 0 - \left(\int_0^\infty \frac{e^{-u}}{u}du\right)\frac{1}{-s} - \frac{1}{s}\int_0^\infty \frac{e^{-(s+1)t}}{t}dt$$

$$= \frac{1}{s}\left(\int_0^\infty \frac{e^{-(s+1)t}}{-t}dt - \int_0^\infty \frac{e^{-u}}{-u}du\right)$$

$$= \frac{1}{s}\left(\int_0^\infty \frac{e^{-(s+1)u} - e^{-u}}{-u}du\right) = \frac{1}{s}\int_0^\infty \left[\frac{e^{-ux}}{-u}\right]_0^{s+1}du$$

$$= \frac{1}{s}\int_0^\infty \left(\int_1^{s+1} -e^{-ux}dx\right)du = \frac{1}{s}\int_1^{s+1}\left(\int_0^\infty e^{-ux}du\right)dx$$

$$= \frac{1}{s}\int_1^{s+1}\left[-\frac{e^{-ux}}{x}\right]_0^\infty dx = \frac{1}{s}\int_1^{s+1}\left\{-0 - \left(-\frac{1}{x}\right)\right\}dx$$

$$= \frac{1}{s}\int_1^{s+1}\frac{1}{x}dx = \frac{1}{s}[\log x]_1^{s+1} = \frac{\log(s+1)}{s}.$$

(答)　$\dfrac{\log(s+1)}{s}$.

問題 3.5

ヘルダーの不等式・ミンコフスキーの不等式

n を正の整数とし，p,q を $p>1$, $q>1$, $\dfrac{1}{p}+\dfrac{1}{q}=1$ を満たす実数とする．また，a_i, b_i $(i=1,2,3,\cdots n)$ は実数とする．次の問いに答えよ．

(問 1) 非負の実数 a,b に対して，不等式 $ab \leqq \dfrac{a^p}{p} + \dfrac{b^q}{q}$ が成り立つことを示せ．

(問 2) 問 1 の不等式を用いて，次の不等式を示せ．

$$\sum_{i=1}^n a_i b_i \leqq \left(\sum_{i=1}^n |a_i|^p\right)^{\frac{1}{p}}\left(\sum_{i=1}^n |b_i|^q\right)^{\frac{1}{q}}$$

(問 3) 問 2 の不等式を用いて，次の不等式を示せ．

$$\left(\sum_{i=1}^n |a_i+b_i|^p\right)^{\frac{1}{p}} \leqq \left(\sum_{i=1}^n |a_i|^p\right)^{\frac{1}{p}} + \left(\sum_{i=1}^n |b_i|^p\right)^{\frac{1}{p}}$$

第 3 章　積分法

解答 | 問1 $\dfrac{1}{p}+\dfrac{1}{q}=1$ より,

$$q+p=pq \iff (p-1)(q-1)=1.$$

よって, $f(x)=x^{p-1}$ $(x\geqq 0)$ の逆関数は

$$f^{-1}(x)=x^{\frac{1}{p-1}}=x^{q-1}$$

である.

面積 $S_1=\displaystyle\int_0^a f(x)dx=\dfrac{a^p}{p}$ と面積 $S_2=\displaystyle\int_0^b f^{-1}(x)dx=\dfrac{b^q}{q}$ の 和は ab 以上なので, 与式を得る. (証明終わり)

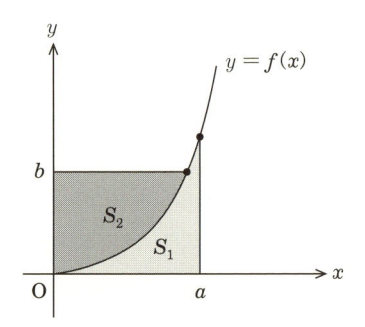

図 3.24 ヤングの不等式

問2 $L_p=\left(\displaystyle\sum_{i=1}^n |a_i|^p\right)^{\frac{1}{p}}, L_q=\left(\displaystyle\sum_{i=1}^n |b_i|^q\right)^{\frac{1}{q}}$ とし, 問1の不等式で

$$a=\dfrac{|a_i|}{L_p}, \quad b=\dfrac{|b_i|}{L_q}$$

とおくと,

$$\dfrac{|a_i|}{L_p}\cdot\dfrac{|b_i|}{L_q}\leqq \dfrac{1}{p}\cdot\left(\dfrac{|a_i|}{L_p}\right)^p+\dfrac{1}{q}\cdot\left(\dfrac{|b_i|}{L_q}\right)^q$$

これに $i=1,2,3,\cdots,n$ を代入して辺々足すと,

$$\dfrac{1}{L_pL_q}\sum_{i=1}^n |a_i||b_i|\leqq \sum_{i=1}^n\left(\dfrac{1}{pL_p{}^p}|a_i|^p+\dfrac{1}{qL_q{}^q}|b_i|^q\right)$$
$$=\dfrac{1}{pL_p{}^p}\sum_{i=1}^n |a_i|^p+\dfrac{1}{qL_q{}^q}\sum_{i=1}^n |b_i|^q=\dfrac{1}{pL_p{}^p}L_p{}^p+\dfrac{1}{qL_q{}^q}L_q{}^q=\dfrac{1}{p}+\dfrac{1}{q}=1.$$

分母を掃って,
$$\sum_{i=1}^n |a_i||b_i| \leqq L_p L_q.$$
よって
$$\sum_{i=1}^n a_i b_i \leqq \left(\sum_{i=1}^n |a_i|^p\right)^{\frac{1}{p}} \left(\sum_{i=1}^n |b_i|^q\right)^{\frac{1}{q}}$$

(証明終わり)

問 3 問 2 の不等式と $(p-1)q=p$ より

$$\sum_{i=1}^n |a_i|(|a_i|+|b_i|)^{p-1} \leqq \left(\sum_{i=1}^n |a_i|^p\right)^{\frac{1}{p}} \left(\sum_{i=1}^n (|a_i|+|b_i|)^{(p-1)q}\right)^{\frac{1}{q}}$$
$$= \left(\sum_{i=1}^n |a_i|^p\right)^{\frac{1}{p}} \left\{\sum_{i=1}^n (|a_i|+|b_i|)^p\right\}^{\frac{1}{q}}.$$

同様にして,
$$\sum_{i=1}^n |b_i|(|a_i|+|b_i|)^{p-1} \leqq \left(\sum_{i=1}^n |b_i|^p\right)^{\frac{1}{p}} \left\{\sum_{i=1}^n (|a_i|+|b_i|)^p\right\}^{\frac{1}{q}}.$$

辺々を足すと左辺は
$$\sum_{i=1}^n (|a_i|+|b_i|)(|a_i|+|b_i|)^{p-1} = \sum_{i=1}^n (|a_i|+|b_i|)^p.$$

右辺は
$$\left\{\left(\sum_{i=1}^n |a_i|^p\right)^{\frac{1}{p}} + \left(\sum_{i=1}^n |b_i|^p\right)^{\frac{1}{p}}\right\} \left(\sum_{i=1}^n (|a_i|+|b_i|)^p\right)^{\frac{1}{q}}.$$

両辺を $\left(\sum_{i=1}^n (|a_i|+|b_i|)^p\right)^{\frac{1}{q}}$ で割って,

$$\left(\sum_{i=1}^n (|a_i|+|b_i|)^p\right)^{1-\frac{1}{q}} \leqq \left(\sum_{i=1}^n |a_i|^p\right)^{\frac{1}{p}} + \left(\sum_{i=1}^n |b_i|^p\right)^{\frac{1}{p}}.$$

$1-\dfrac{1}{q}=\dfrac{1}{p}$ と三角不等式より

$$\left(\sum_{i=1}^n |a_i+b_i|^p\right)^{\frac{1}{p}} \leqq \left(\sum_{i=1}^n |a_i|^p\right)^{\frac{1}{p}} + \left(\sum_{i=1}^n |b_i|^p\right)^{\frac{1}{p}}$$

(証明終わり)

解説 | 問2の不等式

$$a_1b_1+a_2b_2+\cdots+a_nb_n \leqq (|a_1|^p+|a_2|^p+\cdots+|a_n|^p)^{\frac{1}{p}}(|b_1|^q+|b_2|^q+\cdots+|b_n|^q)^{\frac{1}{q}}$$

を**ヘルダーの不等式**という.特に $p=2, q=2$ の場合の

$$a_1b_1+a_2b_2+\cdots+a_nb_n \leqq \sqrt{a_1{}^2+a_2{}^2+\cdots+a_n{}^2}\sqrt{b_1{}^2+b_2{}^2+\cdots+b_n{}^2}$$

は,**コーシー・シュヴァルツの不等式**である.

問3の不等式

$$\{|a_1+b_1|^p+|a_2+b_2|^p+\cdots+|a_n+b_n|^p\}^{\frac{1}{p}}$$
$$\leqq (|a_1|^p+|a_2|^p+\cdots+|a_n|^p)^{\frac{1}{p}} + (|b_1|^p+|b_2|^p+\cdots+|b_n|^p)^{\frac{1}{p}}$$

を**ミンコフスキーの不等式**という.

特に $p=2, q=2$ の場合の

$$\sqrt{(a_1+b_1)^2+(a_2+b_2)^2+\cdots+(a_n+b_n)^2}$$
$$\leqq \sqrt{a_1{}^2+a_2{}^2+\cdots+a_n{}^2} + \sqrt{b_1{}^2+b_2{}^2+\cdots+b_n{}^2}$$

は,n 次元ユークリッド空間 $\mathbb{R}^n$ の通常の距離に関する**三角不等式**である(図3.25).

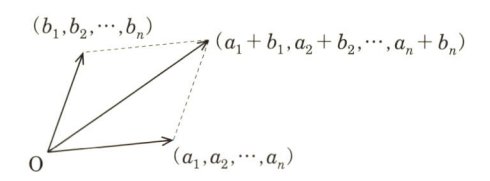

図 3.25

(発展) 距離概念の抽象化

$\mathbb{R}^n$ には,さまざまな距離が入る.

たとえば，A$(a_1,a_2,\cdots,a_n)$ と B$(b_1,b_2,\cdots,b_n)$ の p 乗距離（p ノルム）$d_p(\text{A},\text{B})$ を

$$\{|a_1-b_1|^p+|a_2-b_2|^p+\cdots+|a_n-b_n|^p\}^{\frac{1}{p}}$$

で定義する．

特に $p=2$ の場合の

$$d_2(\text{A},\text{B})=\sqrt{(a_1-b_1)^2+(a_2-b_2)^2+\cdots+(a_n-b_n)^2}$$

が普通の距離である．数学では，次の三つを満たすものは，すべて距離と認識する．

(i)　$d(\text{A},\text{B})\geqq 0$ かつ $d(\text{A},\text{B})=0$ となるのは A＝B のときのみ．　（非退化正値性）

(ii)　$d(\text{A},\text{B})=d(\text{B},\text{A})$,　（対称性）

(iii)　$d(\text{A},\text{B})+d(\text{B},\text{C})\geqq d(\text{A},\text{C})$,　（三角不等式）

ミンコフスキーの不等式は p 乗距離 $d_p(\text{A},\text{B})$ の三角不等式と同値である．

問題 3.6

無限和の積分の極限

(問 1) すべての実数 x に対して級数 $\sum_{n=1}^{\infty}\dfrac{1}{x^2+n^4}$ は収束し，その極限値 $f(x)$ は x について連続であることを示せ．

(問 2) 広義積分 $\displaystyle\int_0^\infty f(x)dx$ が収束することを示し，その値を求めよ．ただし，必要ならば $\sum_{n=1}^{\infty}\dfrac{1}{n^2}=\dfrac{\pi^2}{6}$ を用いてもよい．

2009 年 東京大 数理科学研究科 数理科学専攻

解答 ｜ 問 1　$\left|\dfrac{1}{x^2+n^4}\right|=\dfrac{1}{x^2+n^4}\leqq\dfrac{1}{n^4}$ である．

$$\sum_{n=1}^{\infty}\frac{1}{n^4}\leqq\sum_{n=1}^{\infty}\frac{1}{n^2}=\frac{\pi^2}{6}$$

であるから，単調増加数列 $\sum_{n=1}^{m}\dfrac{1}{n^4}$ は上に有界なので収束する．

よって，$\sum_{n=1}^{\infty}\dfrac{1}{x^2+n^4}$ は一様収束する．したがって，極限値 $f(x)$ は連続関数である． (証明終わり)

(2) $f(x)=\sum_{n=1}^{\infty}\dfrac{1}{x^2+n^4}$ は一様収束するので，$\int_0^R f(x)dx$ は項別積分可能である (p.197)．

$$\int_0^R f(x)dx = \int_0^R \left(\sum_{n=1}^{\infty}\dfrac{1}{x^2+n^4}\right)dx$$
$$= \sum_{n=1}^{\infty}\int_0^R \dfrac{1}{x^2+n^4}dx = \sum_{n=1}^{\infty}\left[\dfrac{1}{n^2}\mathrm{Arctan}\dfrac{x}{n^2}\right]_0^R$$
$$= \sum_{n=1}^{\infty}\dfrac{1}{n^2}\mathrm{Arctan}\dfrac{R}{n^2} \leqq \sum_{n=1}^{\infty}\dfrac{1}{n^2}\cdot\dfrac{\pi}{2} = \dfrac{\pi^2}{6}\cdot\dfrac{\pi}{2} = \dfrac{\pi^3}{12}. \qquad (1)$$

$\sum_{n=1}^{\infty}\dfrac{1}{n^2}$ は $\dfrac{\pi^2}{6}$ に収束するので，どんなに小さな正の数 ε に対しても，十分大きいすべての m に対して，

$$\dfrac{\pi^2}{6} - \varepsilon \leqq \sum_{n=1}^{m}\dfrac{1}{n^2}$$

である．よって，

$$\sum_{n=1}^{\infty}\dfrac{1}{n^2}\mathrm{Arctan}\dfrac{R}{n^2} \geqq \sum_{n=1}^{m}\dfrac{1}{n^2}\mathrm{Arctan}\dfrac{R}{n^2} \geqq \sum_{n=1}^{m}\dfrac{1}{n^2}\mathrm{Arctan}\dfrac{R}{m^2}$$
$$\geqq \left(\dfrac{\pi^2}{6}-\varepsilon\right)\mathrm{Arctan}\dfrac{R}{m^2}. \qquad (2)$$

(1), (2) より，

$$\left(\dfrac{\pi^2}{6}-\varepsilon\right)\mathrm{Arctan}\dfrac{R}{m^2} \leqq \int_0^R f(x)dx \leqq \dfrac{\pi^3}{12}.$$

$R\to\infty$ とすると，

$$\left(\dfrac{\pi^2}{6}-\varepsilon\right)\dfrac{\pi}{2} \leqq \int_0^{\infty} f(x)dx \leqq \dfrac{\pi^3}{12}.$$

$\varepsilon>0$ は任意だったので，

$$\text{(答)} \quad \int_0^{\infty} f(x)dx = \dfrac{\pi^3}{12}.$$

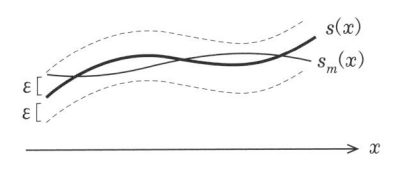

図 3.26

解説 区間 I で $s(x) = \sum_{n=1}^{\infty} f_n(x)$ が一様収束するとは，次が成り立つことである．

どんなに小さな正の数 ε に対しても，十分大きいすべての n に対して
$$s_m(x) = \sum_{n=1}^{m} f_n(x)$$
のグラフが，$s(x)$ のグラフを中心とする $\pm\varepsilon$ 幅の帯の中に入る (図 3.26)．これは，区間 I における $|s(x)-s_m(x)|$ の上限が 0 に収束することとも同値である．

正の数の数列 $M_1, M_2, M_3, \cdots$ の無限和が収束し，区間 I で $|f_n(x)| \leqq M_n$ ならば，$\sum_{n=1}^{\infty} |f_n(x)|$ や $\sum_{n=1}^{\infty} f_n(x)$ は，区間 I で一様収束する．これを，**ヴァイヤシュトラスの優級数定理**とか，M **テスト**という．

区間 I で，$f_n(x)$ が連続関数で，$\sum_{n=1}^{\infty} f_n(x)$ が一様収束するなら，$\sum_{n=1}^{\infty} f_n(x)$ も連続関数となる．

(発展) ゼータ関数

$$\zeta(s) = \frac{1}{1^s} + \frac{1}{2^s} + \frac{1}{3^s} + \cdots$$

を**ゼータ関数**という．これは $s>1$ で収束する．たとえば，
$$\zeta(2) = \frac{\pi^2}{6}, \quad \zeta(4) = \frac{\pi^4}{90}, \quad \zeta(6) = \frac{\pi^6}{945}$$
となる．$\zeta(2) = \frac{\pi^2}{6}$ であることの証明はいろいろある．たとえば，$\sin x$ のマクローリン展開 $x - \frac{x^3}{3!} + \frac{x^5}{5!} - \cdots$ と $\sin x$ の無限乗積展開 (因数分解)

第 3 章 積分法

$$x\left(1-\frac{x^2}{\pi^2}\right)\left(1-\frac{x^2}{4\pi^2}\right)\left(1-\frac{x^2}{9\pi^2}\right)\times\cdots$$

の x^3 の係数を比較すると求まる．

$\dfrac{x^2}{4}$ ($-\pi \leqq x \leqq \pi$) のフーリエ展開

$$\frac{x^2}{4}=\frac{\pi^2}{12}-\cos x+\frac{1}{2^2}\cos 2x-\frac{1}{3^2}\cos 3x+\cdots$$

に $x=\pi$ を代入しても求まる．

解析接続という複素関数論の知識を使うと，ゼータ関数 $\zeta(s)$ の定義域を $s=1$ 以外の複素数全体に拡張できる．$\zeta(s)=0$ の解のうち $s=-2,-4,-6,\cdots$ 以外のものは $s=\dfrac{1}{2}+it$ (t は実数) の形をしているだろうというのが，有名なリーマン予想である．

類題 3.6
広義積分の収束

$0<s<t$ を満たす s,t に対して，$f(s,t)=\displaystyle\int_s^t \log\left(1+\frac{1}{x^2}\right)dx$ とおく．

(問1) 上の積分において，$\displaystyle\lim_{s\to+0} f(s,t)$ が収束することを証明せよ．また，この極限値を t を用いて表せ．

(問2) 上の問1で求めた極限値を $g(t)$ とおくとき，$\displaystyle\lim_{t\to+\infty} g(t)$ が収束することを証明せよ．また，この極限値を求めよ．

2011 年 東京大 数理科学研究科 数理科学専攻

解答 | **問1** 部分積分すると，

$$f(s,t)=\int_s^t 1\cdot\log\left(1+\frac{1}{x^2}\right)dx$$

$$=\left[x\log\left(1+\frac{1}{x^2}\right)\right]_s^t - \int_s^t x\frac{-\dfrac{2}{x^3}}{1+\dfrac{1}{x^2}}dx$$

$$=t\log\left(1+\frac{1}{t^2}\right)-s\log\left(1+\frac{1}{s^2}\right)+\int_s^t \frac{2}{x^2+1}dx$$

$$= t\log\left(1+\frac{1}{t^2}\right) - s\log\left(1+\frac{1}{s^2}\right) + 2(\text{Arctan}\,t - \text{Arctan}\,s).$$

$0 < x \leqq 1$ で $-\dfrac{2}{\sqrt{x}} < \log x$ が成り立つ (p.27). 両辺に x をかけて $(0<)\,x\log x < 2\sqrt{x}$. 挟みうち論法で $\lim\limits_{s\to +0} s\log s = 0$. よって

$$s\log\left(1+\frac{1}{s^2}\right) = s\log\frac{s^2+1}{s^2} = s\{\log(s^2+1) - \log s^2\} = s\log(s^2+1) - 2s\log s$$
$$\to 0\log 1 - 0 = 0 \qquad (s\to +0)$$

また，

$$\text{Arctan}\,s \to 0 \qquad (s\to +0).$$

よって，$\lim\limits_{s\to +0} f(s,t)$ は収束する． (証明終わり)

収束値は，

(答) $\quad t\log\left(1+\dfrac{1}{t^2}\right) + 2\text{Arctan}\,t.$

問 2 $\lim\limits_{h\to 0}(1+h)^{\frac{1}{h}} = e$ であったことを思い出すと，

$$t\log\left(1+\frac{1}{t^2}\right) = \frac{1}{t}\log\left(1+\frac{1}{t^2}\right)^{t^2} \to 0\times \log e = 0 \qquad (t\to\infty).$$

また，

$$\text{Arctan}\,t \to \frac{\pi}{2} \qquad (t\to\infty).$$

よって，$\lim\limits_{t\to +\infty} g(t)$ は収束する． (証明終わり)

収束値は

(答) $\quad \pi.$

第4章 偏微分法

基礎のまとめ

1　$f(x,y)$ の連続性

$f(x,y)$ が $(x,y)=(a,b)$ で**連続**とは，$\lim_{(x,y)\to(a,b)} f(x,y)=f(a,b)$ となること．

ここで，極限は (x,y) が (a,b) 以外の値を取りながら，どのように (a,b) に近づいても一定の値に近づくことを要求する．

ε–δ 論法による連続性の定義では，どんなに小さな $\varepsilon>0$ に対しても，十分 $\delta>0$ を小さくとると

$$|(x,y)-(a,b)|<\delta \quad \text{ならば} \quad |f(x,y)-f(a,b)|<\varepsilon$$

となるとき，$f(x,y)$ が $(x,y)=(a,b)$ で連続であると定める．

ここで，$|(x,y)-(a,b)|$ は $\sqrt{(x-a)^2+(y-b)^2}$ の意味である．

2　偏導関数

$f(x,y)$ において，y を固定して，x で微分した式を $\dfrac{\partial f}{\partial x}$ とか $f_x(x,y)$ と書き，f の x による偏導関数という．式で表すと，

$$f_x(x,y)=\lim_{h\to 0}\frac{f(x+h,y)-f(x,y)}{h}$$

である．f の y による偏導関数 $\dfrac{\partial f}{\partial y}=f_y(x,y)$ も同様に定義する．

3　高階偏微分

$\dfrac{\partial}{\partial x}\left(\dfrac{\partial f}{\partial x}\right)$ を $\dfrac{\partial^2 f}{\partial x^2}$ や f_{xx} と書く．

$\dfrac{\partial}{\partial y}\left(\dfrac{\partial f}{\partial x}\right)$ を $\dfrac{\partial^2 f}{\partial y\partial x}$ や f_{xy} と書く．x と y の順番が逆になるので注意せよ．

4 C^1 級の 2 変数関数

$f(x,y)$ において f_x も f_y も連続のとき $f(x,y)$ は C^1 級という．変数が多い場合も同様．C^n 級，C^∞ 級，C^ω 級も 1 変数の場合と同様に定義する．

5 偏微分の交換可能性

$f(x,y)$ において，f_x, f_y, f_{xy} が存在して，f_{xy} が連続なら，f_{yx} も存在して $f_{xy} = f_{yx}$ となる (**シュヴァルツの定理**).

また，f_x, f_y が存在して，全微分可能なら $f_{xy} = f_{yx}$ となる (**ヤングの定理**).

一般には $f_{xy} \neq f_{yx}$ となる．たとえば，$f(x,y)$ を $(x,y)=(0,0)$ のとき 0，$(x,y) \neq (0,0)$ のとき，$xy\dfrac{x^2-y^2}{x^2+y^2}$ で定義する．このとき，$f_{xy}(0,0)=-1, f_{yx}(0,0)=1$ となる (**ペアノの例**).

6 直線の式

接ベクトルが $\begin{pmatrix} a \\ b \\ c \end{pmatrix}$ かつ，点 (x_0, y_0, z_0) を通る直線の式は

$$\frac{x-x_0}{a} = \frac{y-y_0}{b} = \frac{z-z_0}{c}$$

である．ただし，分母が 0 なら分子も 0 と規約する．

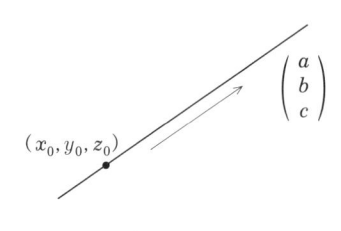

図 4.1

7 傾きと平面

x 方向の傾きが m, y 方向の傾きが n で，点 (x_0, y_0, z_0) を通る平面の式は

$$z = m(x-x_0) + n(y-y_0) + z_0$$

となる (図 4.2).

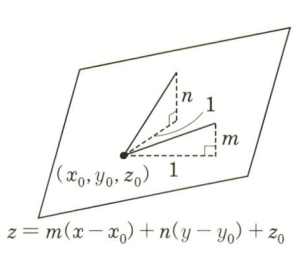

図 4.2 平面の式

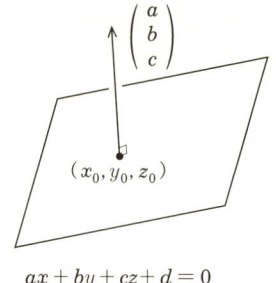

図 4.3 法ベクトルと平面

8 法ベクトルと平面

法ベクトルが $\begin{pmatrix} a \\ b \\ c \end{pmatrix}$ である平面の式は $ax+by+cz+d=0$ となる (図 4.3). 定数項 d は, 平面上の 1 点の座標 (x_0,y_0,z_0) で決まる.

9 ランダウの記号

$\lim_{\Delta x \to 0} \dfrac{R(\Delta x)}{\Delta x}=0$ を満たす $R(\Delta x)$ を $o(\Delta x)$ と書く. o はオーでなく, ギリシア文字のオミクロンである. これは, $R(\Delta x)$ が Δx より 0 に近い, つまり, Δx より高位の微小量であることを表している.

10 全微分

f の (x_0,y_0) での変分 $\Delta f = f(x_0+\Delta x, y_0+\Delta y) - f(x_0,y_0)$ を, 定数 A, B を用いて

$$A\Delta x + B\Delta y + R(\Delta x, \Delta y)$$

と表す. $R(\Delta x, \Delta y) = o(\sqrt{(\Delta x)^2+(\Delta y)^2})$ のとき, $f(x,y)$ は (x_0,y_0) で**全微分可能**であるという. このとき, $df = Adx + Bdy$ と書き, $f(x,y)$ の (x_0,y_0) での**全微分**と呼ぶ. 全微分可能なら偏微分可能であり,

$$A = \frac{\partial f}{\partial x}(x_0,y_0), \quad B = \frac{\partial f}{\partial y}(x_0,y_0)$$

となる.

全微分可能なら, 連続でもある. しかし, 連続かつ偏微分可能でも, 全微分可能とは限らない. たとえば, $a>0$ とし, $f(x,y)$ を $f(0,0)=0$, $(x,y) \neq 0$ のとき, $\dfrac{xy}{(\sqrt{x^2+y^2})^a}$ で定義する. $f(x,y)$ は原点で, $0<a<2$ の場合に連続, $2 \leqq a$ の

場合に不連続である．偏微分はつねに存在して $f_x(0,0)=0$, $f_y(0,0)=0$ となる．$0<a<1$ の場合に全微分可能，$1\leqq a$ の場合に全微分不可能である．

11 接平面

xyz 空間内の曲面 $z=f(x,y)$ の点 $(x,y)=(a,b)$ における x 方向の傾きは $f_x(a,b)$，y 方向の傾きは $f_y(a,b)$ であるから，**接平面**は

$$z=f_x(a,b)(x-a)+f_y(a,b)(y-b)+f(a,b)$$

で表される (図 4.4)．

4 次元以上の空間内の超曲面の接超平面も同様の式になる．

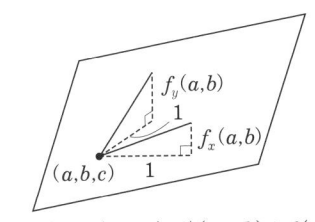

図 4.4 接平面

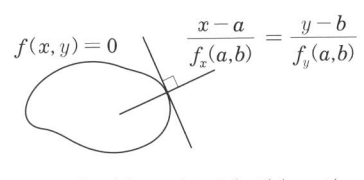

図 4.5 陰関数で表される曲線

12 陰関数で表される曲線

xy 平面内の曲線 $f(x,y)=0$ の点 $(x,y)=(a,b)$ における法ベクトル $\vec{n}$ は

$$\vec{n}=\begin{pmatrix} f_x(a,b) \\ f_y(a,b) \end{pmatrix}$$

であり，法線の式は

$$\frac{x-a}{f_x(a,b)}=\frac{y-b}{f_y(a,b)}$$

となる．接線の式は $f_x(a,b)(x-a)+f_y(a,b)(y-b)=0$ となる (図 4.5)．

13 外積

$\vec{a}=\begin{pmatrix}a_1\\a_2\\a_3\end{pmatrix}$ と $\vec{b}=\begin{pmatrix}b_1\\b_2\\b_3\end{pmatrix}$ の**外積** $\vec{a}\times\vec{b}$ を $\begin{pmatrix}a_2b_3-a_3b_2\\a_3b_1-a_1b_3\\a_1b_2-a_2b_1\end{pmatrix}$ で定義する．

(i) $\vec{a}\times\vec{b}$ は $\vec{a}$ と $\vec{b}$ の両方に垂直である．

(ii) $\vec{a}\times\vec{b}$ の長さ $|\vec{a}\times\vec{b}|$ は $\vec{a}$ と $\vec{b}$ で張られる平行四辺形の面積に等しい．

(iii) $\vec{a},\vec{b},\vec{a}\times\vec{b}$ はこの順に右手系を成す．

第 4 章 偏微分法

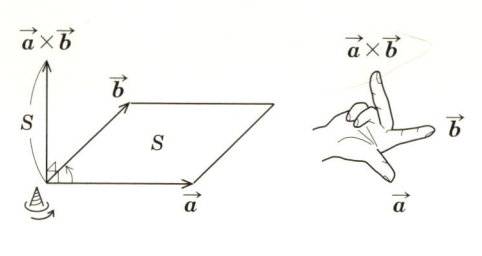

図 4.6

14　パラメータで表される曲線

xy 平面内の曲線 $(x,y)=(f(t),g(t))$ の $t=a$ での点 $(x,y)=(f(a),g(a))$ において,

$$\text{接ベクトルは} \quad \vec{v}=\begin{pmatrix} f'(a) \\ g'(a) \end{pmatrix},$$

$$\text{接線は} \quad \frac{x-f(a)}{f'(a)}=\frac{y-g(a)}{g'(a)},$$

$$\text{法線は} \quad f'(a)(x-f(a))+g'(a)(y-g(a))=0.$$

図 4.7

図 4.8

xyz 空間内の曲線 $(x,y,z)=(f(t),g(t),h(t))$ の $t=a$ での点 $(x,y,z)=(f(a),g(a),h(a))$ において,

$$\text{接ベクトル (速度ベクトル) は} \quad \vec{v}=\begin{pmatrix} f'(a) \\ g'(a) \\ h'(a) \end{pmatrix},$$

$$\text{接線は} \quad \frac{x-f(a)}{f'(a)}=\frac{y-g(a)}{g'(a)}=\frac{z-h(a)}{h'(a)},$$

$$\text{法平面は} \quad f'(a)(x-f(a))+g'(a)(y-g(a))+h'(a)(z-h(a))=0.$$

速度ベクトルと加速度ベクトルの両方に平行な平面を接触平面という．接触平面の法ベクトルは，外積

$$\begin{pmatrix} f'(a) \\ g'(a) \\ h'(a) \end{pmatrix} \times \begin{pmatrix} f''(a) \\ g''(a) \\ h''(a) \end{pmatrix}$$

で計算できる．これを $\begin{pmatrix} \ell \\ m \\ n \end{pmatrix}$ とおくと，接触平面の式は

$$\ell(x-f(a))+m(y-g(a))+n(z-h(a))=0.$$

15 陰関数で表される曲面

xyz 空間内の曲面 $f(x,y,z)=0$ の点 $(x,y,z)=(a,b,c)$ における法線ベクトル $\vec{n}$ は

$$\vec{n} = \begin{pmatrix} f_x(a,b,c) \\ f_y(a,b,c) \\ f_z(a,b,c) \end{pmatrix}$$

であり，法線の式は $\dfrac{x-a}{f_x(a,b,c)} = \dfrac{y-b}{f_y(a,b,c)} = \dfrac{z-c}{f_z(a,b,c)}$ となる．

接線の式は $f_x(a,b,c)(x-a)+f_y(a,b,c)(y-b)+f_z(a,b,c)(z-c)=0$ となる (図 4.9)．

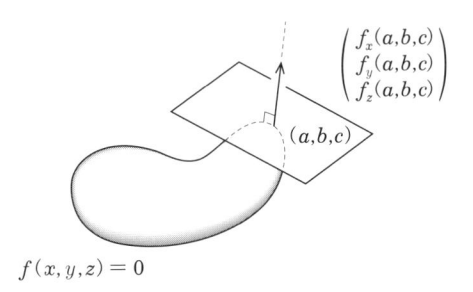

図 4.9

16 連鎖律

2 変数関数に 1 変数関数を代入した場合

$f(x,y)$ において x,y が t の関数のとき．

第 4 章 偏微分法

$$\frac{d}{dt}f(x,y) = \frac{\partial f}{\partial x}\cdot\frac{dx}{dt}+\frac{\partial f}{\partial y}\cdot\frac{dy}{dt} = \begin{pmatrix}\dfrac{\partial f}{\partial x} & \dfrac{\partial f}{\partial y}\end{pmatrix}\begin{pmatrix}\dfrac{dx}{dt}\\ \dfrac{dy}{dt}\end{pmatrix}.$$

2 変数関数に 2 変数関数を代入した場合

$f(x,y)$ において x,y が t と u の関数のとき.

$$\frac{\partial f}{\partial t} = \frac{\partial f}{\partial x}\cdot\frac{\partial x}{\partial t}+\frac{\partial f}{\partial y}\cdot\frac{\partial y}{\partial t} = \begin{pmatrix}\dfrac{\partial f}{\partial x} & \dfrac{\partial f}{\partial y}\end{pmatrix}\begin{pmatrix}\dfrac{\partial x}{\partial t}\\ \dfrac{\partial y}{\partial t}\end{pmatrix},$$

$$\frac{\partial f}{\partial u} = \frac{\partial f}{\partial x}\cdot\frac{\partial x}{\partial u}+\frac{\partial f}{\partial y}\cdot\frac{\partial y}{\partial u} = \begin{pmatrix}\dfrac{\partial f}{\partial x} & \dfrac{\partial f}{\partial y}\end{pmatrix}\begin{pmatrix}\dfrac{\partial x}{\partial u}\\ \dfrac{\partial y}{\partial u}\end{pmatrix}.$$

一本にまとめると,

$$\begin{pmatrix}\dfrac{\partial f}{\partial t},\dfrac{\partial f}{\partial u}\end{pmatrix} = \begin{pmatrix}\dfrac{\partial f}{\partial x} & \dfrac{\partial f}{\partial y}\end{pmatrix}\begin{pmatrix}\dfrac{\partial x}{\partial t} & \dfrac{\partial x}{\partial u}\\ \dfrac{\partial y}{\partial t} & \dfrac{\partial y}{\partial u}\end{pmatrix}.$$

関数が $f(x,y)$ と $g(x,y)$ の二つある場合は,

$$\begin{pmatrix}\dfrac{\partial f}{\partial t} & \dfrac{\partial f}{\partial u}\\ \dfrac{\partial g}{\partial t} & \dfrac{\partial g}{\partial u}\end{pmatrix} = \begin{pmatrix}\dfrac{\partial f}{\partial x} & \dfrac{\partial f}{\partial y}\\ \dfrac{\partial g}{\partial x} & \dfrac{\partial g}{\partial y}\end{pmatrix}\begin{pmatrix}\dfrac{\partial x}{\partial t} & \dfrac{\partial x}{\partial u}\\ \dfrac{\partial y}{\partial t} & \dfrac{\partial y}{\partial u}\end{pmatrix}.$$

17 ラプラシアン

$f(x,y)$ に対して, $f_{xx}+f_{yy}$ を Δf と書く. Δ を**ラプラシアン**という. $\Delta f=0$ を満たす f を**調和関数**という.

18 陰関数定理

関数 $f(x,y)$ が点 (x_0,y_0) の近くで連続かつ 1 回偏微分可能で, $f_y(x,y)$ も連続であるとする. 曲線 $f(x,y)=0$ が点 (x_0,y_0) において, $f_y(x_0,y_0)\neq 0$ を満たすなら, x_0 の近くで $y=(x$ の式$)$ で表される. この式も連続かつ偏微分可能で, 1 階導関数も連続になる.

19 逆関数定理

$\mathbb{R}^2$ の開集合 U で定義された連続写像 $F:U\to\mathbb{R}^2$ の成分を $\begin{pmatrix}X\\ Y\end{pmatrix}=\begin{pmatrix}f(x,y)\\ g(x,y)\end{pmatrix}$ と表したとき, f,g は C^1 級とする. つまり,

$$J(x,y)=\begin{pmatrix}f_x(x,y) & f_y(x,y)\\ g_x(x,y) & g_y(x,y)\end{pmatrix}$$

の成分も連続であるとする．$J(x_0, y_0)$ が逆行列を持つなら，(x_0, y_0) の近くで，F は逆写像 $F^{-1}: V \to \mathbb{R}^2$ を持ち，F^{-1} も C^1 級になる．ここで，V は $(f(x_0, y_0), g(x_0, y_0))$ を含む十分小さい開集合である．

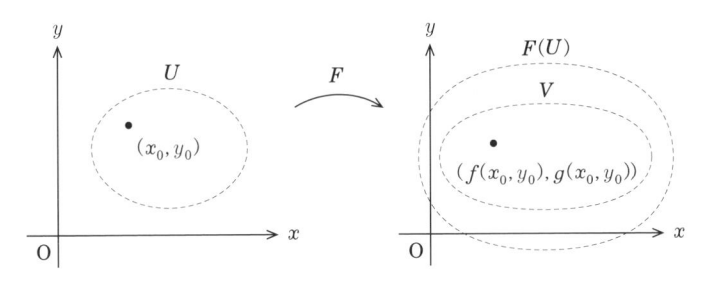

図 4.10

20　2変数のテーラー展開

次式を $f(x,y)$ の $(x,y)=(a,b)$ を中心とする**テーラー展開**という．

$$f(x,y) = f(a,b) + \{f_x(a,b)(x-a) + f_y(a,b)(y-b)\}$$
$$+ \frac{1}{2}\{f_{xx}(a,b)(x-a)^2 + 2f_{xy}(a,b)(x-a)(y-b) + f_{yy}(a,b)(y-b)^2\}$$
$$+ \frac{1}{3!}\{f_{xxx}(a,b)(x-a)^3 + 3f_{xxy}(a,b)(x-a)^2(y-b)$$
$$+ 3f_{xyy}(a,b)(x-a)(y-b)^2 + f_{yyy}(a,b)(y-b)^3\} + \cdots.$$

21　2変数のマクローリン展開

$(x,y)=(0,0)$ を中心とするテーラー展開

$$f(x,y) = f(0,0) + (f_x(0,0)x + f_y(0,0)y)$$
$$+ \frac{1}{2}(f_{xx}(0,0)x^2 + 2f_{xy}(0,0)xy + f_{yy}(0,0)y^2)$$
$$+ \frac{1}{3!}(f_{xxx}(0,0)x^3 + 3f_{xxy}(0,0)x^2y + 3f_{xyy}(0,0)xy^2 + f_{yyy}(0,0)y^3) + \cdots.$$

を**マクローリン展開**という．

22　固有値・固有ベクトル

A を n 次正方行列とする．$A\vec{v} = \lambda \vec{v}$ かつ $\vec{v} \neq \vec{0}$ を満たす λ を A の**固有値**，$\vec{v}$ を A の固有値 λ に対応する**固有ベクトル**という．

λ の n 次多項式 $\det(\lambda E - A)$ を A の固有多項式という．$\det(\lambda E - A) = 0$ を A の固有方程式という．この解全体が，A の固有値全体と一致する．

2 次正方行列の場合

$A = \begin{pmatrix} a & b \\ c & d \end{pmatrix}$ の固有多項式は，$\lambda^2 - (a+d)\lambda + (ad-bc)$ である．

3 次正方行列の場合

$A = \begin{pmatrix} a & b & c \\ d & e & f \\ g & h & i \end{pmatrix}$ の固有多項式は

$$\lambda^3 - (a+e+i)\lambda^2 + \{(ae-bd) + (ei-fh) + (ai-cg)\}\lambda$$
$$- \{(aei + bfg + cdh) - (afh + bdi + ceg)\}$$

である．

23 極値の判定

2 変数の場合

xy 平面上の領域 D で定義された関数 $f(x,y)$ は 2 階偏導関数を持ち，$f_{xy} = f_{yx}$ を満たす良い関数とする．

D の内部で $f(x,y)$ の極値を与える (x,y) の候補は，ヤコビベクトル

$$\vec{J} = (f_x(x,y), f_y(x,y)) = (0,0)$$

の解 $(x,y) = (a,b)$ として求まる．

ヘッセ行列

$$H = \begin{pmatrix} f_{xx}(x,y) & f_{xy}(x,y) \\ f_{yx}(x,y) & f_{yy}(x,y) \end{pmatrix}$$

の行列式 $\det H = f_{xx}(x,y) f_{yy}(x,y) - \{f_{xy}(x,y)\}^2$ を**ヘッシアン**という．

(i) $\det H = f_{xx}(a,b) f_{yy}(a,b) - \{f_{xy}(a,b)\}^2 > 0$ かつ $f_{xx}(a,b) > 0$ ならば $(x,y) = (a,b)$ で極小．

(ii) $\det H = f_{xx}(a,b) f_{yy}(a,b) - \{f_{xy}(a,b)\}^2 > 0$ かつ $f_{xx}(a,b) < 0$ ならば $(x,y) = (a,b)$ で極大．

(iii) $\det H = f_{xx}(a,b) f_{yy}(a,b) - \{f_{xy}(a,b)\}^2 < 0$ なら $(x,y) = (a,b)$ で鞍点となり，極値にならない．

(iv) $\det H = f_{xx}(a,b) f_{yy}(a,b) - \{f_{xy}(a,b)\}^2 = 0$ なら，もっと詳しく調べることになる．

上の四つは，$(x,y) = (a,b)$ におけるヘッセ行列 $H = \begin{pmatrix} f_{xx}(a,b) & f_{xy}(a,b) \\ f_{yx}(a,b) & f_{yy}(a,b) \end{pmatrix}$ の

(i)　　　　　　　　(iii)　　　　　　　　(ii)

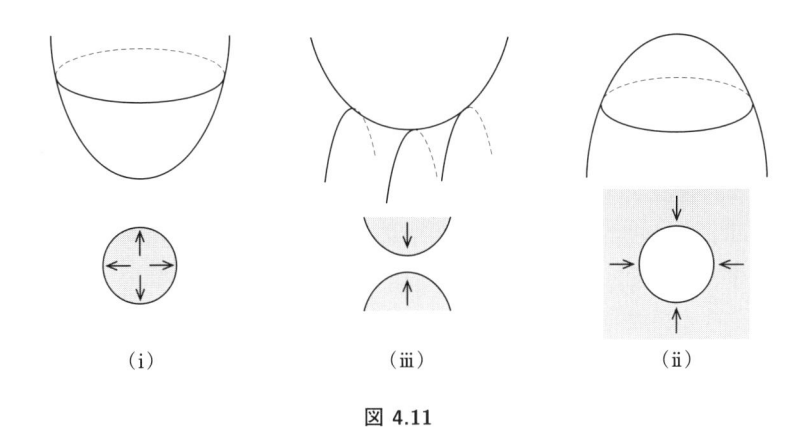

図 4.11

固有値 (H は対称行列なので，すべて実数) を用いて，次のように言い換えることができる．

(i)′ H が正定値，つまり，すべての固有値が正なら $(x,y)=(a,b)$ で極小．

(ii)′ H が負定値，つまり，すべての固有値が負なら $(x,y)=(a,b)$ で極大．

(iii)′ H が不定値，つまり，固有値が正と負の数からなるなら $(x,y)=(a,b)$ で鞍点となり，極値にならない．

(iv)′ H が退化している，つまり，固有値に 0 が混ざるならなら，もっと詳しく調べることになる．D の境界 ∂D 上の極値は ∂D をパラメータ表示したり，ラグランジュの未定乗数法で求める．

3 変数以上の場合

上と同様に，定義域 D の内部において，極値を与える点の候補はヤコビベクトル $\vec{J}=\vec{0}$ を解いて求める．それらのうち，

(i)″ H が正定値の点で極小．

(ii)″ H が負定値の点で極大．

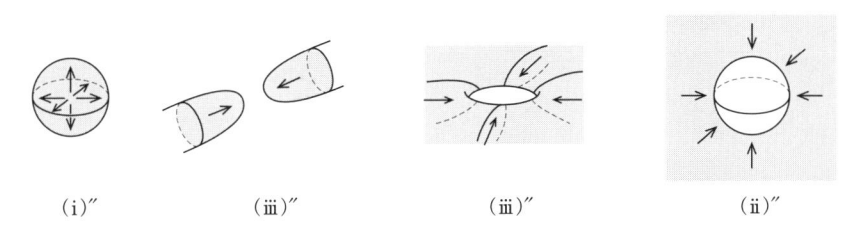

(i)″　　　　(iii)″　　　　　(iii)″　　　　　(ii)″

図 4.12

(iii)″ H が不定値の点で鞍点なので極値とならない．

(iv)″ H が退化する点では，もっと詳しく調べることになる．

24 ラグランジュの未定乗数法

2 変数で条件式が 1 個のとき

1 階偏導関数を持つ関数 $f(x,y)$ の条件 $g(x,y)=0$ の下での極値の候補は，$h(x,y)=f(x,y)-\lambda g(x,y)$ とおいて，$(h_x,h_y,h_\lambda)=(0,0,0)$ を解いて得られる．

$g(x,y)=0$ が閉曲線なら，それらの解 $(x,y)=(a,b)$ での $h(a,b)$ の最大値，最小値が $f(x,y)$ の最大値，最小値となる．

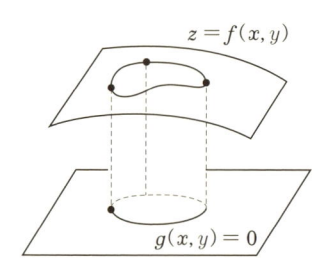

図 4.13

3 変数で条件式が 1 個のとき

1 階偏導関数を持つ関数 $f(x,y,z)$ の条件 $g(x,y,z)=0$ の下での極値の候補は，$h(x,y,z)=f(x,y,z)-\lambda g(x,y,z)$ とおいて，$(h_x,h_y,h_z,h_\lambda)=(0,0,0,0)$ を解いて得られる．

$g(x,y,z)=0$ が閉曲面なら，上の連立方程式の解 $(x,y,z)=(a,b,c)$ での $h(a,b,c)$ の最大値，最小値が $f(x,y,z)$ の最大値，最小値となる．変数が多い場合も同様．

問題と解答・解説

問題 4.1

条件付き最大最小

$x^2+y^2+z^2=1$ のとき，$F=2x^2+2y^2-2z^2+2xz-2yz$ を定義する．F のとりうる最大値と最小値，および，それぞれの値をとる点 (x,y,z) を求めよ．

2011 年 東京大 理学系研究科 化学専攻

解答 $G=2x^2+2y^2-2z^2+2xz-2yz-\lambda(x^2+y^2+z^2-1)$ とおく．

$$\frac{\partial G}{\partial x}=0 \quad \text{かつ} \quad \frac{\partial G}{\partial y}=0 \quad \text{かつ} \quad \frac{\partial G}{\partial z}=0 \quad \text{かつ} \quad \frac{\partial G}{\partial \lambda}=0.$$

$\iff 4x+2z-2\lambda x=0$ かつ $4y-2z-2\lambda y=0$

かつ $-4z+2x-2y-2\lambda z=0$ かつ $-(x^2+y^2+z^2-1)=0$.

$\iff 2x+z=\lambda x$ かつ (1)

$2y-z=\lambda y$ かつ (2)

$x-y-2z=\lambda z$ かつ (3)

$x^2+y^2+z^2-1=0$.

$\iff (2-\lambda)x+z=0$ かつ (4)

$(2-\lambda)y-z=0$ かつ (5)

$x-y-(2+\lambda)z=0$ かつ (6)

$x^2+y^2+z^2=1$. (7)

$(1)x+(2)y+(3)z$ より

$$F=2x^2+2y^2-2z^2+2xz-2yz=\lambda(x^2+y^2+z^2)=\lambda \qquad (8)$$

であることに注意する．

(i) $\lambda=2$ のとき．

(4) より $z=0$. (6) より $x=y$ となるので，(7) より $(x,y,z)=\pm\left(\dfrac{1}{\sqrt{2}},\dfrac{1}{\sqrt{2}},0\right)$. このとき (8) より $F=2$.

(ii) $\lambda\neq 2$ のとき．

(6) に $2-\lambda$ をかけて，

$$(2-\lambda)x-(2-\lambda)y-(4-\lambda^2)z=0.$$

(4), (5) を用いて x,y を消去すると,
$$-z-z-(4-\lambda^2)z=0 \iff (\lambda^2-6)z=0.$$

もし $\lambda^2 \neq 6$ だと $z=0$ となり, (4), (5) より $(x,y)=(0,0)$ となって, (7) に反する.

よって $\lambda^2=6$.
$$\therefore \lambda=\pm\sqrt{6}$$

(4) より
$$z=(\lambda-2)x \tag{9}$$

(4), (5) より
$$y=-x \tag{10}$$

(7) に代入して
$$(\lambda^2-4\lambda+6)x^2=1 \tag{11}$$

(ii-1) $\lambda=\sqrt{6}$ のとき.
(11) より
$$(12-4\sqrt{6})x^2=1, \quad x=\frac{\pm 1}{2\sqrt{3-\sqrt{6}}}$$

(9), (10) より
$$(x,y,z)=\frac{\pm 1}{2\sqrt{3-\sqrt{6}}}(1,-1,\sqrt{6}-2)$$

(8) より $F=\sqrt{6}$.

(ii-2) $\lambda=-\sqrt{6}$ のとき.
上述の式の $\sqrt{6}$ を $-\sqrt{6}$ におきかえればよいので
$$(x,y,z)=\frac{\pm 1}{2\sqrt{3+\sqrt{6}}}(1,-1,-\sqrt{6}-2)$$

(8) より $F=-\sqrt{6}$.

(i), (ii-1), (ii-2) の F の値のうち最小のものが最小値, 最大のものが最大値である.

(**答**)　$(x,y,z) = \dfrac{\pm 1}{2\sqrt{3-\sqrt{6}}}(1,-1,\sqrt{6}-2)$ のとき最大値 $\sqrt{6}$,

$(x,y,z) = \dfrac{\pm 1}{2\sqrt{3+\sqrt{6}}}(1,-1,-\sqrt{6}-2)$ のとき最小値 $-\sqrt{6}$.

解説　ラグランジュの未定乗数法の立式は多くの本では，$H(x,y,z)=F(x,y,z)+\lambda G(x,y,z)$ となっている．しかし，本書では

$$H(x,y,z)=F(x,y,z)-\lambda G(x,y,z)$$

とした．こうおくとたとえば本問の解答中の (1), (2), (3) を

$$\begin{pmatrix} 2 & 0 & 1 \\ 0 & 2 & -1 \\ 1 & -1 & -2 \end{pmatrix} \begin{pmatrix} x \\ y \\ z \end{pmatrix} = \lambda \begin{pmatrix} x \\ y \\ z \end{pmatrix}$$

のように1本にまとめたとき，λ が係数行列の固有値そのものになり便利である．λ とおいても $-\lambda$ とおいても，最終的な答えは同じになる．

球面 $x^2+y^2+z^2=1$ はコンパクトな図形である (図 4.14)．ここで，コンパクトとは，有界閉集合のこと．コンパクトな図形上の連続関数 F は，最大値，最小値を持つことが証明できる．

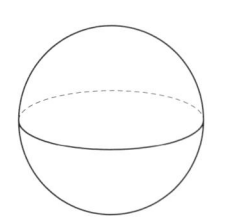

図 4.14　$x^2+y^2+z^2=1$

球面 $x^2+y^2+z^2=1$ は境界がないので，F が球面の境界上で最大値，最小値となることはありえない．よって，F は球面の内点で最大値，最小値となるので，それらの値は極大値，極小値でもある．

したがって，本問では，極値の候補をすべて求めれば，そのうち一番大きいものが最大値，一番小さいものが最小値となる．

(**補足**)　**3 変数で条件式が 2 個のときのラグランジュの未定乗数法**

$F(x,y,z)$ に付く条件が $G_1(x,y,z)=0$, $G_2(x,y,z)=0$ の二つの場合，ラグラ

ンジュの未定乗数法は次のようになる．

$H(x,y,z) = F(x,y,z) - \lambda_1 G_1(x,y,z) - \lambda_2 G_2(x,y,z)$ とおく．次の 5 元連立方程式を解く．

$$\frac{\partial H}{\partial x} = 0, \quad \frac{\partial H}{\partial y} = 0, \quad \frac{\partial H}{\partial z} = 0, \quad \frac{\partial H}{\partial \lambda_1} = 0, \quad \frac{\partial H}{\partial \lambda_2} = 0.$$

類題 4.1

3 変数のラグランジュの未定乗数法

ラグランジュの未定乗数法を用いて以下の問に答えよ．

(問1) 曲面 $\dfrac{x^2}{9} + \dfrac{y^2}{4} + z^2 = 36$ に内接する直方体 V の体積の最大値を求めよ．ただし，極値を最大値としてよい．

(問2) 平面 $x + 2y + 2z = 9$ 上の点のうち，原点 $(0,0,0)$ に最も近い点と原点との距離 h を求めよ．ただし，極値を最小値としてよい．

解答 | **問1** 与えられた曲面は座標軸との交点が $(\pm 18, 0, 0), (0, \pm 12, 0), (0, 0, \pm 6)$ の楕円面である．x 軸方向に $\dfrac{1}{18}$ 倍，y 軸方向に $\dfrac{1}{12}$ 倍，z 軸方向に $\dfrac{1}{6}$ 倍すると，この楕円面は単位球面 $S^2 : x^2 + y^2 + z^2 = 1$ に写る．直方体は平行六面体に写るが，単位球面に内接する平行六面体の各面は長方形であり，平行六面体は直方体となる (図 4.15)．必要ならば適当に回転して，各辺が座標軸に平行であるとしてよい．座標がすべて正の頂点を (x, y, z) とおくと，変換後の直方体の体積 W は $(2x)(2y)(2z) = 8xyz$ であり，連続関数である．この最大値を求めれば

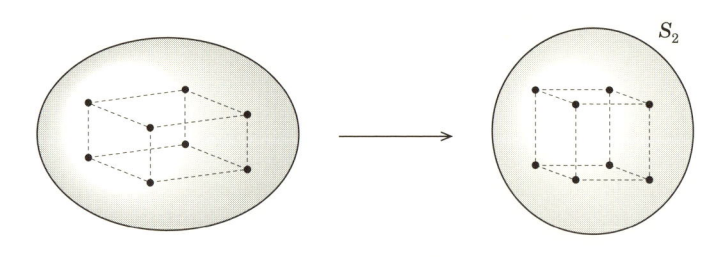

図 4.15 楕円面と単位球面 S^2

よい．

(x,y,z) が，球面の 8 分の 1 に境界を付けた

$$K: x^2+y^2+z^2=1,\ x\geqq 0,\ y\geqq 0,\ z\geqq 0$$

上を動くとすると，これはコンパクトなので，体積 W に最大値が存在し，それは正である．K の境界上では $W=0$ なので，W の最大値は，K の内点で与えられる．したがって，W の最大値は極大値になる．W の極値をラグランジュの未定乗数法で求める．x,y,z を正とする．

$f(x,y,z)=8xyz-\lambda(x^2+y^2+z^2-1)$ とおく．

$$\frac{\partial f}{\partial x}=0,\quad \frac{\partial f}{\partial y}=0,\quad \frac{\partial f}{\partial z}=0,\quad \frac{\partial f}{\partial \lambda}=0.$$

$\iff\quad 8yz-\lambda(2x)=0,\quad 8zx-\lambda(2y)=0,$

$\qquad 8xy-\lambda(2z)=0,\quad -(x^2+y^2+z^2-1)=0.$

$\iff\quad \displaystyle\lambda=\frac{4yz}{x}=\frac{4zx}{y}=\frac{4xy}{z},\hfill(1)$

$\qquad x^2+y^2+z^2=1. \hfill(2)$

(1) より，$4x=4y=4z=\lambda$．(2) に代入すると，

$$(x,y,z,\lambda)=\left(\frac{1}{\sqrt{3}},\frac{1}{\sqrt{3}},\frac{1}{\sqrt{3}},\frac{4}{\sqrt{3}}\right).$$

よって，W の極値は $W=\dfrac{8}{3\sqrt{3}}$ のみ．これが W の最大値である．

x 軸方向に 18 倍，y 軸方向に 12 倍，z 軸方向に 6 倍してもとに戻すと，V の最大値は，

(答) $1152\sqrt{3}$.

問 2 原点との距離の 2 乗 $L=x^2+y^2+z^2$ は連続関数である．この最小値を求めればよい．

原点を中心とする十分大きい閉球体は，平面 $x+2y+2z=9$ から円板を切りとる．この円板 D 上を点 (x,y,z) が動くとする．D はコンパクトなので，L に最小値が存在し，それは L の内点で与えられる．したがって，L の最小値は極小値になる．L の極値をラグランジュの未定乗数法で求める．

$$g(x,y,z)=x^2+y^2+z^2-\lambda(x+2y+2z-9)$$

$$x+2y+2z-9=0$$

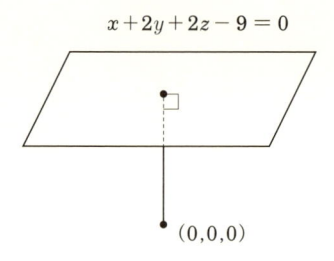

図 4.16 平面と点

とおく．

$$\frac{\partial g}{\partial x}=0, \quad \frac{\partial g}{\partial y}=0, \quad \frac{\partial g}{\partial z}=0, \quad \frac{\partial g}{\partial \lambda}=0.$$

$$\iff 2x-\lambda=0, \quad 2y-2\lambda=0, \quad 2z-2\lambda=0,$$
$$-(x+2y+2z-9)=0.$$

$$\iff \lambda=2x=y=z, \quad x+2y+2z=9.$$

これらを解いて，

$$(x,y,z,\lambda)=(1,2,2,2).$$

よって，L の極値は $L=9$ のみ．これが L の最小値である．

h の最小値は，$\sqrt{L}=\sqrt{9}$ に等しく

（答） 3．

問 1 の別解 相加平均と相乗平均の関係式より，

$$\sqrt[3]{x^2y^2z^2} \leqq \frac{x^2+y^2+z^2}{3}=\frac{1}{3}.$$

両辺を $\frac{3}{2}$ 乗して，

$$xyz \leqq \frac{1}{3\sqrt{3}}.$$

よって，$W=8xyz \leqq \dfrac{8}{3\sqrt{3}}$．等号成立は $x^2=y^2=z^2$ のときのみ．よって

$$(x,y,z)=\left(\frac{1}{\sqrt{3}},\frac{1}{\sqrt{3}},\frac{1}{\sqrt{3}}\right).$$

(以下略)

問 2 の別解 コーシー・シュヴァルツの不等式 (p.106) より,
$$(x^2+y^2+z^2)(1^2+2^2+2^2) \geqq (x+2y+2z)^2 = 9^2.$$
よって,
$$L = x^2+y^2+z^2 \geqq \frac{9^2}{1^2+2^2+2^2} = 9.$$
等号成立は $x:y:z=1:2:2$ のときのみ.よって $(x,y,z)=(1,2,2)$.   (以下略)

問題 4.2

曲面の凸性と接平面

関数 $f:\mathbb{R}\to\mathbb{R}$ は $f''(x)$ が連続かつ $f''(x)<0$ を満たすとする.

(問 1) 曲線 $y=f(x)$ の $x=x_0$ における接線の式を求めよ.

(問 2) 上で求めた接線は $f(x)$ よりも下にはこないことを示せ.

s,t を変数とする.関数 $g:\mathbb{R}^2\to\mathbb{R}$ は $\dfrac{\partial^2 g}{\partial s^2},\dfrac{\partial^2 g}{\partial s\partial t},\dfrac{\partial^2 g}{\partial t\partial s},\dfrac{\partial^2 g}{\partial t^2}$ が連続かつヘッセ行列

$$H(s,t) = \begin{pmatrix} \dfrac{\partial^2 g}{\partial s^2} & \dfrac{\partial^2 g}{\partial s\partial t} \\ \dfrac{\partial^2 g}{\partial t\partial s} & \dfrac{\partial^2 g}{\partial t^2} \end{pmatrix}$$

が負定値とする.

(問 3) 問 2 で示した命題と同様の命題を $g(s,t)$ について定式化しなさい.

(問 4) 曲面 $z=g(s,t)$ の $(s,t)=(s_0,t_0)$ における接平面の式を求めよ.

(問 5) 問 2 の命題が成立するなら証明し,成立しないなら反例を挙げなさい.

解答 | 問 1 傾きが $f'(x_0)$ で,点 $(x_0,f(x_0))$ を通るので,

(答) $y = f'(x_0)(x-x_0)+f(x_0)$.

問 2 $F(x) = f'(x_0)(x-x_0)+f(x_0)-f(x)$ とおくと,$F'(x)=f'(x_0)-f'(x)$,$F''(x)=-f''(x)$ である.$f''(x)<0$ より $F''(x)>0$.よって $F'(x)$ は単調増加であるから,増減表は以下のようになる.

x	$\cdots$	x_0	$\cdots$
$F'(x)$	$-$	0	$+$
$F(x)$	$\searrow$	0	$\nearrow$

よって，

$$F(x) \geqq 0 \iff f'(x_0)(x-x_0)+f(x_0) \geqq f(x)$$
$$\iff (接線) \geqq f(x)$$

を得る． (証明終わり)

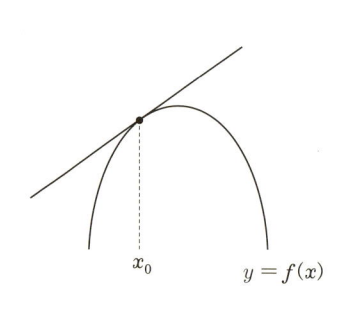

図 4.17 接線

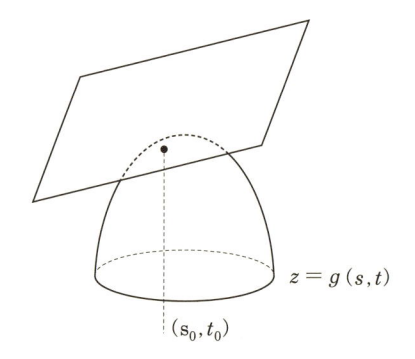

図 4.18 接平面

問 3 ヘッセ行列

$$H(s,t) = \begin{pmatrix} \dfrac{\partial^2 g(s,t)}{\partial s^2} & \dfrac{\partial^2 g(s,t)}{\partial s \partial t} \\ \dfrac{\partial^2 g(s,t)}{\partial t \partial s} & \dfrac{\partial^2 g(s,t)}{\partial t^2} \end{pmatrix}$$

が負定値ならば，任意の (s_0,t_0) において，曲面 $z=g(s,t)$ の接平面は曲面 $z=g(s,t)$ の下にはこない．

問 4 s 方向の傾きは $\dfrac{\partial g}{\partial s}(s_0,t_0)$, t 方向の傾きは $\dfrac{\partial g}{\partial t}(s_0,t_0)$ であり，点 $(s_0,t_0,g(s_0,t_0))$ を通ることから，

(答) $z = \dfrac{\partial g}{\partial s}(s_0,t_0)(s-s_0) + \dfrac{\partial g}{\partial t}(s_0,t_0)(t-t_0) + g(s_0,t_0)$.

問 5 $\dfrac{\partial g}{\partial s}(s_0,t_0)(s-s_0) + \dfrac{\partial g}{\partial t}(s_0,t_0)(t-t_0) + g(s_0,t_0) - g(s,t)$ を考える．
$s = s_0 + ax$, $t = t_0 + bx$ を代入すると，

$$\frac{\partial g}{\partial s}(s_0,t_0)ax+\frac{\partial g}{\partial t}(s_0,t_0)bx+g(s_0,t_0)-g(s_0+ax,t_0+bx)$$

となる．これを $G(x)$ とおくと，

$$G'(x)=\frac{\partial g}{\partial s}(s_0,t_0)a+\frac{\partial g}{\partial t}(s_0,t_0)b$$
$$\quad -\left(\frac{\partial g}{\partial s}(s_0+ax,t_0+bx)a+\frac{\partial g}{\partial t}(s_0+ax,t_0+bx)b\right),$$
$$G''(x)=-\left(\frac{\partial^2 g}{\partial s^2}(s_0+ax,t_0+bx)a^2+\frac{\partial^2 g}{\partial t\partial s}(s_0+ax,t_0+bx)ab\right)$$
$$\quad -\left(\frac{\partial^2 g}{\partial s\partial t}(s_0+ax,t_0+bx)ab+\frac{\partial^2 g}{\partial t^2}(s_0+ax,t_0+bx)b^2\right)$$
$$=-(a,b)H(s_0,t_0)\begin{pmatrix}a\\b\end{pmatrix}.$$

$g(s,t)$ が C^2 級 (2 階偏導関数がすべて存在し，四つとも連続) なので

$$\frac{\partial^2 g}{\partial s\partial t}(s_0,t_0)=\frac{\partial^2 g}{\partial t\partial s}(s_0,t_0)$$

となる．したがって H は実対称行列 (p.132) であり，負定値なので，$(a,b)\neq(0,0)$ のとき $(a,b)H(s_0,t_0)\begin{pmatrix}a\\b\end{pmatrix}<0$ となる．よって，$G''(x)>0$ より $G'(x)$ は単調増加である．増減表は以下のようになる．

x	$\cdots$	0	$\cdots$
$G'(x)$	$-$	0	$+$
$G(x)$	$\searrow$	0	$\nearrow$

この表より，$G(x)\geqq 0$ がわかり，

$$\frac{\partial g}{\partial s}(s_0,t_0)ax+\frac{\partial g}{\partial t}(s_0,t_0)bx+g(s_0,t_0)-g(s_0+ax,t_0+bx)\geqq 0$$

となる．a,b,x を動かすと，$(s,t)=(s_0+ax,t_0+bx)$ は任意の実数を動くので，

$$\frac{\partial g}{\partial s}(s_0,t_0)(s-s_0)+\frac{\partial g}{\partial t}(s_0,t_0)(t-t_0)+g(s_0,t_0)\geqq g(s,t)$$
$$\Longleftrightarrow \quad (接平面)\geqq g(s,t)$$

を得る．

(証明終わり)

解説 ｜ 曲線 $y=f(x)$ は $x=x_0$ の近傍で，放物線

$$y = f(x_0) + f'(x_0)(x-x_0) + \frac{f''(x_0)}{2}(x-x_0)^2$$

で近似される．$f''(x_0) < 0$ であることから，この放物線は上に凸なので，接線は放物線の上側にくる．したがって，曲線 $y = f(x)$ の接線も曲線の上側にくると予想される．

n 次実対称行列 A が負定値であるとは，A の固有値がすべて負であること．これは，任意の n 次実ベクトル $\begin{pmatrix} x_1 \\ \vdots \\ x_n \end{pmatrix}$ に対して，$(x_1, \cdots, x_n) A \begin{pmatrix} x_1 \\ \vdots \\ x_n \end{pmatrix} \leqq 0$ かつ等号は $\begin{pmatrix} x_1 \\ \vdots \\ x_n \end{pmatrix} = \begin{pmatrix} 0 \\ \vdots \\ 0 \end{pmatrix}$ のときのみと同値である．

曲面 $z = g(s,t)$ は $(s,t) = (s_0, t_0)$ の近傍で，2次曲面

$$z = g(s_0,t_0) + \frac{\partial g}{\partial s}(s_0,t_0)(s-s_0) + \frac{\partial g}{\partial t}(s_0,t_0)(t-t_0) + \frac{1}{2} \cdot \frac{\partial^2 g}{\partial s^2}(s_0,t_0)(s-s_0)^2$$
$$+ \frac{\partial^2 g}{\partial t \partial s}(s_0,t_0)(s-s_0)(t-t_0) + \frac{1}{2} \cdot \frac{\partial^2 g}{\partial t^2}(s_0,t_0)(t-t_0)^2$$
$$= f(s_0,t_0) + \left(\frac{\partial g}{\partial s}(s_0,t_0), \frac{\partial g}{\partial t}(s_0,t_0) \right) \begin{pmatrix} s-s_0 \\ t-t_0 \end{pmatrix}$$
$$+ \frac{1}{2}(s-s_0, t-t_0) \begin{pmatrix} \frac{\partial^2 g}{\partial s^2}(s_0,t_0) & \frac{\partial^2 g}{\partial t \partial s}(s_0,t_0) \\ \frac{\partial^2 g}{\partial t \partial s}(s_0,t_0) & \frac{\partial^2 g}{\partial t^2}(s_0,t_0) \end{pmatrix} \begin{pmatrix} s-s_0 \\ t-t_0 \end{pmatrix}$$

で近似される．

$$\begin{pmatrix} \frac{\partial^2 g}{\partial s^2}(s_0,t_0) & \frac{\partial^2 g}{\partial t \partial s}(s_0,t_0) \\ \frac{\partial^2 g}{\partial t \partial s}(s_0,t_0) & \frac{\partial^2 g}{\partial t^2}(s_0,t_0) \end{pmatrix}$$

が負定値であることから，この2次曲面は上に凸の放物面なので，接平面は放物面の上側にくる．したがって，曲面 $z = g(s,t)$ の接平面も曲面の上側にくると予想される．

（発展） 実対称行列の性質

点 (x,y) が点 (X,Y) を原点を中心として反時計回りに角 θ 回転して得られるとき $\begin{pmatrix} x \\ y \end{pmatrix} = \begin{pmatrix} \cos\theta & -\sin\theta \\ \sin\theta & \cos\theta \end{pmatrix} \begin{pmatrix} X \\ Y \end{pmatrix}$ が成り立つ．a, b, c を実数とするとき $H =$

$\begin{pmatrix} a & b \\ b & c \end{pmatrix}$ の形の行列を実対称行列という.

うまく θ を選ぶと
$$\begin{pmatrix} \cos\theta & \sin\theta \\ \sin\theta & -\cos\theta \end{pmatrix} \begin{pmatrix} a & b \\ b & c \end{pmatrix} \begin{pmatrix} \cos\theta & -\sin\theta \\ \sin\theta & \cos\theta \end{pmatrix} = \begin{pmatrix} \alpha & 0 \\ 0 & \beta \end{pmatrix} \qquad (\alpha, \beta \text{は実数})$$
とできる.

$$f(x,y) = p + qx + ry + ax^2 + 2bxy + cy^2 + \cdots$$
$$= p + (q, r)\begin{pmatrix} x \\ y \end{pmatrix} + (x, y)\begin{pmatrix} a & b \\ b & c \end{pmatrix}\begin{pmatrix} x \\ y \end{pmatrix} + \cdots$$

に対して, うまく回転角 θ を選び,
$$\begin{pmatrix} x \\ y \end{pmatrix} = \begin{pmatrix} \cos\theta & -\sin\theta \\ \sin\theta & \cos\theta \end{pmatrix} \begin{pmatrix} X \\ Y \end{pmatrix}$$
とおくと
$$f(x,y) = p + (q, r)\begin{pmatrix} \cos\theta & -\sin\theta \\ \sin\theta & \cos\theta \end{pmatrix}\begin{pmatrix} X \\ Y \end{pmatrix}$$
$$+ (X, Y)\begin{pmatrix} \cos\theta & \sin\theta \\ -\sin\theta & \cos\theta \end{pmatrix}\begin{pmatrix} a & b \\ b & c \end{pmatrix}\begin{pmatrix} \cos\theta & -\sin\theta \\ \sin\theta & \cos\theta \end{pmatrix}\begin{pmatrix} X \\ Y \end{pmatrix} + \cdots$$
$$= p + \tilde{q}X + \tilde{r}Y + \alpha X^2 + \beta Y^2 + \cdots$$

の形にできる.

つまり, 平面の回転で xy の項を消すことができる. α, β は $\begin{pmatrix} a & b \\ b & c \end{pmatrix}$ の固有値 (p.119) であることが計算で示せる. よって, 恒等式 $ax^2 + 2bxy + cy^2 = \alpha X^2 + \beta Y^2$ より, 固有値 α, β がともに正なら

$$ax^2 + 2bxy + cy^2 \geqq 0 \qquad (\text{等号は } (x,y) = (0,0) \text{ のときのみ})$$

固有値 α, β がともに負なら

$$ax^2 + 2bxy + cy^2 \leqq 0 \qquad (\text{等号は } (x,y) = (0,0) \text{ のときのみ})$$

がわかる. 3変数以上の場合も同様のことが成り立つ.

類題 4.2

ガウス曲率・平均曲率

半径 r の球上の点でのガウス曲率, 平均曲率を計算する. 以下の問いに答えよ.

(問1) 座標原点に中心のある半径 r の円上の点 P を考える. 点 P を x 軸から

測った円弧長 s で表現せよ．
(問2) 点 P での曲率の値を求めよ．
(問3) ガウス曲率と平均曲率の定義を述べよ．
(問4) 半径 r, 高さ h の円筒の側面での，最大曲率と最小曲率はいくらか．なお，以降の議論では，曲率の符号は，その点での法線と曲率ベクトルが同一の場合を正とし，逆の場合を負とする．
(問5) 半径 r の球上のガウス曲率を求めよ．
(問6) 半径 r の球上の平均曲率を求めよ．

解答 | **問1** 弧長 s は $s = r\theta$ であるから (図 4.19)，$\theta = \dfrac{s}{r}$. よって，

(答) $\mathrm{P}\left(r\cos\dfrac{s}{r}, r\sin\dfrac{s}{r}\right)$.

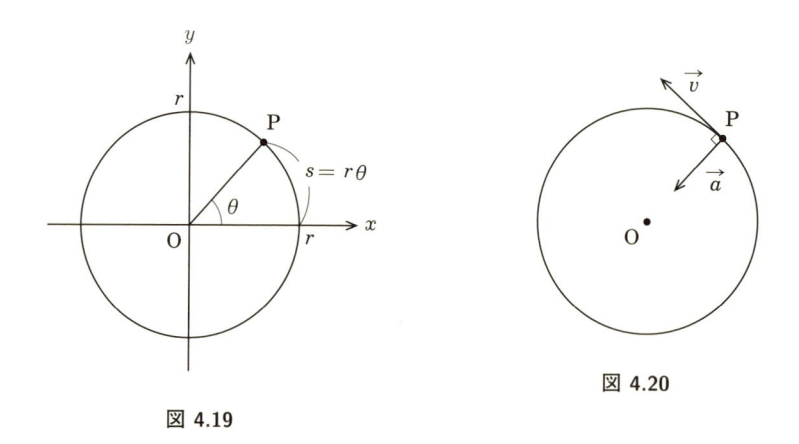

図 4.19

図 4.20

問2 弧長を変数としたときの速度ベクトル $\vec{v}$ は

$$\vec{v} = \frac{d}{ds}\overrightarrow{\mathrm{OP}} = \begin{pmatrix} -\sin\dfrac{s}{r} \\ \cos\dfrac{s}{r} \end{pmatrix}.$$

弧長を変数としたときの加速度ベクトル $\vec{a}$ は

$$\vec{a} = \frac{d^2}{ds^2}\overrightarrow{\mathrm{OP}} = -\frac{1}{r}\begin{pmatrix} \cos\dfrac{s}{r} \\ \sin\dfrac{s}{r} \end{pmatrix}$$

となる (図 4.20). よって, 曲率 $\kappa = |\vec{a}|$ は,

$$\text{(答)} \quad \frac{1}{r}.$$

問 3 **(答)** $\mathbb{R}^{n+1}$ に埋め込まれた n 次元超曲面の場合, 考えている点 P における法線を含む平面で切って得られる曲線の曲率は, 切る平面の関数になるが, その極値が通常は n 個ある. それらを主曲率という. n 個の主曲率の積をガウス曲率という. n 個の主曲率の和または平均を平均曲率という.

問 4 曲線 $y = a_0 + a_2 x^2 + a_3 x^3 + \cdots$ の原点における曲率半径は $\dfrac{1}{2|a_2|}$ である. 曲線の弧長を s とおく. 曲率ベクトル $\begin{pmatrix} \dfrac{d^2 x}{ds^2} \\ \dfrac{d^2 y}{ds^2} \end{pmatrix}$ は $\begin{pmatrix} 0 \\ 2a_2 \end{pmatrix}$, 曲率は $2|a_2|$ である (p.41).

円筒の側面上の任意の点に対して, その点を原点に, 円筒の回転軸と垂直な接線方向を x 軸に, 回転軸と平行な接線方向を y 軸に, 円筒の中心に向かう法線方向を z 軸に選ぶと, 円筒の式は $x^2 + (z-r)^2 = r^2$ となる (図 4.21). 原点 O の近くでは,

$$z = r - \sqrt{r^2 - x^2} = r - r\sqrt{1 - \frac{x^2}{r^2}}. \tag{1}$$

2 項定理の一般化 (p.40) により, $|t| < 1$ で,

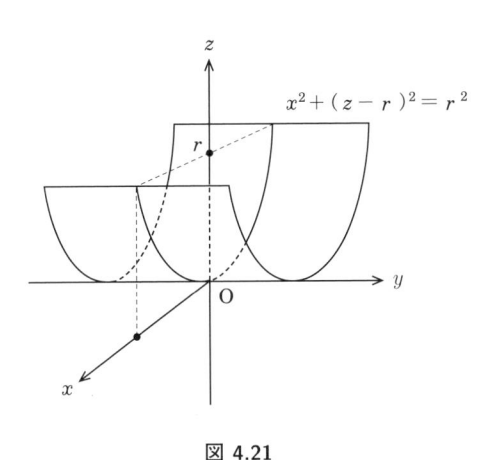

図 4.21

$$\sqrt{1+t} = (1+t)^{\frac{1}{2}} = 1 + \frac{1}{2}t + \frac{\frac{1}{2} \cdot \left(-\frac{1}{2}\right)}{2}t^2 + \cdots = 1 + \frac{t}{2} - \frac{t^2}{8} + \cdots.$$

t を $-\dfrac{x^2}{r^2}$ におきかえると,

$$\sqrt{1 - \frac{x^2}{r^2}} = 1 - \frac{x^2}{2r^2} - \frac{x^4}{8r^4} + \cdots.$$

よって,

$$(1) = r - r\left(1 - \frac{x^2}{2r^2} - \frac{x^4}{8r^4} - \cdots\right) = \frac{x^2}{2r} + \frac{x^4}{8r^3} + \cdots$$

と表される. xz 平面を z 軸で θ だけ回転して得られる平面

$$(x, y, z) = (t\cos\theta, t\sin\theta, z) \qquad (t, z \text{ は実数全体を動くパラメータ})$$

で切った切り口の式は,

$$z = \frac{(t\cos\theta)^2}{2r} + \frac{(t\cos\theta)^4}{8r^3} + \cdots = \frac{\cos^2\theta}{2r}t^2 + \frac{\cos^4\theta}{8r^3}t^4 + \cdots$$

t^2 の係数より, 切り口の曲率は $\dfrac{\cos^2\theta}{r}$ となる. この最大値は $\dfrac{1}{r}$, 最小値は 0.

ただし, 曲面 $z = f(x, y)$ の法線は $\begin{pmatrix} -f_x \\ -f_y \\ 1 \end{pmatrix}$ の向きを正の向きとした. 平面での切り口の曲線 $z = g(r)$ も同じ向きを法線の正の向きとした.

(答) 最大値 $\dfrac{1}{r}$, 最小値は 0.

問5 球面上の任意の点に対して, その点を原点に, 球面の接平面上に x 軸と y 軸を, 球面の中心に向かう法線方向を z 軸に選ぶと, 球面の式は $x^2 + y^2 + (z-r)^2 = r^2$ となる (図 4.22). 原点の近くでは,

$$z = r - \sqrt{r^2 - x^2 - y^2} = r - r\sqrt{1 - \frac{x^2 + y^2}{r^2}}$$
$$= r - r\left(1 - \frac{x^2 + y^2}{2r^2} - \frac{(x^2 + y^2)^2}{8r^4} - \cdots\right)$$
$$= \frac{x^2 + y^2}{2r} + \frac{(x^2 + y^2)^2}{8r^3} + \cdots$$

と表される. 平面

図 4.22

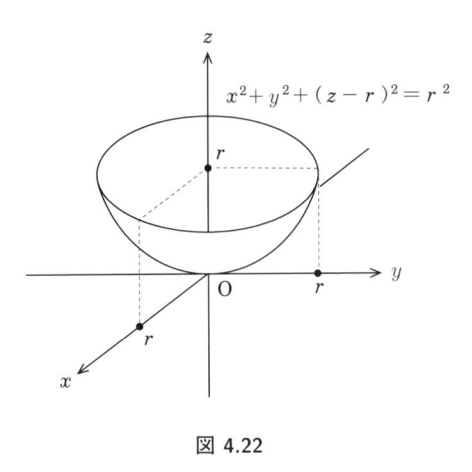

$$(x,y,z)=(t\cos\theta, t\sin\theta, z) \qquad (t, z \text{ は実数全体を動くパラメータ})$$

で切った切り口の式は，

$$z = \frac{(t\cos\theta)^2+(t\sin\theta)^2}{2r} + \frac{\{(t\cos\theta)^2+(t\sin\theta)^2\}^2}{8r^3} + \cdots$$
$$= \frac{t^2}{2r} + \frac{t^4}{8r^3} + \cdots.$$

切り口の曲率はつねに $\dfrac{1}{r}$ となるので，主曲率は二つとも $\dfrac{1}{r}$．

よって，ガウス曲率は，

$$\text{（答）} \quad \frac{1}{r^2}.$$

問 6 平均曲率は，

$$\text{（答）} \quad \frac{2}{r}.$$

問題 4.3

波動方程式

以下の偏微分方程式を考える．

$$\frac{1}{v^2}\cdot\frac{\partial^2 u}{\partial t^2} - \frac{\partial^2 u}{\partial x^2} = 0. \tag{1}$$

ここで，v は正の定数であり，$u(x,t)$ は $-\infty < t < +\infty$ および $-\infty < x < +\infty$

で定義された 2 変数関数である．以下の設問に答えよ．

(問1) 変数 $\xi=x+vt$ および $\eta=x-vt$ を用いて (1) 式を書き直せ．

(問2) (1) 式の一般解が，適当な関数 f と g を用いて

$$u(x,t)=f(x+vt)+g(x-vt)$$

と表せることを示せ．

(問3) 任意の時間 t に対して，(1) 式の解が $\left.\dfrac{\partial u(x,t)}{\partial x}\right|_{x\to\pm\infty}=0$ を満たしているとする．このとき，以下の積分 I が t に依存しないことを示せ．ただし，I は発散しないとする．

$$I=\frac{1}{2}\int_{-\infty}^{+\infty}\left\{\frac{1}{v^2}\left(\frac{\partial u}{\partial t}\right)^2+\left(\frac{\partial u}{\partial x}\right)^2\right\}dx.$$

(問4) $u(x,t)$ の初期条件として，$u(x,0)=u_0(x)$, $\left.\dfrac{\partial u(x,t)}{\partial t}\right|_{t=0}=u_1(x)$ が与えられているとする．このとき，問 2 の結果を利用して，解 $u(x,t)$ を u_0 と u_1 を用いて表せ．

(問5) $u_0(x)=0$ および $u_1(x)=\dfrac{v^2}{\pi}\cdot\dfrac{b}{(x-a)^2+b^2}$ なる初期条件のもとで，$t>0$ での解 $u(x,t)$ を求めよ．ここで，a と b は正の定数とする．

(問6) $b\to 0$ なる極限の場合に，問 5 で求めた解 $u(x,t)$ を図示せよ．

2010 年 東京大 理学系研究科 物理学専攻

解答 | 問1 $x=\dfrac{\xi+\eta}{2}$, $t=\dfrac{\xi-\eta}{2v}$ であるから連鎖律より，

$$\frac{\partial}{\partial\xi}=\frac{\partial x}{\partial\xi}\cdot\frac{\partial}{\partial x}+\frac{\partial t}{\partial\xi}\cdot\frac{\partial}{\partial t}=\frac{1}{2}\cdot\frac{\partial}{\partial x}+\frac{1}{2v}\cdot\frac{\partial}{\partial t},$$

$$\frac{\partial}{\partial\eta}=\frac{\partial x}{\partial\eta}\cdot\frac{\partial}{\partial x}+\frac{\partial t}{\partial\eta}\cdot\frac{\partial}{\partial t}=\frac{1}{2}\cdot\frac{\partial}{\partial x}-\frac{1}{2v}\cdot\frac{\partial}{\partial t}.$$

よって，$\dfrac{\partial}{\partial\eta}\cdot\dfrac{\partial}{\partial\xi}=\dfrac{1}{4}\cdot\dfrac{\partial^2}{\partial x^2}-\dfrac{1}{4v^2}\cdot\dfrac{\partial^2}{\partial t^2}$ であるから，(1) は次のようになる．

$$\text{(答)}\quad -4\frac{\partial^2 u}{\partial\eta\partial\xi}=0.$$

問2 問 1 より $\dfrac{\partial^2 u}{\partial\eta\partial\xi}=0$.

両辺を η で "偏" 積分すると，
$$\frac{\partial u}{\partial \xi} = h(\xi) \qquad (h(\xi) \text{ は連続な任意の } \xi \text{ の関数}).$$
さらに両辺を ξ で "偏" 積分すると，
$$u = f(\xi) + g(\eta).$$
ここで，$f(\xi)$ は $h(\xi)$ の原始関数，$g(\eta)$ は微分可能な任意の η の関数である．
よって，
$$\text{(答)} \quad u = f(x+vt) + g(x-vt).$$

問3 問 2 より $u(x,t) = f(x+vt) + g(x-vt)$ であるから，
$$\frac{\partial u}{\partial x} = f'(x+vt) + g'(x-vt), \qquad \frac{\partial u}{\partial t} = vf'(x+vt) - vg'(x-vt).$$
$$\frac{1}{v^2}\left(\frac{\partial u}{\partial t}\right)^2 + \left(\frac{\partial u}{\partial x}\right)^2 = \{f'(x+vt) - g'(x-vt)\}^2 + \{f'(x+vt) + g'(x-vt)\}^2$$
$$= 2\{f'(x+vt)\}^2 + 2\{g'(x-vt)\}^2.$$
よって，
$$I = \frac{1}{2}\int_{-\infty}^{+\infty}\left\{\frac{1}{v^2}\left(\frac{\partial u}{\partial t}\right)^2 + \left(\frac{\partial u}{\partial x}\right)^2\right\}dx = \int_{-\infty}^{+\infty}[\{f'(x+vt)\}^2 + 2\{g'(x-vt)\}^2]dx$$
$$= \int_{-\infty}^{+\infty}\{f'(x+vt)\}^2 dx + \int_{-\infty}^{+\infty}\{g'(x-vt)\}^2 dx.$$
$\xi = x+vt$, $\eta = x-vt$ と置換すると，
$$I = \int_{-\infty}^{+\infty}\{f'(\xi)\}^2 d\xi + \int_{-\infty}^{+\infty}\{g'(\eta)\}^2 d\eta.$$
これは，たしかに t によらずに一定である． (証明終わり)

問4 $u(x,0) = u_0(x)$ より $f(x) + g(x) = u_0(x)$. $\dfrac{\partial u}{\partial t}(x,0) = u_1(x)$ より
$$vf'(x) - vg'(x) = u_1(x).$$
両辺を v で割り，x で積分して，$f(x) - g(x) = \dfrac{1}{v}U_1(x)$.
ここで，$U_1(x)$ は $u_1(x)$ の原始関数．よって，

$$f(x) = \frac{1}{2}\left(u_0(x) + \frac{1}{v}U_1(x)\right), \quad g(x) = \frac{1}{2}\left(u_0(x) - \frac{1}{v}U_1(x)\right).$$

$$u(x,t) = f(x+vt) + g(x-vt)$$
$$= \frac{1}{2}\left(u_0(x+vt) + \frac{1}{v}U_1(x+vt)\right) + \frac{1}{2}\left(u_0(x-vt) - \frac{1}{v}U_1(x-vt)\right).$$

(答) $u(x,t) = \frac{1}{2}(u_0(x+vt) + u_0(x-vt)) + \frac{1}{2v}(U_1(x+vt) - U_1(x-vt))$,

ここで $U_1(x) = \int u_1(x)dx$.

問5 $U_1(x) = \dfrac{v^2}{\pi}\text{Arctan}\dfrac{x-a}{b} + C$ (C は積分定数) なので,問4の答えに代入して,

$$u(x,t) = 0 + \frac{1}{2v}\left\{\left(\frac{v^2}{\pi}\text{Arctan}\frac{(x+vt)-a}{b} + C\right) - \left(\frac{v^2}{\pi}\text{Arctan}\frac{(x-vt)-a}{b} + C\right)\right\}$$
$$= \frac{v}{2\pi}\left(\text{Arctan}\frac{(x+vt)-a}{b} - \text{Arctan}\frac{(x-vt)-a}{b}\right).$$

$$\lim_{b\to+0}\text{Arctan}\frac{y}{b} = \begin{cases} \dfrac{\pi}{2} & (y>0 \text{ のとき}) \\ 0 & (y=0 \text{ のとき}) \\ -\dfrac{\pi}{2} & (y<0 \text{ のとき}) \end{cases}$$

である.

よって,$(x+vt)-a$ と $(x-vt)-a$ の符号が同じときは,$\displaystyle\lim_{b\to+0}u(x,t) = 0$.

$(x+vt)-a \geqq 0$ かつ $(x-vt)-a \leqq 0$ で等号が不成立のときは,$\displaystyle\lim_{b\to+0}u(x,t) = \dfrac{v}{2}$.

上の二つのうち,どちらか一方のみの等号が成立するときは $\displaystyle\lim_{b\to+0}u(x,t) = \dfrac{v}{4}$.

$(x+vt)-a \leqq 0$ かつ $(x-vt)-a \geqq 0$ で等号が不成立のときは,$\displaystyle\lim_{b\to+0}u(x,t) = -\dfrac{v}{2}$.

上の二つのうち,どちらか一方のみの等号が成立するときは $\displaystyle\lim_{b\to+0}u(x,t) = -\dfrac{v}{4}$.

両方とも等号が成立するときは $\displaystyle\lim_{b\to+0}u(x,t) = 0$.

(答)

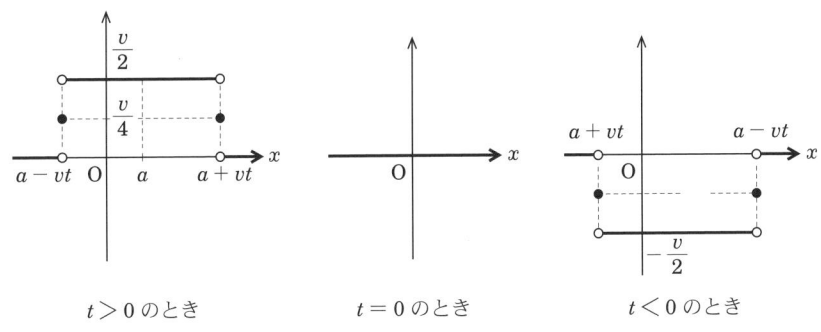

$t > 0$ のとき　　　　$t = 0$ のとき　　　　$t < 0$ のとき

解説 ｜ $f(x)$ において x が t の関数なら，

$$\frac{df}{dt} = \frac{df}{dx} \cdot \frac{dx}{dt}$$

が成り立つ (p.117)．これを合成関数の微分の公式というのであった．

f が 2 変数の場合は，次が成り立つ．$f(x,y)$ において x,y が t の関数なら，

$$\frac{df}{dt} = \frac{\partial f}{\partial x} \cdot \frac{dx}{dt} + \frac{\partial f}{\partial y} \cdot \frac{dy}{dt}$$

が成り立つ．右辺を"約分"すると，左辺の 2 倍になりそうな気がするが，これで正しい．

たとえば，$f(x,y) = \sin x + \cos y$ に $x = 2t, y = 3t$ を代入した $f(2t, 3t) = \sin 2t + \cos 3t$ を t で微分すると，

$$\frac{df}{dt} = (\cos 2t)2 + (-\sin 3t)3 = (\cos x)(2t)' + (-\sin y)(3t)'$$
$$= \frac{\partial}{\partial x}(\sin x + \cos y)\frac{d}{dt}(2t) + \frac{\partial}{\partial y}(\sin x + \cos y)\frac{d}{dt}(3t)$$

となる．こうした例を見ると，第 1 項だけ，あるいは，第 2 項だけでは足りないことがわかる．

x,y も 2 変数の場合は，次が成り立つ．$f(x,y)$ において x,y が s,t の関数なら，

$$\frac{\partial f}{\partial s} = \frac{\partial f}{\partial x} \cdot \frac{\partial x}{\partial s} + \frac{\partial f}{\partial y} \cdot \frac{\partial y}{\partial s}, \quad \frac{\partial f}{\partial t} = \frac{\partial f}{\partial x} \cdot \frac{\partial x}{\partial t} + \frac{\partial f}{\partial y} \cdot \frac{\partial y}{\partial t}.$$

が成り立つ．行列で表すと，

$$\begin{pmatrix} f_s \\ f_t \end{pmatrix} = \begin{pmatrix} x_s & y_s \\ x_t & y_t \end{pmatrix} \begin{pmatrix} f_x \\ f_y \end{pmatrix}$$

となる. $\begin{pmatrix} x_s & y_s \\ x_t & y_c \end{pmatrix}$ の縦と横を入れかえた $\begin{pmatrix} x_s & x_t \\ y_s & y_t \end{pmatrix}$ を写像 $(s,t) \mapsto (x,y)$ のヤコビ行列, その行列式 $\det \begin{pmatrix} x_s & x_t \\ y_s & y_t \end{pmatrix} = x_s y_t - y_s x_t$ をヤコビアンという. 変数がもっと多い場合も同様である.

多変数の場合の合成関数の微分の公式を**連鎖律** (chain rule) と呼ぶことがある.

(発展) 2 階の偏微分方程式

$\dfrac{\partial^2 u}{\partial x^2} + \dfrac{\partial^2 u}{\partial y^2} = 0$ を 2 変数の**ラプラス方程式**, その解を**調和関数**という. 正則関数 (複素微分可能な関数) の実部や虚部は調和関数になる.

たとえば,

$$e^z = e^{x+yi} = e^x e^{yi} = e^x(\cos y + i \sin y)$$

の実部 $e^x \cos y$ や虚部 $e^x \sin y$ は調和関数である. また, $\log z = \log|z| + i \arg(z) = \log\sqrt{x^2+y^2} + i\left(\operatorname{Arctan}\dfrac{y}{x} + n\pi\right)$ の実部 $\log\sqrt{x^2+y^2}$ や虚部 $\operatorname{Arctan}\dfrac{y}{x} + n\pi$ は調和関数である.

$\dfrac{\partial u}{\partial t} = a \dfrac{\partial^2 u}{\partial x^2}$ を 1 次元の**熱方程式**という. $e^{-an^2 t}\sin nx$ やこの一次結合 $\displaystyle\sum_{n=0}^{\infty} c_n \times e^{-an^2 t}\sin nx$ が解になる.

本問に登場した $\dfrac{\partial^2 u}{\partial t^2} = b^2 \dfrac{\partial^2 u}{\partial x^2}$ を 1 次元の**波動方程式**という.

類題 4.3

ヤコビ行列式

(x,y) の平面上の領域 $D = \{(x,y) \mid 0 < x < 1, 0 < y < 1\}$ から, (u,v) 平面への写像が次の関数によって与えられている.

$$u = \sqrt{-2\log x}\cos 2\pi y, \quad v = \sqrt{-2\log x}\sin 2\pi y$$

(x,y) から (u,v) への変数変換のヤコビ行列式を u と v を用いて求めよ.

2011 年 東京大 総合文化研究科 広域科学専攻

解答

$$u_x = \frac{-\cos 2\pi y}{x\sqrt{-2\log x}}, \quad u_y = \sqrt{-2\log x}(-2\pi \sin 2\pi y),$$

$$v_x = \frac{-\sin 2\pi y}{x\sqrt{-2\log x}}, \quad v_y = \sqrt{-2\log x}(2\pi \cos 2\pi y)$$

である．よって，ヤコビ行列式

$$u_x v_y - u_y v_x = \frac{2\pi}{x}(-\cos^2 2\pi x - \sin^2 2\pi x) = -\frac{2\pi}{x}.$$

$u^2 + v^2 = -2\log x$ となるので

$$x = e^{-\frac{1}{2}(u^2+v^2)}.$$

よって，

(答)　$-2\pi e^{\frac{1}{2}(u^2+v^2)}$

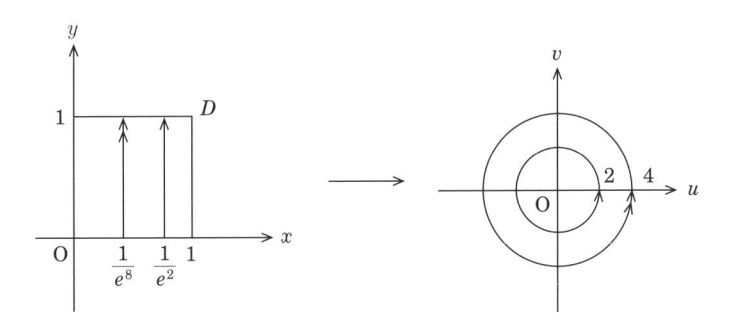

図 4.23

問題 4.4

全微分可能性

連続関数 $f : \mathbb{R}^2 \to \mathbb{R}$ において $f_x = \dfrac{\partial f}{\partial x}$ と $f_y = \dfrac{\partial f}{\partial y}$ が存在すると仮定する．(x_0, y_0) を $\mathbb{R}^2$ の任意の 1 点とする．

(**問 1**) $g(x) = f(x, y_0) - f(x_0, y_0) - f_x(x_0, y_0)(x - x_0)$ とおく．
$\displaystyle \lim_{x \to x_0} \frac{|g(x)|}{|x - x_0|} = 0$ が成り立つことを示しなさい．

(問2) $h(x,y)=f(x,y)-f(x_0,y_0)-f_x(x_0,y_0)(x-x_0)-f_y(x_0,y_0)(y-y_0)$ とおく．
$$\lim_{(x,y)\to(x_0,y_0)}\frac{|h(x,y)|}{\sqrt{(x-x_0)^2+(y-y_0)^2}}=0$$ が成り立たない例を作りなさい．

解答 | **問1** 偏微分の定義
$$f_x(x_0,y_0)=\lim_{x\to x_0}\frac{f(x,y_0)-f(x_0,y_0)}{x-x_0}$$
より
$$\lim_{x\to x_0}\frac{f(x,y_0)-f(x_0,y_0)-f_x(x_0,y_0)(x-x_0)}{x-x_0}$$
の値は 0 となる．両辺の絶対値を取ると，絶対値関数の連続性から，与式を得る．
(証明終わり)

問2 $f(x,y)$ を $(x,y)=(x_0,y_0)$ のとき 0, $(x,y)\neq(x_0,y_0)$ のとき
$$\frac{2(x-x_0)(y-y_0)}{\sqrt{(x-x_0)^2+(y-y_0)^2}}$$
で定める．この関数は $(x,y)\neq(x_0,y_0)$ で何回でも微分できる．特に $(x,y)\neq(x_0,y_0)$ で連続である．
$$\begin{cases}x-x_0=r\cos\theta\\ y-y_0=r\sin\theta\end{cases}$$ とおくと，$f(x,y)=r\sin 2\theta$ なので，$f(x,y)$ は $(x,y)=(x_0,y_0)$ でも連続である．

$x\neq x_0$ のときも，$x=x_0$ のときも，$f(x,y_0)=0$ であることを用いると，偏微分の定義式より
$$f_x(x_0,y_0)=\lim_{x\to x_0}\frac{f(x,y_0)-f(x_0,y_0)}{x-x_0}$$
$$=\lim_{x\to x_0}\frac{0-0}{x-x_0}=0$$
を得る．同様にして，$f_y(x_0,y_0)=0$ を得る．よって，$h(x,y)=f(x,y)$ となり，与式は，
$$\lim_{(x,y)\to(x_0,y_0)}\frac{|2(x-x_0)(y-y_0)|}{(x-x_0)^2+(y-y_0)^2} \tag{1}$$
となる．

$(a,b) \neq (0,0)$ とし，(x,y) が直線 $(x,y)=(x_0+at, y_0+bt)$ に沿って (x_0,y_0) に近づくとすると，

$$(1) = \lim_{t \to 0} \frac{|2(at)(bt)|}{(at)^2+(bt)^2} = \frac{2|ab|}{a^2+b^2}$$

となる．(x_0,y_0) への近づき方によって，極限値が異なるので，(1) は存在しない．

解説 | 1 変数関数 $f(x)$ の場合，一般に $x=x_0$ で

「連続 $\Longrightarrow$ 微分可能」だが，「連続 $\Longleftarrow$ 微分可能」

は成り立つ．しかし，2 変数関数の場合は，どちら向きも不成立である．つまり，$f(x,y)$ の場合，一般に $(x,y)=(x_0,y_0)$ で，

「連続 $\Longrightarrow\!\!\!\!\!/\;\;$ 偏微分可能」かつ「連続 $\Longleftarrow\!\!\!\!\!/\;\;$ 偏微分可能」

となる．後者の例として，$f(x,y)$ を $(x,y)=(x_0,y_0)$ のとき 0，$(x,y) \neq (x_0,y_0)$ のとき

$$\frac{2(x-x_0)(y-y_0)}{(x-x_0)^2+(y-y_0)^2}$$

で定める．この関数は，$f_x(x_0,y_0)$, $f_y(x_0,y_0)$ の両方が存在して 0 となるが，(x_0,y_0) で不連続である．

問 2 の極限

$$\lim_{(x,y) \to (x_0,y_0)} \frac{f(x,y)-f(x_0,y_0)-f_x(x_0,y_0)(x-x_0)-f_y(x_0,y_0)(y-y_0)}{\sqrt{(x-x_0)^2+(y-y_0)^2}}$$

が 0 になるとき，$f(x,y)$ は (x_0,y_0) で全微分可能であるという．偏微分を全微分

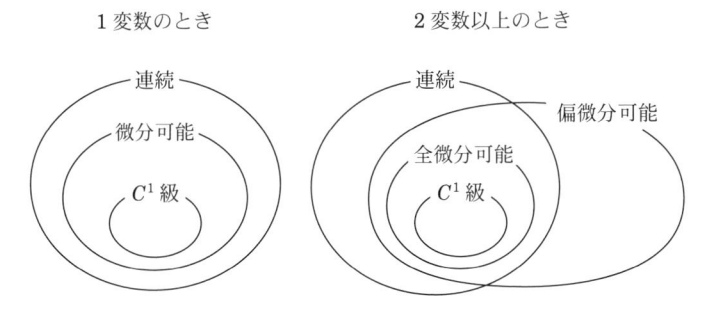

1 変数のとき　　　　　　　2 変数以上のとき

（連続 ⊃ 微分可能 ⊃ C^1 級）　　（連続 ⊃ 偏微分可能，連続 ⊃ 全微分可能 ⊃ C^1 級）

図 4.24

に変更すると，2変数関数でも，1変数と同様のことが成り立つ．つまり，$f(x,y)$ の場合，一般に $(x,y)=(x_0,y_0)$ で，

$$\text{「連続} \Longrightarrow \text{全微分可能」だが，「連続} \Longleftarrow \text{全微分可能」}$$

は成り立つ．

問2にあるように，「連続かつ偏微分可能 $\Longrightarrow$ 全微分可能」だが，「連続かつ偏微分可能 $\Longleftarrow$ 全微分可能」は成り立つ．

(発展)　全微分可能と C^1 級

　f_x と f_y が存在して $(x,y)=(x_0,y_0)$ で連続のとき，$f(x,y)$ は $(x,y)=(x_0,y_0)$ で C^1 級であるという．$f(x,y)$ の場合，一般に (x_0,y_0) で，

$$\text{「全微分可能} \Longrightarrow C^1 \text{ 級」} \tag{2}$$

だが，

$$\text{「全微分可能} \Longleftarrow C^1 \text{ 級」} \tag{3}$$

は成り立つ．

　(2) の例として，$f(0,0)=0,\ (x,y)\neq(0,0)$ で $f(x,y)=(x^2+y^2)\sin\dfrac{1}{\sqrt{x^2+y^2}}$ と定めると，偏微分係数の定義から $f_x(0,0)=0,\ f_y(0,0)=0$ であり，$f(x,y)$ は原点で全微分可能となる．しかし，$(x,y)\neq(0,0)$ で

$$f_x(x,y) = 2x\sin\frac{1}{\sqrt{x^2+y^2}} - \frac{x}{\sqrt{x^2+y^2}}\cos\frac{1}{\sqrt{x^2+y^2}},$$

$$f_y(x,y) = 2y\sin\frac{1}{\sqrt{x^2+y^2}} - \frac{y}{\sqrt{x^2+y^2}}\cos\frac{1}{\sqrt{x^2+y^2}}$$

となり，$\displaystyle\lim_{(x,y)\to(0,0)}f_x(x,y)$ は振動してしまい $f_x(0,0)=0$ に収束しない．$f_y(x,y)$ も同様であり，$f(x,y)$ は $(x,y)=(0,0)$ で C^1 級にならない．

　(3) の証明は，平均値の定理を x 方向と y 方向に2回使うだけで簡単にできる．

第5章 重積分法

基礎のまとめ
1 重積分の幾何的意味

xyz 空間において，$z=f(x,y)$ は曲面を表す．この曲面と xy 平面の間の部分において，xy 平面上の領域 D の上（下）の部分の符号付き体積 V が重積分 $\iint_D f(x,y)dxdy$ の表すものである（図 5.1）．

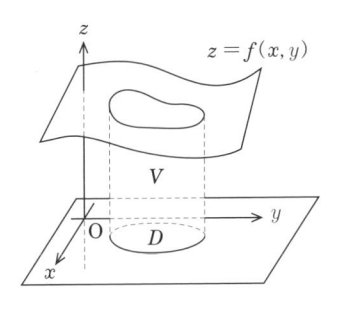

図 5.1

特に h が定数のとき $\iint_D h\,dxdy$ は，底面 D，高さ h の柱の体積なので，(D の面積)$\times h$ に等しい．

2 重積分の計算法

D で定義された関数 $f(x,y)$ が連続なら，重積分

$$I = \iint_D f(x,y)dxdy$$

が存在する．I は次のように累次積分で計算することができる．

(i) xy 平面上の領域 D が，$a \leqq x \leqq b$, $g(x) \leqq y \leqq h(x)$ のとき，

$$I = \int_a^b \left(\int_{g(x)}^{h(x)} f(x,y) dy \right) dx.$$

(ii) xy 平面上の領域 D が，$a \leq y \leq b$, $g(y) \leq x \leq h(y)$ のとき，

$$I = \int_a^b \left(\int_{g(y)}^{h(y)} f(x,y) dx \right) dy.$$

$f(x,y)$ が不連続だと (i) と (ii) の値がずれることがある (p.198)．

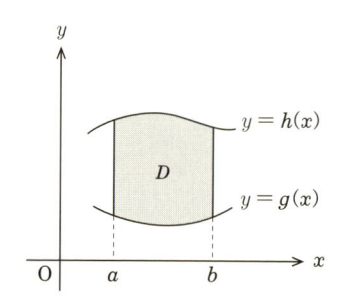

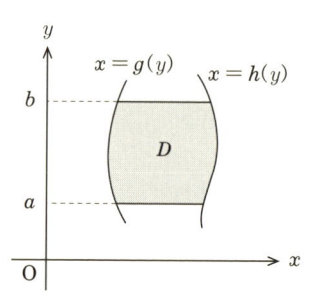

図 5.2

D が (i), (ii) の 2 通りの方法で表されるとき，一方の計算が，もう一方の計算より極端に難しくなることがあるので，(i),(ii) のどちらにするかの選択眼が必要になる．

3 重積分の変数変換

(i) 一次変換の場合

a, b, c, d を定数とし $ad - bc \neq 0$ とする．$(x,y) = (at+bu, ct+du)$ と変換する．(x,y) の動く範囲が D のとき，(t,u) が動く範囲を E とおく．このとき，

$$\iint_D f(x,y) dx dy = \iint_E f(at+bu, ct+du) |ad-bc| dt du$$

となる．

(ii) 極座標の場合

$(x,y) = (r\cos\theta, r\sin\theta)$ と変換する．(x,y) の動く範囲が D のとき，(r,θ) が動く範囲を E とおく．このとき，

$$\iint_D f(x,y) dx dy = \iint_E f(r\cos\theta, r\sin\theta) r dr d\theta$$

となる．$drd\theta$ の前に r が付くので注意せよ (図 5.3)．

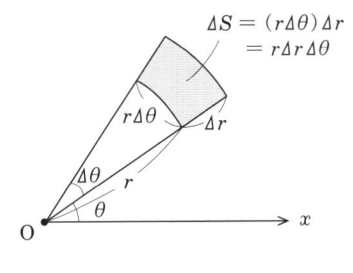

図 5.3　極座標

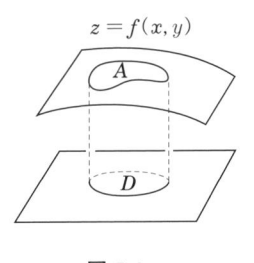

図 5.4

(iii)　一般の場合

$(x,y)=(g(t,u),h(t,u))$ と変換する．(x,y) の動く範囲を D とする．$\dfrac{\partial g}{\partial t}=g_t$ などとおき，D で $\det\begin{pmatrix}g_t & g_u \\ h_t & h_u\end{pmatrix}=g_t h_u - g_u h_t \neq 0$ とする．(t,u) が動く範囲を E とおく．このとき，

$$\iint_D f(x,y)dxdy = \iint_E f(g(t,u),h(t,u))|g_t h_u - g_u h_t|dtdu$$

となる．

4　曲面積

陽関数で表される場合

xyz 空間において，曲面 $z=f(x,y)$ のうち，xy 平面上の領域 D の上（下）の部分の面積 A は重積分 $\iint_D \sqrt{1+f_x{}^2+f_y{}^2}dxdy$ で表される（図 5.4）．

パラメータ表示される場合

$(t,u)\in D$ とする．曲面 $S:\begin{pmatrix}x(t,u)\\y(t,u)\\z(t,u)\end{pmatrix}$ の面積 A は，接ベクトル $\begin{pmatrix}x_t\\y_t\\z_t\end{pmatrix}$ と $\begin{pmatrix}x_u\\y_u\\z_u\end{pmatrix}$ の外積

$$\vec{n}=\begin{pmatrix}x_t\\y_t\\z_t\end{pmatrix}\times\begin{pmatrix}x_u\\y_u\\z_u\end{pmatrix}=\begin{pmatrix}y_t z_u - z_t y_u\\z_t x_u - x_t z_u\\x_t y_u - y_t x_u\end{pmatrix}$$

を用いて，$A=\iint_D |\vec{n}|dtdu$ で計算できる（図 5.5）．

5　3重積分の幾何的意味

$xyzw$ 空間において，$w=f(x,y,z)$ は3次元の超曲面を表す．この超曲面と xyz 空間の間の部分において，xyz 平面上の領域 K の上（下）の部分の符号付

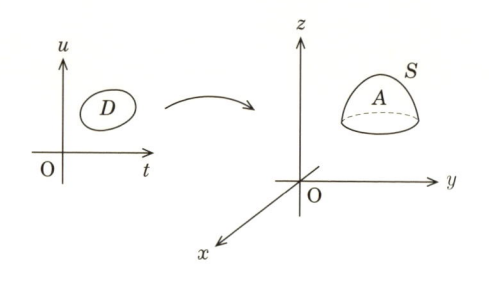

図 5.5

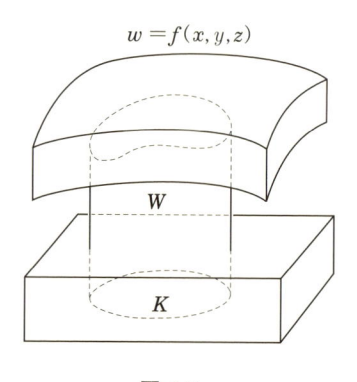

図 5.6

き 4 次元体積 W が 3 重積分 $\iiint_K f(x,y,z)dxdydz$ の表すものである (図 5.6).

特に h が定数のとき $\iiint_K h\,dxdy$ は，底 "立体" K，高さ h の柱の 4 次元体積なので，$(K$ の体積$)\times h$ に等しい．

6　3 重積分の計算法

D で定義された関数 $f(x,y,z)$ が連続なら，3 重積分 $I=\iiint_K f(x,y,z)dxdydz$ が存在する．I は次のように累次積分で計算することができる．

xyz 空間上の領域 K が，

$$a \leqq x \leqq b, \quad g_1(x) \leqq y \leqq g_2(x), \quad h_1(x,y) \leqq z \leqq h_2(x,y)$$

と表せるとき (図 5.7)，

$$I = \int_a^b \left\{ \int_{g_1(x)}^{g_2(x)} \left(\int_{h_1(x,y)}^{h_2(x,y)} f(x,y,z)dz \right) dy \right\} dx.$$

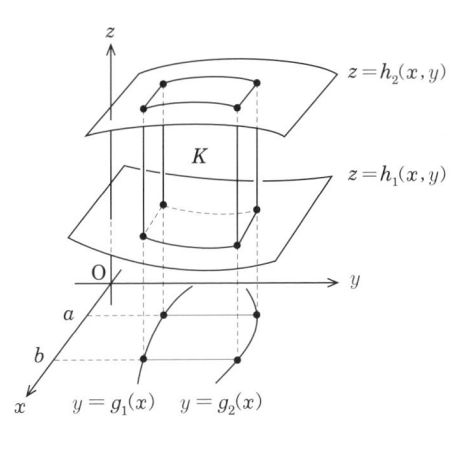

図 5.7

x,y,z が入れ替わった場合も同様. 計算が易しくなるように, 積分の順番をうまく選ぶとよい. $f(x,y,z)$ が連続ならどの順番で積分しても値は等しいが, 不連続関数だと, 異なることがある.

7　3 重積分の変数変換

(i)　円柱座標の場合

$(x,y,z)=(r\cos\theta, r\sin\theta, z)$ と変換する. (x,y,z) の動く範囲が K のとき, (r,θ,z) が動く範囲を L とおく. このとき, 次式が成り立つ. $drd\theta dz$ の前に r が付くので注意.

$$\iiint_K f(x,y,z)dxdydz = \iiint_L f(r\cos\theta, r\sin\theta, z) r\, drd\theta dz.$$

(ii)　球面座標の場合

$(x,y,z)=(r\sin\theta\cos\varphi, r\sin\theta\sin\varphi, r\cos\theta)$ と変換する. (x,y,z) の動く範囲が K のとき, (r,θ,φ) が動く範囲を L とおく. このとき, 次式が成り立つ. $drd\theta d\varphi$ の前に $r^2\sin\theta$ が付くので注意 (図 5.8).

$$\iiint_K f(x,y,z)dxdydz = \iiint_L f(r\sin\theta\cos\varphi, r\sin\theta\sin\varphi, r\cos\theta) r^2\sin\theta\, drd\theta d\varphi.$$

8　3 次元の曲面積

3 次元超曲面 $w=f(x,y,z)$ で, xyz 空間の領域 K に対応する部分の 3 次元曲面積 B は,

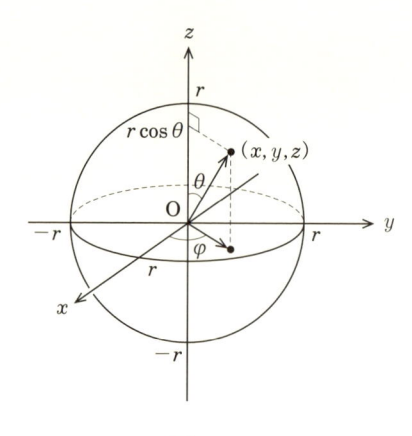

図 5.8

$$B = \iiint_K \sqrt{1 + \left(\frac{\partial f}{\partial x}\right)^2 + \left(\frac{\partial f}{\partial y}\right)^2 + \left(\frac{\partial f}{\partial z}\right)^2} \, dxdydz$$

で表される.

9 線積分

平面曲線 $C:(x,y)=(x(t),y(t))\ (a\leqq t\leqq b)$ 上の線積分

$$I = \iint_C f(x,y)dx + g(x,y)dy$$

は,

$$I = \int_a^b \left(f(x,y)\frac{dx}{dt} + g(x,y)\frac{dy}{dt} \right) dt$$

で計算される.

空間曲線 $C:(x,y,z)=(x(t),y(t),z(t))\ (a\leqq t\leqq b)$ 上の線積分

$$I = \iint_C f(x,y,z)dx + g(x,y,z)dy + h(x,y,z)dz$$

は,

$$I = \int_a^b \left(f(x,y,z)\frac{dx}{dt} + g(x,y,z)\frac{dy}{dt} + h(x,y,z)\frac{dz}{dt} \right) dt$$

で計算される.

10　グリーンの定理

単純閉曲線上を反時計回りに一周する積分路 C が $a \leqq t \leqq b$, $(x,y)=(x(t),y(t))$ で表されるとする. C で囲まれた部分を D とおく. このとき

$$\int_C f(x,y)dx+g(x,y)dy = \iint_D \left(-\frac{\partial f}{\partial y}+\frac{\partial g}{\partial x}\right)dxdy$$

が成り立つ (図 5.9).

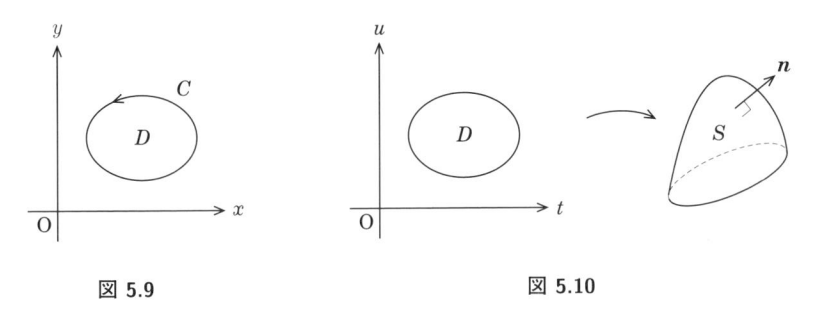

図 5.9

図 5.10

11　面積分

曲面 $S:(x,y,z)=(x(t,u),y(t,u),z(t,u))$ $((t,u)\in D)$ 上の面積分

$$I = \iint_S f(x,y,z)dydz+g(x,y,z)dzdx+h(x,y,z)dxdy$$

は，曲面 S の法線ベクトル

$$\vec{n} = \begin{pmatrix} x_t \\ y_t \\ z_t \end{pmatrix} \times \begin{pmatrix} x_u \\ y_u \\ z_u \end{pmatrix} = \begin{pmatrix} y_t z_u - z_t y_u \\ z_t x_u - x_t z_u \\ x_t y_u - y_t x_u \end{pmatrix}$$

が外向きなら，

$$I = \iint_D \begin{pmatrix} f(x,y,z) \\ g(x,y,z) \\ h(x,y,z) \end{pmatrix} \cdot \vec{n}\, dtdu$$

$$= \iint_D \{f(x,y,z)(y_t z_u - z_t y_u) + g(x,y,z)(z_t x_u - x_t z_u)$$

$$+ h(x,y,z)(x_t y_u - y_t x_u)\}dtdu$$

で計算される (図 5.10).

12　ガウスの発散定理

立体 K の表面を S とおく (図 5.11).

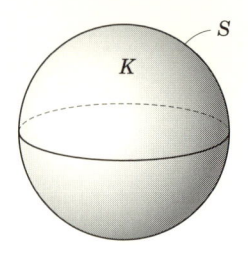

図 5.11

$$\iint_S p(x,y,z)dydz + q(x,y,z)dzdx + r(x,y,z)dxdy$$
$$= \iiint_K \left(\frac{\partial p}{\partial x} + \frac{\partial q}{\partial y} + \frac{\partial r}{\partial z}\right)dxdydz$$

が成り立つ．

13　ストークスの定理

xyz 空間内の境界のある曲面 S の境界を C とおく (図 5.12).

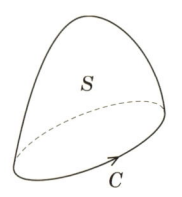

図 5.12

$$\int_C p(x,y,z)dx + q(x,y,z)dy + r(x,y,z)dz$$
$$= \iint_S \left(\frac{\partial r}{\partial y} - \frac{\partial q}{\partial z}\right)dydz + \left(\frac{\partial p}{\partial z} - \frac{\partial r}{\partial x}\right)dzdx + \left(\frac{\partial q}{\partial x} - \frac{\partial p}{\partial y}\right)dxdy$$

が成り立つ．

問題と解答・解説

問題 5.1

多重積分とヴァンデルモンドの行列式

n を自然数として,次のような積分

$$I_n = \int_{-1}^1 \cdots \left[\int_{-1}^1 \left\{ \int_{-1}^1 \prod_{1 \leq i < j \leq n} (x_i - x_j)^2 dx_1 \right\} dx_2 \cdots \right] dx_n$$

の性質をヴァンデルモンド行列式の公式

$$\Delta(x_1, x_2, \cdots, x_n)$$
$$= \det \begin{pmatrix} 1 & 1 & 1 & \cdots & 1 & 1 \\ x_1 & x_2 & x_3 & \cdots & x_{n-1} & x_n \\ x_1^2 & x_2^2 & x_3^2 & \cdots & x_{n-1}^2 & x_n^2 \\ \vdots & \vdots & \vdots & \ddots & \vdots & \vdots \\ x_1^{n-1} & x_2^{n-1} & x_3^{n-1} & \cdots & x_{n-1}^{n-1} & x_n^{n-1} \end{pmatrix} = \prod_{1 \leq i < j \leq n} (x_j - x_i)$$

を用いて調べる.以下の問いに答えよ.

(問1) ルジャンドル多項式 $P_n(x)$ は,$P_n(x) = \dfrac{1}{2^n n!} \cdot \dfrac{d^n}{dx^n}(x^2 - 1)^n$ で定義される.$P_n(x)$ の x^n の係数 c_n を求めよ.

(問2) $\widehat{P}(x)$ を $\widehat{P}(x) = \dfrac{1}{c_n} P_n(x)$ として,

$$\widetilde{\Delta}(x_1, x_2, \cdots, x_n) = \det \begin{pmatrix} \widehat{P_0}(x_1) & \widehat{P_0}(x_2) & \widehat{P_0}(x_3) & \cdots & \widehat{P_0}(x_n) \\ \widehat{P_1}(x_1) & \widehat{P_1}(x_2) & \widehat{P_1}(x_3) & \cdots & \widehat{P_1}(x_n) \\ \vdots & \vdots & \vdots & \ddots & \vdots \\ \widehat{P_{n-1}}(x_1) & \widehat{P_{n-1}}(x_2) & \widehat{P_{n-1}}(x_3) & \cdots & \widehat{P_{n-1}}(x_n) \end{pmatrix}$$

と定義する.$\widetilde{\Delta}(x_1, x_2, \cdots, x_n) = \Delta(x_1, x_2, \cdots, x_n)$ を示せ.

(問3) ルジャンドル多項式は,$\displaystyle\int_{-1}^1 P_n(x) P_m(x) dx = \dfrac{2}{2n+1} \delta_{n,m}$ という関係式を満たすことが知られている.これを用いて I_2 と I_3 を求めよ.

(問4) $\dfrac{I_{n+1}}{I_n}$ を n を用いて表せ.

(問5) n が大きいときには,γ を正の定数として,$\log I_n = -\gamma n^2$ のように近似できる.スターリングの公式 $\displaystyle\lim_{n \to \infty} \dfrac{n!}{n^n e^{-n} \sqrt{2\pi n}} = 1$ を用いて,

$$\gamma = \lim_{n\to\infty} \frac{1}{2n} \log \frac{I_n}{I_{n+1}}$$

を求めよ．

2012 年 東京大 総合文化研究科 広域科学専攻 (改題)

解答 | 問 1　$(x^2-1)^n$ の最高次の係数 x^{2n} を n 回微分すると，$\dfrac{(2n)!}{n!}x^n$ になる．よって，

$$\text{(答)}\quad c_n = \frac{(2n)!}{2^n n! n!} = \frac{(2n)!}{2^n (n!)^2}.$$

問 2　左辺の $\widetilde{\Delta}$ を定義する行列の第 1 行は $(1,1,1,\cdots,1)$ である．これを適当に定数倍して，第 2 行〜第 n 行から引くと，第 2 行〜第 n 行の定数項は 0 にできる．

特に，左辺の行列の第 2 行は $(x_1, x_2, x_3, \cdots, x_n)$ になる．これを適当に定数倍して，第 3 行〜第 n 行から引くと，第 3 行〜第 n 行の 1 次の項は 0 にできる．

特に，左辺の行列の第 3 行は $(x_1{}^2, x_2{}^2, x_3{}^2, \cdots, x_n{}^2)$ になる．これを繰り返していくと，右辺の Δ を定義する行列になる．ある行に別の行の定数倍を足したり引いたりしても行列式は変わらないので，$\widetilde{\Delta} = \Delta$.　　　　(証明終わり)

問 3

$$I_2 = \int_{-1}^{1}\left(\int_{-1}^{1} \Delta^2 dx_1\right) dx_2 = \int_{-1}^{1}\left(\int_{-1}^{1} \widetilde{\Delta}^2 dx_1\right) dx_2$$

$$= \int_{-1}^{1}\left[\int_{-1}^{1}\{\widehat{P_0}(x_1)\widehat{P_1}(x_2) - \widehat{P_0}(x_2)\widehat{P_1}(x_1)\}^2 dx_1\right] dx_2. \tag{1}$$

$n \neq m$ のとき，$\int_{-1}^{1} \widehat{P_n}(x)\widehat{P_m}(x) dx = 0$ なので，$\widehat{P_0}(x_1)\widehat{P_1}(x_1)$ の積分などは 0 になる．よって，

$$(1) = \int_{-1}^{1}\left[\int_{-1}^{1}\{\widehat{P_0}(x_1)^2 \widehat{P_1}(x_2)^2 + \widehat{P_0}(x_2)^2 \widehat{P_1}(x_1)^2\}^2 dx_1\right] dx_2$$

$$= 2! \int_{-1}^{1} \widehat{P_0}(x)^2 dx \times \int_{-1}^{1} \widehat{P_1}(x)^2 dx. \tag{2}$$

$n = m$ のとき，

$$\int_{-1}^{1} \widehat{P}_n(x)\widehat{P}_m(x)dx = \frac{2}{(2n+1)c_n{}^2} = \frac{2^{2n+1}(n!)^4}{(2n+1)!(2n)!}$$

なので，(2) は，

$$2!\frac{2}{1} \times \frac{2^3}{(3!)(2!)} = \frac{8}{3}.$$

(答)　$I_2 = \dfrac{8}{3}$

$I_3 = \displaystyle\int_{-1}^{1}\left\{\int_{-1}^{1}\left(\int_{-1}^{1}\Delta^2 dx_1\right)dx_2\right\}dx_3$ も同様に変形して，

$$3!\int_{-1}^{1}\widehat{P}_0(x)^2 dx \times \int_{-1}^{1}\widehat{P}_1(x)^2 dx \times \int_{-1}^{1}\widehat{P}_2(x)^2 dx$$

$$= 3!\frac{2}{1} \times \frac{2^3}{(3!)(2!)} \times \frac{2^5(2!)^4}{(5!)(4!)} = \frac{64}{45}.$$

(答)　$\dfrac{64}{45}$.

問 4　問 3 と同様にして，$I_n = n!\displaystyle\prod_{k=1}^{n}\frac{2^{2k+1}(k!)^4}{(2k+1)!(2k)!}$ を得る．よって，

(答)　$\dfrac{I_{n+1}}{I_n} = \dfrac{2^{2n+3}\{(n+1)!\}^4}{(2n+3)!(2n+2)!} = \dfrac{2^{2n+3}\{(n+1)!\}^4}{(2n+3)\{(2n+2)!\}^2}.$

問 5　問 4 より，

$$\gamma = \lim_{n\to\infty}\frac{1}{2n}\log\frac{I_n}{I_{n+1}} = \lim_{n\to\infty}\frac{1}{2n}\log\frac{(2n+3)\{(2n+2)!\}^2}{2^{2n+3}\{(n+1)!\}^4}.$$

スターリングの公式より，

$$\lim_{n\to\infty}\frac{1}{2n}\log\frac{(2n+3)\{(2n+2)^{2n+2}e^{-(2n+2)}\sqrt{2\pi(2n+2)}\}^2}{2^{2n+3}\{(n+1)^{n+1}e^{-(n+1)}\sqrt{2\pi(n+1)}\}^4}$$

$$= \lim_{n\to\infty}\frac{1}{2n}\log\frac{(2n+3)\cdot 2^{4n+4}2\pi(2n+2)}{2^{2n+3}(2\pi)^2(n+1)^2}$$

$$= \lim_{n\to\infty}\frac{1}{2n}\log\frac{(2n+3)\cdot 2^{2n+1}\cdot 2}{2\pi(n+1)}$$

$$= \lim_{n\to\infty} \frac{1}{2n}\left\{\log(2^{2n})+\log\frac{2(2n+3)}{\pi(n+1)}\right\}=\log 2.$$

(答)　$\log 2.$

解説 ｜ 行列 A の行列式 $\det A$ には，次の性質がある．

(i)　ある行に，別の行の定数倍や関数倍を足しても不変．

(ii)　ある行から，定数や関数をくくり出すことができる．

(iii)　ある行と別の行を入れ替えると -1 倍になる．

上の三つの性質の「行」を「列」に入れ替えたものも成り立つ．

(iii) の性質から，特に，ある行と別の行が同じなら $\det A=0$ となる．ある列と別の列が同じ場合も $\det A=0$ となる．

(発展)　**行列式の微分**

n 次正方行列 A の各行が x の関数であるとする．A の k 行目の成分を x で微分して得られる行列を A_k $(k=1,2,3,\cdots,n)$ とする．このとき，

$$\frac{d}{dx}(\det A)=\det A_1+\det A_2+\cdots+\det A_n$$

が成り立つ．

A_k を，A の k 列目の成分を x で微分して得られる行列であるとしても上の式は成立する．

問題 5.2

球面の面積

xyz 空間内にある，原点 O を中心とする単位球面の，上側の半球面を H とする．

$$H=\{(x,y,z)\mid x^2+y^2+z^2=1, z\geqq 0\}$$

下図のように，H と平面 $z=\cos\alpha$ の交線 (円になる) から，長さ α の弧を切り取り，端点を A, B とする．ここで，$0<\alpha<\dfrac{\pi}{2}$ である．また，点 N を $(0,0,1)$,

点 P を $(0,0,\cos\alpha)$ とする．以下の各問に答えよ．

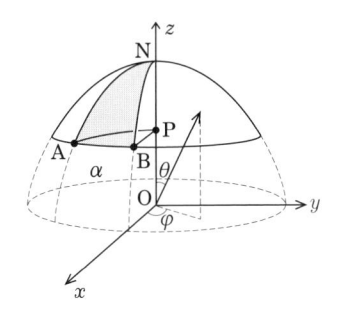

(問 1) 角 APB の大きさ $\angle$APB を求めよ．

(問 2) 三角形 NAB(三本の線分 NA, AB, BN で囲まれた平面図形) の面積を $T(\alpha)$ とする．$\dfrac{T(\alpha)}{\alpha^2}$ が $\alpha \to 0$ で収束することを示し，その極限値を求めよ．

(問 3) H のうち，平面 $z = \cos\alpha$ 上およびその上側の部分を H_α とする．
$$H_\alpha = \{(x,y,z) \mid x^2 + y^2 + z^2 = 1,\ z \geqq \cos\alpha\}.$$

H_α 上の点の座標を，図の θ, φ を用いて表せ．また，θ, φ の取りうる値の範囲を求めよ．

(問 4) H_α の曲面積を求めよ．

(問 5) H_α 上で，3 本の弧 AB, 弧 BN, 弧 NA で囲まれた部分 (図の灰色部分) の曲面積を $S(\alpha)$ とする．ただし，弧 BN, 弧 NA はそれぞれ，H 上で B と N, N と A を最短距離で結ぶ曲線 (大円の一部) である．$\dfrac{S(\alpha)}{\alpha^2}$ が $\alpha \to 0$ で収束することを示し，その極限値を求めよ．

2012 年 東京大 情報理工学研究科

解答 | 問 1 $\angle$AOP $= \alpha$ なので，AP $= \sin\alpha$ である (図 5.13)．
$$\alpha = \text{AP}\angle\text{APB} = (\sin\alpha)\angle\text{APB}.$$

よって，

(答) $\angle\text{APB} = \dfrac{\alpha}{\sin\alpha}$.

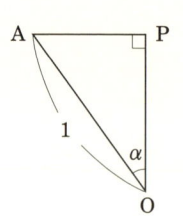

図 5.13

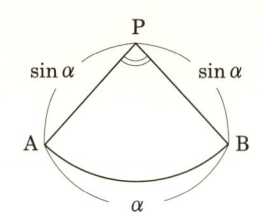

図 5.14

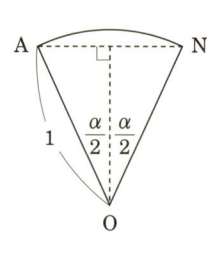

図 5.15

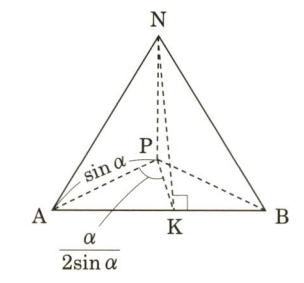

図 5.16

問 2 $\dfrac{\mathrm{AB}}{2} = \mathrm{AP}\sin\dfrac{\angle \mathrm{APB}}{2} = (\sin\alpha)\sin\left(\dfrac{\alpha}{2\sin\alpha}\right) = 2\sin\dfrac{\alpha}{2}\cos\dfrac{\alpha}{2}\sin\left(\dfrac{\alpha}{2\sin\alpha}\right).$

$\mathrm{NA} = 2\sin\dfrac{\alpha}{2}$ なので (図 5.15), N から AB へ下ろした垂線の足を K とおくと, K は AB の中点であるから (図 5.16),

$$\mathrm{NK} = \sqrt{\mathrm{NA}^2 - \left(\dfrac{\mathrm{AB}}{2}\right)^2} = \sqrt{\left(2\sin\dfrac{\alpha}{2}\right)^2 - \left\{2\sin\dfrac{\alpha}{2}\cos\dfrac{\alpha}{2}\sin\left(\dfrac{\alpha}{2\sin\alpha}\right)\right\}^2}$$

$$= 2\sin\dfrac{\alpha}{2}\sqrt{1 - \cos^2\dfrac{\alpha}{2}\sin^2\left(\dfrac{\alpha}{2\sin\alpha}\right)}.$$

よって,

$$T(\alpha) = \dfrac{1}{2}\mathrm{AB}\cdot\mathrm{NK}$$

$$= 2\sin\dfrac{\alpha}{2}\cos\dfrac{\alpha}{2}\sin\left(\dfrac{\alpha}{2\sin\alpha}\right)2\sin\dfrac{\alpha}{2}\sqrt{1 - \cos^2\dfrac{\alpha}{2}\sin^2\left(\dfrac{\alpha}{2\sin\alpha}\right)}.$$

$\displaystyle\lim_{\alpha\to +0}\dfrac{\sin\alpha}{\alpha} = 1$ より $\displaystyle\lim_{\alpha\to +0}\dfrac{2\sin\dfrac{\alpha}{2}}{\alpha} = 1,\ \displaystyle\lim_{\alpha\to +0}\dfrac{\alpha}{2\sin\alpha} = \dfrac{1}{2}.$

$$\lim_{\alpha \to +0} \frac{T(\alpha)}{\alpha^2} = 1 \cdot 1 \cdot \sin\frac{1}{2} \cdot 1 \cdot \sqrt{1 - 1^2 \cdot \sin^2\frac{1}{2}}$$
$$= \sin\frac{1}{2}\sqrt{1 - \sin^2\frac{1}{2}} = \sin\frac{1}{2}\cos\frac{1}{2} = \frac{1}{2}\sin 1.$$

(答)　$\dfrac{1}{2}\sin 1.$

問3　問題に与えられた球面座標 θ, φ を用いると，$(\sin\theta\cos\varphi, \sin\theta\sin\varphi, \cos\theta)$ とおける (図 5.17 で $r=1$ より).

よって，

(答)　座標は $(\sin\theta\cos\varphi, \sin\theta\sin\varphi, \cos\theta)$，範囲は $0 \leqq \theta \leqq \alpha$，$0 \leqq \varphi \leqq 2\pi$.

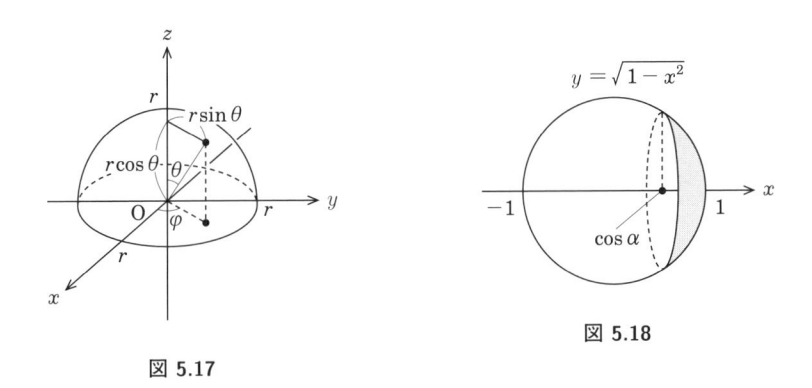

図 5.17

図 5.18

問4　求める面積は，半径 1 の上半円 $y = \sqrt{1-x^2}$ の $\cos\alpha \leqq x \leqq 1$ の部分を x 軸で回転して得られる曲面の面積に等しい (図 5.18).

回転体の曲面積の公式 (p.72) より

$$\int_{\cos\alpha}^{1} 2\pi y \sqrt{1+(y')^2}\, dx = \int_{\cos\alpha}^{1} 2\pi \sqrt{1-x^2} \sqrt{1+\left(\frac{-x}{\sqrt{1-x^2}}\right)^2}\, dx$$
$$= \int_{\cos\alpha}^{1} 2\pi \sqrt{1-x^2} \cdot \frac{1}{\sqrt{1-x^2}}\, dx = \int_{\cos\alpha}^{1} 2\pi\, dx = [2\pi x]_{\cos\alpha}^{1}.$$

よって，

(答)　$2\pi(1-\cos\alpha).$

問5　必要ならば適当に回転して，平面 NAP が xz 平面 の第 1 象限にある

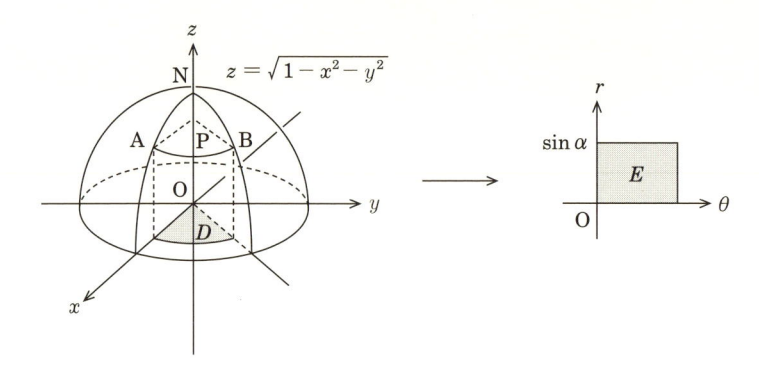

図 5.19

と仮定してよい．

考えている曲面を xy 平面上に正射影した図形を D とおく．D を極座標で表すと，$E: 0 \leqq \theta \leqq \dfrac{\alpha}{\sin\alpha}$, $0 \leqq r \leqq \sin\alpha$ となる（図 5.19）．

上半球面の式は $z = \sqrt{1-x^2-y^2}$ とおけるので，曲面積の公式 (p.149) より，

$$\iint_D \sqrt{1+\left(\frac{\partial z}{\partial x}\right)^2+\left(\frac{\partial z}{\partial y}\right)^2}\,dxdy$$

$$= \iint_D \sqrt{1+\left(\frac{-x}{\sqrt{1-x^2-y^2}}\right)^2+\left(\frac{-y}{\sqrt{1-x^2-y^2}}\right)^2}\,dxdy$$

$$= \iint_D \frac{1}{\sqrt{1-x^2-y^2}}\,dxdy = \iint_E \frac{1}{\sqrt{1-r^2}}\,r\,dr\,d\theta$$

$$= \int_0^{\frac{\alpha}{\sin\alpha}} \left\{\int_0^{\sin\alpha} \frac{r}{\sqrt{1-r^2}}\,dr\right\} d\theta = \int_0^{\frac{\alpha}{\sin\alpha}} \left[-\sqrt{1-r^2}\right]_0^{\sin\alpha} d\theta$$

$$= \int_0^{\frac{\alpha}{\sin\alpha}} \left\{-\sqrt{1-\sin^2\alpha}+1\right\} d\theta = \int_0^{\frac{\alpha}{\sin\alpha}} (1-\cos\alpha)\,d\theta$$

$$= \left[(1-\cos\alpha)\theta\right]_0^{\frac{\alpha}{\sin\alpha}} = (1-\cos\alpha)\frac{\alpha}{\sin\alpha}.$$

よって，$\displaystyle\lim_{\alpha\to+0}\frac{S(\alpha)}{\alpha^2} = \lim_{\alpha\to+0}\frac{1-\cos\alpha}{\alpha^2}\cdot\frac{\alpha}{\sin\alpha} = \frac{1}{2}.$

（答） $\dfrac{1}{2}$．

問 5 の別解　問 5 は公式の紹介をするために，$S(\alpha)$ を重積分で求めたが，問

4 の $\dfrac{\angle \mathrm{APB}}{2\pi} = \dfrac{\frac{\alpha}{\sin\alpha}}{2\pi}$ 倍と考えれば,

$$S(\alpha) = 2\pi(1-\cos\alpha) \times \dfrac{1}{2\pi} \cdot \dfrac{\alpha}{\sin\alpha} = (1-\cos\alpha)\dfrac{\alpha}{\sin\alpha}.$$

(以下略)

解説 ｜ 問 4 と同様にして，球面を幅 d の平行な 2 平面で切り取った部分の面積は，切り取る場所によらず，d のみで決まり，d に比例することがわかる．したがって，半径 R の球面なら，幅 d の部分の面積は $4\pi R^2 \times \dfrac{d}{2R} = 2\pi Rd$ となる（図 5.20）．

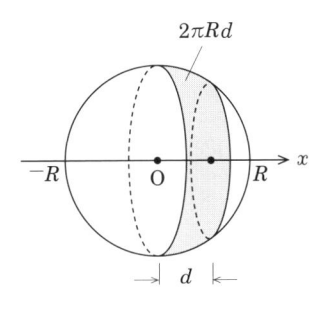

図 5.20

問 5 で用いた公式の成り立ちについて説明する．

曲面 $z = f(x,y)$ 上において，y を固定して x を Δx だけ動かすと，曲面上の点は，1 次近似で $\begin{pmatrix} \Delta x \\ 0 \\ f_x \Delta x \end{pmatrix}$ だけ動く．x を固定して y を Δy だけ動かすと，曲面上の点は，1 次近似で $\begin{pmatrix} 0 \\ \Delta y \\ f_y \Delta y \end{pmatrix}$ だけ動く．

したがって，xy 平面上で x 方向に Δx，y 方向に Δy の長さを持つ長方形に対応する曲面の上の部分の面積 ΔA は，外積

$$\begin{pmatrix} \Delta x \\ 0 \\ f_x \Delta x \end{pmatrix} \times \begin{pmatrix} 0 \\ \Delta y \\ f_y \Delta y \end{pmatrix} = \begin{pmatrix} -f_x \Delta x \Delta y \\ -f_y \Delta x \Delta y \\ \Delta x \Delta y \end{pmatrix} = \begin{pmatrix} -f_x \\ -f_y \\ 1 \end{pmatrix} \Delta x \Delta y$$

の長さ

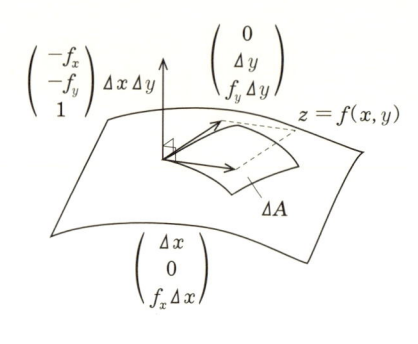

図 5.21

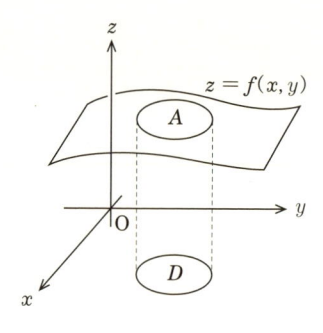

図 5.22

$$\sqrt{(-f_x)^2+(-f_y)^2+1}\,\Delta x \Delta y = \sqrt{(f_x)^2+(f_y)^2+1}\,\Delta x \Delta y$$

で 1 次近似できる (図 5.21).

よって, 曲面 $z=f(x,y)$ の xy 平面上の領域 D に対応する部分の面積 A は,

$$\iint_D \sqrt{(f_x)^2+(f_y)^2+1}\,dxdy$$

で計算できる (図 5.22).

1 変数の積分の場合は $\int_a^b f(x)dx$ を $x=g(t)$ と置換すると,

$$\int_{g^{-1}(a)}^{g^{-1}(b)} f(g(t))\frac{dx}{dt}dt$$

となった. ここで, 積分区間「$g^{-1}(a)$ から $g^{-1}(b)$ まで」は, x が a から b まで動くときの, t の動く (向き付けられた) 範囲である.

重積分の場合は $\iint_D f(x,y)dxdy$ を $(x,y)=(g(t,u),h(t,u))$ と置換すると,

$$\iint_E f(g(t,u),h(t,u))|\det J|\,dtdu$$

となる. 3 重積分以上でも同様である.

なお, 写像 $(t,u) \mapsto (x,y)=(g(t,u),h(t,u))$ によって, E は D に全単射されると仮定する.

$J = \begin{pmatrix} g_t & g_u \\ h_t & h_u \end{pmatrix}$ は**ヤコビ行列**, $\det J = g_t h_u - g_u h_t$ は**ヤコビ行列式**とか, **ヤコビアン**と呼ばれる. ここで, $g_t = \dfrac{\partial g}{\partial t}$ である. 他も同様.

たとえば，極座標に変換する場合 $(r,\theta) \longmapsto (x,y) = (r\cos\theta, r\sin\theta)$ であるから，
$$J = \begin{pmatrix} \cos\theta & -r\sin\theta \\ \sin\theta & r\cos\theta \end{pmatrix}, \quad \det J = r$$
となる．

$|\det J|$ を $\det J$ にして，E のパラメータ表示に向きを込めて考え，
$$\iint_E f(g(t,u),h(t,u))\det J\,dtdu$$
とすると，E が D に逆向きに (裏返って) 写った場合，値が -1 倍になるよう修正できる．そうすると，1 変数の場合と同様に E が D に折り重なって写った場合にも，重複部分をキャンセルさせて正しい計算をすることができる．たとえば
$$D: -1 \leqq x \leqq 1, \quad a \leqq y \leqq b$$
のとき
$$x = 4t^3 - 3t, \quad y = u$$
と置換すると，
$$E: -1 \leqq t \leqq 1, \quad a \leqq u \leqq b.$$
$\det J = \det \begin{pmatrix} 12t^2 - 3 & 0 \\ 0 & 1 \end{pmatrix} = 12t^3 - 3$ より
$$\iint_D 1\,dxdy = \frac{1}{3}\iint_E |\det J|\,dtdu$$
となり，3 倍のずれが生じる．しかし，絶対値を外すと
$$\iint_D 1\,dxdy = \iint_E \det J\,dtdu$$
となり等しくなる．

(発展) 面積の極限と曲率

問 5 において NA, NB は大円の弧 (中心を通る平面での切り口の一部) であるから，測地線である．AB も測地線なら，
$$\frac{2\pi - (\text{弧の成す外角の和})}{S(\alpha)}$$

第 5 章 重積分法

の極限がガウス曲率になる (実は，球面だと極限をとる必要がない). 半径が R の球面なら，ガウス曲率は $\dfrac{1}{R^2}$ なので，

$$\lim_{\alpha \to 0} \frac{2\pi - (\text{弧の成す外角の和})}{S(\alpha)} = \frac{1}{R^2}. \tag{1}$$

問 5 で半径を R とした場合，

$$2\pi - (\text{弧の成す外角の和}) = \frac{\alpha}{\sin\alpha}, \quad S(\alpha) = R^2 \frac{\alpha}{\sin\alpha}(1-\cos\alpha)$$

であるから (1) は成立していない．それは，弧 AB が測地線ではないからで，AB の測地的曲率 κ_g の積分で分子を補正すれば，

$$\lim_{\alpha \to 0} \frac{2\pi - (\text{弧の成す外角の和}) - (\kappa_g \text{の積分})}{S(\alpha)} = \frac{1}{R^2} \tag{2}$$

となる．ここで κ_g とは弧長 s で曲線上の点 P をパラメータ表示したとき，加速度ベクトル $\vec{a} = \dfrac{d^2}{ds^2}\overrightarrow{\mathrm{OP}}$ の接平面方向の成分の大きさである．半径 R の球面の場合，弧 AB 上の点 P は

$$\overrightarrow{\mathrm{OP}} = \left(R\sin\alpha\cos\frac{s}{R\sin\alpha}, R\sin\alpha\sin\frac{s}{R\sin\alpha}, R\cos\alpha\right)$$

とおけるので $\vec{a}$ の接線方向の成分は

$$\frac{1}{R}\left(\left(\sin\alpha - \frac{1}{\sin\alpha}\right)\cos\frac{s}{a\sin\alpha}, \left(\sin\alpha - \frac{1}{\sin\alpha}\right)\sin\frac{s}{a\sin\alpha}, \cos\alpha\right)$$

その大きさ κ_g は $\dfrac{\cos\alpha}{R\sin\alpha}$ で定数となる．よって，$(\kappa_g \text{の積分}) = \dfrac{\alpha\cos\alpha}{\sin\alpha}$ なので，(2) は

$$\lim_{\alpha \to 0} \frac{\dfrac{\alpha}{\sin\alpha} - \dfrac{\alpha\cos\alpha}{\sin\alpha}}{R^2 \dfrac{\alpha}{\sin\alpha}(1-\cos\alpha)} = \lim_{\alpha \to 0} \frac{1-\cos\alpha}{R^2(1-\cos\alpha)} = \frac{1}{R^2}$$

となる．

類題 5.1

レムニスケートの面積

xy 平面上に点 A$(-1,0)$ 点 B$(1,0)$ および点 P(x,y) がある．線分 AP と線分 BP の長さの積が一定値 1 のとき，点 P の描く軌跡を曲線 C とする．以下の問

いに答えよ．

(問 1) 曲線 C の概形を描け．

(問 2) 曲線 C 上で y の取りうる最大値を求めよ．

(問 3) $x \geqq 0$ において，曲線 C で囲まれた領域 D を考える．

(i) 領域 D が直線 $x = \sqrt{3}y$ によって二つに分割されるとき，二つの領域の面積をそれぞれ求めよ．

(ii) 領域 D を x 軸の周りに回転してできる立体の表面積を求めよ．

解答 | 問 1

$$C : \sqrt{(x+1)^2 + y^2} \cdot \sqrt{(x-1)^2 + y^2} = 1$$
$$\iff \sqrt{x^2 + y^2 + 1 + 2x} \cdot \sqrt{x^2 + y^2 + 1 - 2x} = 1$$
$$\iff \sqrt{(x^2 + y^2 + 1)^2 - (2x)^2} = 1.$$

よって，

$$(x^2 + y^2 + 1)^2 - 4x^2 = 1 \iff (x^2 + y^2 + 1)^2 = 1 + 4x^2 \qquad (1)$$
$$\iff x^2 + y^2 + 1 = \sqrt{1 + 4x^2}.$$

(左辺が正なので $x^2 + y^2 + 1 = -\sqrt{1 + 4x^2}$ にはならない)．

$$y^2 = \sqrt{4x^2 + 1} - x^2 - 1 \qquad (2)$$
$$\iff y = \pm\sqrt{\sqrt{4x^2 + 1} - x^2 - 1}.$$

(1) 式を見ると，y を $-y$ に，x を $-x$ に変えても式が不変なので，曲線 C は x 軸や y 軸に関して対称である．したがって，第 1 象限でグラフを描けば十分．第 1 象限内では $X = x^2$ と x, $Y = y^2$ と y の増減は一致する．

この変数変換で，(2) 式は，$Y = \sqrt{4X + 1} - X - 1$ となる．$Y \geqq 0$ より $0 \leqq X \leqq 2$ となる．

$$Y' = \frac{2}{\sqrt{4X+1}} - 1 = \frac{2 - \sqrt{4X+1}}{\sqrt{4X+1}}$$

なので，増減表は次のようになる．

X	0	$\cdots$	$\dfrac{3}{4}$	$\cdots$	2
Y'		$+$	0	$-$	
Y	0	↗	$\dfrac{1}{4}$	↘	0

x	0	$\cdots$	$\dfrac{\sqrt{3}}{2}$	$\cdots$	$\sqrt{2}$
y	0	↗	$\dfrac{1}{2}$	↘	0

以上より，グラフは，次のようになる．

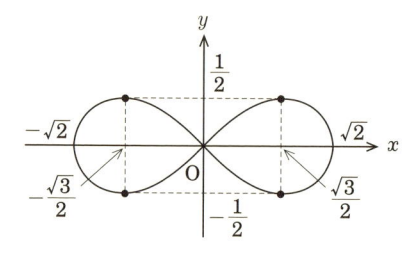

注 この曲線は，レムニスケートと呼ばれる．

問2 グラフより y の最大値は，

(答) $\dfrac{1}{2}$.

問3

(1) に $x=r\cos\theta, y=r\sin\theta$ $(r\geqq 0, -\pi<\theta\leqq\pi)$ を代入すると，

$$(r^2+1)^2=1+4(r\cos\theta)^2 \iff r^4=4r^2\cos^2\theta-2r^2.$$

$r\neq 0$ のとき r^2 で割ると，

$$r^2=2(2\cos^2\theta-1)=2\cos 2\theta. \tag{3}$$

(i) $x\geqq 0$ の部分で，$C:r=\sqrt{2\cos 2\theta}$ が存在するのは，ルートの中が正より，$-\dfrac{\pi}{4}\leqq\theta\leqq\dfrac{\pi}{4}$ の範囲である．

$y=\dfrac{1}{\sqrt{3}}x$ $(x\geqq 0)$ は極座標で $\theta=\dfrac{\pi}{6}$ と書ける．したがって，図 5.23 の S_1 の面積は極方程式での面積の公式 $\displaystyle\int_\alpha^\beta \dfrac{1}{2}r^2 d\theta$ より，

$$\int_0^{\frac{\pi}{6}}\dfrac{1}{2}(2\cos 2\theta)d\theta=\int_0^{\frac{\pi}{6}}\cos 2\theta\, d\theta=\left[\dfrac{1}{2}\sin 2\theta\right]_0^{\frac{\pi}{6}}=\dfrac{\sqrt{3}}{4}.$$

S_1+S_2 の面積は

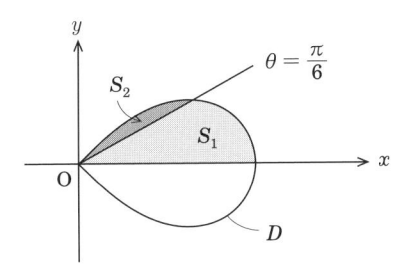

図 5.23

$$\int_0^{\frac{\pi}{4}} \frac{1}{2}(2\cos 2\theta)d\theta = \left[\frac{1}{2}\sin 2\theta\right]_0^{\frac{\pi}{4}} = \frac{1}{2}.$$

よって,

(答) 半直線の上側は $\dfrac{1}{2} - \dfrac{\sqrt{3}}{4}$, 下側は $\dfrac{1}{2} + \dfrac{\sqrt{3}}{4}$.

(ii) $y = f(x)$ $(a \leqq x \leqq b)$ を x 軸で回転して得られる曲面の表面積 A は

$$A = \int_a^b 2\pi f(x)\sqrt{1+(f'(x))^2}\,dx$$

になる．極座標だと,

$$A = \int_\alpha^\beta 2\pi r\sin\theta\sqrt{r^2+(r')^2}\,d\theta$$

になる．これを用いる．

$A = \pi \displaystyle\int_0^{\frac{\pi}{4}} \sin\theta\sqrt{4r^4+(2rr')^2}\,d\theta$ である. (3) の両辺を θ で微分すると,

$$2rr' = -2(\sin 2\theta)2.$$

よって,

$$A = \pi \int_0^{\frac{\pi}{4}} \sin\theta\sqrt{16\cos^2 2\theta + 16\sin^2 2\theta}\,d\theta$$
$$= \pi \int_0^{\frac{\pi}{4}} 4\sin\theta\,d\theta = 4\pi[-\cos\theta]_0^{\frac{\pi}{4}} = 4\pi\left(1 - \frac{1}{\sqrt{2}}\right).$$

よって

(答) $4\pi\left(1-\dfrac{1}{\sqrt{2}}\right).$

問題 5.3

ガウスの誤差積分の 2 次元版

$A = \begin{pmatrix} a_{11} & a_{12} \\ a_{21} & a_{22} \end{pmatrix}$ を実対称行列とし，$f(x,y) = \exp\left[-(x,y)A\begin{pmatrix} x \\ y \end{pmatrix}\right]$ とおく．$\displaystyle\int_{-\infty}^{\infty}\int_{-\infty}^{\infty} f(x,y)\,dxdy$ を計算せよ．

2011 年 東京大 理学系研究科 化学専攻 (改題)

解答 | 正値関数 $z = f(x,y)$ と xy 平面の間の部分の体積は，z 軸回転で不変である．よって，適当に回転して，A が対角化されていると思ってよい．$A = \begin{pmatrix} \alpha & 0 \\ 0 & \beta \end{pmatrix}$ とおくと，与えられた積分は $\alpha > 0$ かつ $\beta > 0$ のとき

$$\begin{aligned}\int_{-\infty}^{\infty}\int_{-\infty}^{\infty} e^{-\alpha x^2 - \beta y^2}\,dxdy &= \int_{-\infty}^{\infty}\int_{-\infty}^{\infty} e^{-\alpha x^2} e^{-\beta y^2}\,dxdy \\ &= \int_{-\infty}^{\infty} e^{-\alpha x^2}\,dx \int_{-\infty}^{\infty} e^{-\beta y^2}\,dy \qquad (1)\\ &= \frac{1}{\sqrt{\alpha}}\int_{-\infty}^{\infty} e^{-t^2}\,dt \cdot \frac{1}{\sqrt{\beta}}\int_{-\infty}^{\infty} e^{-u^2}\,du \\ &= \frac{\sqrt{\pi}}{\sqrt{\alpha}} \cdot \frac{\sqrt{\pi}}{\sqrt{\beta}} = \frac{\pi}{\sqrt{\alpha\beta}} = \frac{\pi}{\sqrt{a_{11}a_{22} - a_{12}a_{21}}}.\end{aligned}$$

$\alpha \leqq 0$ または $\beta \leqq 0$ のとき，(1) の被積分関数の少なくとも一方は 1 以上になるので積分値は ∞ となる．よって，

(答) $a_{11} + a_{22} > 0$ かつ $a_{11}a_{22} - a_{12}a_{21} > 0$ のとき $\dfrac{\pi}{\sqrt{a_{11}a_{22} - a_{12}a_{21}}}$，

$a_{11} + a_{22} \leqq 0$ または $a_{11}a_{22} - a_{12}a_{21} \leqq 0$ のとき $\infty.$

解説 | 2 次実対称行列 $\begin{pmatrix} a & b \\ b & c \end{pmatrix}$ (a, b, c は実数) は適当な回転行列 $R = \begin{pmatrix} \cos\theta & -\sin\theta \\ \sin\theta & \cos\theta \end{pmatrix}$ を用いて，

$${}^t\!R \begin{pmatrix} a & b \\ b & c \end{pmatrix} R = R^{-1} \begin{pmatrix} a & b \\ b & c \end{pmatrix} R = \begin{pmatrix} \alpha & 0 \\ 0 & \beta \end{pmatrix} \qquad (\alpha, \beta \text{ は実数})$$

の形にできる (p.132).

行列 $\begin{pmatrix} p & q \\ r & s \end{pmatrix}$ に対して行列式 $\det \begin{pmatrix} p & q \\ r & s \end{pmatrix}$ を $ps-qr$ で定義する．

二つの 2 次行列 M, N に対して，$\det(MN) = (\det M)(\det N)$ が成り立つので，

$$\det \begin{pmatrix} \alpha & 0 \\ 0 & \beta \end{pmatrix} = \det \left(R^{-1} \begin{pmatrix} a & b \\ b & c \end{pmatrix} R \right) = (\det R^{-1}) \det \begin{pmatrix} a & b \\ b & c \end{pmatrix} \det R$$

$$= (\det R)^{-1} \det \begin{pmatrix} a & b \\ b & c \end{pmatrix} \det R = \det \begin{pmatrix} a & b \\ b & c \end{pmatrix}$$

が成り立つ．よって，$\alpha\beta = ac - b^2$ となる．n 次実対称行列の場合も，回転行列で対角化できる．2 次複素対称行列にすると，対角化すらできないことがある．たとえば $\begin{pmatrix} 1 & i \\ i & -1 \end{pmatrix}$．

（発展）　トレースとその性質

行列 $\begin{pmatrix} p & q \\ r & s \end{pmatrix}$ に対してトレース $\operatorname{tr} \begin{pmatrix} p & q \\ r & s \end{pmatrix}$ を $p+s$ で定義する．

$\operatorname{tr}(MN) = \operatorname{tr}(NM)$ が成り立つので，上と同様にして，

$$\operatorname{tr} \begin{pmatrix} \alpha & 0 \\ 0 & \beta \end{pmatrix} = \operatorname{tr} \left(R^{-1} \begin{pmatrix} a & b \\ b & c \end{pmatrix} R \right) = \operatorname{tr} \left(\begin{pmatrix} a & b \\ b & c \end{pmatrix} RR^{-1} \right) = \operatorname{tr} \begin{pmatrix} a & b \\ b & c \end{pmatrix}$$

が成り立つ．よって $\alpha + \beta = a + c$ となる．

類題 5.2

重積分と極限

関数 $g(t)$ $(t>0)$ において，$g''(t)$ が連続であるとする．実数 x, y に対し 2 変数関数 $f(x,y)$ が $f(x,y) = g(x^2 + y^2)$ で与えられるとする．次の問に答えよ．

（問 1） $\dfrac{\partial^2 f(x,y)}{\partial x^2} + \dfrac{\partial^2 f(x,y)}{\partial y^2} = 0$ を満たすような関数 $g(t)$ の例を挙げよ．ただし，すべての $t > 0$ に対して $g(t)$ が定数となる関数は除くことにする．

（問 2） $\lim_{t \to 0} g(t)$ が存在すると仮定し，2 次元の領域 D を

$$D = \{(x,y) \mid x^2 + y^2 \leqq R^2, x > 0, y > 0\}$$

とする．$g(t) = e^{-t}$ のとき，次の D 上の重積分 $I(R)$ を計算せよ．

$$I(R) = \iint_D g(x^2 + y^2) dx dy$$

また，$\lim_{R\to\infty} I(R)$ を求めよ．

解答 | **問 1** $f(x,y)=\log(x^2+y^2)$ とおくと

$$\frac{\partial f}{\partial x}=\frac{\partial}{\partial x}\log(x^2+y^2)=\frac{2x}{x^2+y^2},$$

$$\frac{\partial^2 f}{\partial x^2}=2\frac{\partial}{\partial x}\left(\frac{x}{x^2+y^2}\right)=2\frac{(x^2+y^2)-x(2x)}{(x^2+y^2)^2}=2\frac{-x^2+y^2}{(x^2+y^2)^2}.$$

同様にして，

$$\frac{\partial^2 f}{\partial y^2}=2\frac{x^2-y^2}{(x^2+y^2)^2}.$$

よって，$\dfrac{\partial^2 f}{\partial x^2}+\dfrac{\partial^2 f}{\partial y^2}=0$.

(答) $g(t)=\log t$.

問 2 xz 平面上の第 1 象限にある曲線 $z=g(x^2)$ を z 軸で回転して得られる曲面を S とおくと，$z=g(x^2+y^2)$ となる．S と xy 平面の間の部分のうち中心角 $\dfrac{\pi}{2}$ の扇型 D の上側にある立体 K の体積 V が $I(R)$ となる（図 5.24）．この K を四つ合わせると，S と xy 平面の間の部分のうち xy 平面上の円板 $x^2+y^2\leqq R^2$ の上側にある立体になる（図 5.25）．縦軸回転体の体積の公式 (p.72) より，

$$V=\frac{1}{4}\int_0^R 2\pi x g(x^2)dx=\frac{\pi}{4}\int_0^R 2x g(x^2)dx$$

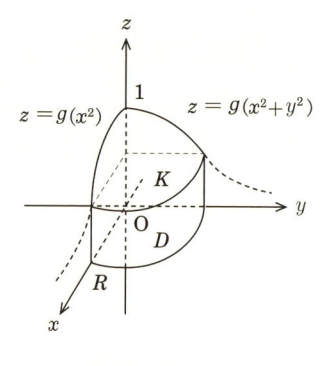

図 5.24

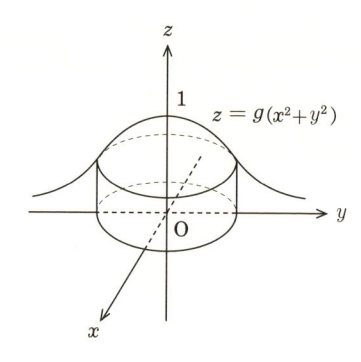

図 5.25

$$= \frac{\pi}{4}[G(x^2)]_0^R = \frac{\pi}{4}\{G(R^2)-G(0)\}.$$

ここで $G(t)$ は $g(t)=e^{-t}$ の原始関数である．

つまり $G(t)=-e^{-t}+C$．これを上の答に代入すると，$V=\frac{\pi}{4}\{-e^{-R^2}-(-e^0)\}$．

(答) $I(R)=\frac{\pi}{4}\left(1-e^{-R^2}\right)$

$R\to\infty$ とすると

(答) $\lim_{R\to\infty}I(R)=\frac{\pi}{4}$.

問2の別解 重積分で計算する．極座標に変換すると，D は $E:0\leqq r\leqq R, 0\leqq \theta\leqq\frac{\pi}{2}$ になるので

$$V=\iint_D g(x^2+y^2)dxdy = \iint_E g(r^2)rdrd\theta = \int_0^{\frac{\pi}{2}}\left(\int_0^R g(r^2)rdr\right)d\theta$$
$$=\int_0^{\frac{\pi}{2}}\left[\frac{1}{2}G(r^2)\right]_0^R d\theta = \int_0^{\frac{\pi}{2}}\frac{1}{2}\{G(R^2)-G(0)\}d\theta = \frac{\pi}{4}\{G(R^2)-G(0)\}.$$

(以下略)

問題 5.4

ベータ関数とガンマ関数

p, q, s を正の実数とし，ベータ関数 $B(p,q)$ を $\int_0^1 x^{p-1}(1-x)^{q-1}dx$ で，ガンマ関数 $\Gamma(s)$ を $\int_0^\infty x^{s-1}e^{-x}dx$ で定義する．

(問1) $x>0, y>0$ に対し，次の等式が成り立つことを示せ．

$$B(x,y)=\frac{\Gamma(x)\Gamma(y)}{\Gamma(x+y)}$$

(問2) xyz 空間内の領域 D を $0<x, 0<y, 0<z, 1<x+y+z$ で定義する．次の等式が成り立つことを示せ．

$$\iiint_D f(x+y+z)x^{q_1-1}y^{q_2-1}z^{q_3-1}dxdydz$$
$$=\frac{\Gamma(q_1)\Gamma(q_2)\Gamma(q_3)}{\Gamma(q_1+q_2+q_3)}\int_1^\infty f(u)u^{(q_1+q_2+q_3-1)}du.$$

(問 3) xyz 空間内の領域 E を $1 < x^2+y^2+z^2$ で定義する．s を $\frac{3}{2} < s$ を満たす実数とする．以下の積分の値を求めよ．
$$\iiint_E \frac{dxdydz}{(x^2+y^2+z^2)^s}$$

解答 | 問 1

$$\Gamma(x)\Gamma(y) = \int_0^\infty e^{-\xi}t^{x-1}d\xi \int_0^\infty e^{-\eta}\eta^{y-1}d\eta$$
$$= \int_0^\infty \int_0^\infty e^{-\xi}\xi^{x-1}e^{-\eta}\eta^{y-1}d\xi d\eta. \tag{1}$$

変数変換 $\xi = u(1-v)$, $\eta = uv$ をする．$u = \xi+\eta$, $v = \dfrac{\eta}{\xi+\eta}$ であるから，$0 \leq \xi$ かつ $0 \leq \eta$ と合わせて (u,v) の動く範囲 D は，

$$D: 0 \leq u,\ 0 \leq v \leq 1.$$

ヤコビ行列 J は $J = \begin{pmatrix} \xi_u & \xi_v \\ \eta_u & \eta_v \end{pmatrix} = \begin{pmatrix} 1-v & -u \\ v & u \end{pmatrix}$．よって，ヤコビアンは $\det J = u$.

$$(1) = \iint_D e^{-u}\{u(1-v)\}^{x-1}(uv)^{y-1}ududv$$
$$= \int_0^1 \left(\int_0^\infty e^{-u}u^{x+y-1}(1-v)^{x-1}v^{y-1}du \right) dv$$
$$= \int_0^\infty e^{-u}u^{x+y-1}du \int_0^1 (1-v)^{x-1}v^{y-1}dv$$
$$= \Gamma(x+y)B(y,x) = \Gamma(x+y)B(x,y).$$

問 2 変数変換 $x = u(1-v)$, $y = uv(1-w)$, $z = uvw$ をする．

$$u = x+y+z, \quad v = \frac{y+z}{x+y+z}, \quad w = \frac{z}{y+z}$$

であるから，$0 < x$, $0 < y$, $0 < z$ と合わせて (u,v,w) の動く範囲 K は $K: 1 < u$, $0 < v < 1$, $0 < w < 1$. ヤコビ行列 J は

$$J = \begin{pmatrix} x_u & x_v & x_w \\ y_u & y_v & y_w \\ z_u & z_v & z_w \end{pmatrix} = \begin{pmatrix} 1-v & -u & 0 \\ v(1-w) & u(1-w) & -uv \\ vw & uw & uv \end{pmatrix}.$$

よって，ヤコビアンは $\det J = u^2 v$．

$$\iiint_D f(x+y+z)x^{q_1-1}y^{q_2-1}z^{q_3-1}dxdydz$$
$$= \iiint_K f(u)\{u(1-v)\}^{q_1-1}\{uv(1-w)\}^{q_2-1}(uvw)^{q_3-1}u^2vdudvdw$$
$$= \iiint_K f(u)u^{q_1+q_2+q_3-1}v^{q_2+q_3-1}(1-v)^{q_1-1}w^{q_3-1}(1-w)^{q_2-1}dudvdw$$
$$= \int_1^\infty f(u)u^{q_1+q_2+q_3-1}du \int_0^1 v^{q_2+q_3-1}(1-v)^{q_1-1}dv \int_0^1 w^{q_3-1}(1-w)^{q_2-1}dw$$
$$= \int_1^\infty f(u)u^{q_1+q_2+q_3-1}du\, B(q_2+q_3, q_1)B(q_3, q_2) \quad (2)$$

問 1 より

$$(2) = \int_1^\infty f(u)u^{q_1+q_2+q_3-1}du \frac{\Gamma(q_2+q_3)\Gamma(q_1)}{\Gamma(q_1+q_2+q_3)} \cdot \frac{\Gamma(q_3)\Gamma(q_2)}{\Gamma(q_2+q_3)}$$
$$= \int_1^\infty f(u)u^{q_1+q_2+q_3-1}du \frac{\Gamma(q_1)\Gamma(q_2)\Gamma(q_3)}{\Gamma(q_1+q_2+q_3)}.$$

(証明終わり)

問 3 球面座標 $(x_1, x_2, x_3) = (r\sin\theta\cos\varphi, r\sin\theta\sin\varphi, r\cos\theta)$ にすると，E は $F: 1 < r,\, 0 \leq \theta \leq \pi,\, 0 \leq \varphi \leq 2\pi$ になる (p.151)．

$$(与式) = \iiint_F \frac{1}{r^{2s}}r^2\sin\theta\, drd\theta d\varphi$$
$$= \int_0^{2\pi}\left[\int_0^\pi\left\{\left(\int_1^\infty r^{2-2s}dr\right)\sin\theta\right\}d\theta\right]d\varphi$$
$$= \int_0^{2\pi}\left(\int_0^\pi\left[\frac{1}{3-2s}r^{3-2s}\right]_1^\infty \sin\theta d\theta\right)d\varphi$$
$$= \int_0^{2\pi}\left\{\int_0^\pi\left(0-\frac{1}{3-2s}\right)\sin\theta d\theta\right\}d\varphi$$
$$= \int_0^{2\pi}\left[\frac{1}{2s-3}(-\cos\theta)\right]_0^\pi d\varphi = \int_0^{2\pi}\frac{2}{2s-3}d\varphi = \frac{4\pi}{2s-3}.$$

よって，

(答) $\dfrac{4\pi}{2s-3}$．

問 3 の別解　誘導に従って解くと次のようになる．

$x^2 = X$, $y^2 = Y$, $z^2 = Z$ とおくと，E のうち $x > 0, y > 0, z > 0$ の部分は $L:$ $X + Y + Z > 1, X > 0, Y > 0, Z > 0$ に全単射される．よって，

$$\iiint_E \frac{1}{(x^2+y^2+z^2)^s} dxdydz$$

$$= 8 \iiint_L \frac{1}{(X+Y+Z)^s} \cdot \frac{dXdYdZ}{(2x)(2y)(2z)}$$

$$= \iiint_L \frac{1}{(X+Y+Z)^s} X^{\frac{1}{2}-1} Y^{\frac{1}{2}-1} Z^{\frac{1}{2}-1} dXdYdZ$$

$$= \frac{\Gamma\left(\frac{1}{2}\right)\Gamma\left(\frac{1}{2}\right)\Gamma\left(\frac{1}{2}\right)}{\Gamma\left(\frac{3}{2}\right)} \int_1^\infty \frac{1}{u^s} u^{\frac{1}{2}+\frac{1}{2}+\frac{1}{2}-1} du. \tag{3}$$

$\Gamma\left(\frac{1}{2}\right) = \sqrt{\pi}$ より

$$(3) = \frac{\sqrt{\pi}^3}{\frac{1}{2}\Gamma\left(\frac{1}{2}\right)} \int_1^\infty u^{\frac{1}{2}-s} du = \frac{2\sqrt{\pi}^3}{\sqrt{\pi}} \left[\frac{u^{\frac{3}{2}-s}}{\frac{3}{2}-s}\right]_1^\infty = \frac{2\pi}{s-\frac{3}{2}} = \frac{4\pi}{2s-3}.$$

解説 ｜ 写像 $(s,t,u) \mapsto (x,y,z)$ によって stu 空間内の領域 L が xyz 空間内の領域 K に全単射されるとする．このとき，3 重積分の置換積分の公式は次のようになる．

$$\iiint_K f(x,y,z) dxdydz = \iiint_L f(x(s,t,u), y(s,t,u), z(s,t,u)) |\det J| dsdtdu$$

となる．4 変数以上でも同様である．

ここで，ヤコビ行列 J は $J = \begin{pmatrix} x_s & x_t & x_u \\ y_s & y_t & y_u \\ z_s & z_t & z_u \end{pmatrix}$ で定義される．ヤコビアン $\det J$ は

$$\det J = x_s y_t z_u + x_t y_u z_s + x_u y_s z_t - x_s y_u z_t - x_t y_s z_u - x_u y_t z_s$$

で定義される．

たとえば，球面座標に変換する場合 $x = r\sin\theta\cos\varphi$, $y = r\sin\theta\sin\varphi$, $z = r\cos\theta$ であるから，

図 5.26　球面座標

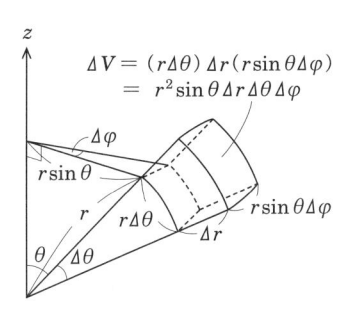

$$J = \begin{pmatrix} \cos\theta\cos\varphi & r\cos\theta\cos\varphi & -r\sin\theta\sin\varphi \\ \sin\theta\sin\varphi & r\cos\theta\sin\varphi & r\sin\theta\cos\varphi \\ \cos\theta & -r\sin\theta & 0 \end{pmatrix}, \quad \det J = r^2\sin\theta$$

となる．

$f(x,y,z)$ が連続ならどの順番で積分しても値は等しいが，不連続関数だと，異なることがある．

（発展）　積分と極限の順序交換

無限区間の積分は $\int_a^\infty f(x)dx = \lim_{R\to\infty}\int_a^R f(x)dx$ のように極限で定義される．たとえば $\Gamma(s) = \lim_{R\to\infty}\int_0^R x^{s-1}e^{-x}dx$ である．積分と極限は，おいそれとは交換できない．たとえば $\lim_{n\to\infty}\left(1-\dfrac{x}{n}\right)^n = e^{-x}$ であるから

$$\lim_{n\to\infty}\int_0^\infty \frac{x}{n^2}e^{-\frac{x}{n}}dx \tag{4}$$

$$= \lim_{n\to\infty}\int_0^n \frac{x}{n^2}\left\{\left(1-\frac{x}{n}\right)^n\right\}^{\frac{1}{n}}dx$$

$$= \lim_{n\to\infty}\frac{1}{n^3}\int_0^n x(n-x)dx$$

$$= \lim_{n\to\infty}\frac{1}{n^3}\frac{(n-0)^3}{6} = \frac{1}{6}$$

といった計算は間違い．

(4) の正しい値は部分積分を用いて

$$\lim_{n\to\infty}\int_0^\infty \frac{x}{n^2}e^{-\frac{x}{n}}dx = \lim_{n\to\infty}\left[-\left(\frac{x}{n}+1\right)e^{-\frac{x}{n}}\right]_0^\infty = \lim_{n\to\infty}\{0-(-1)\} = 1$$

となる．

類題 5.3

ガンマ関数

正の実数 p に対して，

$$\Gamma(p) \equiv \int_0^\infty x^{p-1}e^{-x}dx$$

を定義する．また，n は自然数を表わすとする．以下の問 1–5 に答えよ．

(問 1) $\Gamma(p+1) = p\Gamma(p)$ となることを証明せよ．

(問 2)
$$\int_{-\infty}^\infty \int_{-\infty}^\infty e^{-x^2-y^2}dxdy = \pi$$

となることを導出した上で，次式が成り立つことを示せ．

$$\int_0^\infty e^{-x^2}dx = \frac{\sqrt{\pi}}{2}$$

(問 3) 問 2 の結果を用いて，$\Gamma\left(\dfrac{1}{2}\right)$ を求めよ．

(問 4) $\Gamma(n) = (n-1)!$ となることを示せ．

(問 5) $e^{-x} = \displaystyle\lim_{n\to\infty}\left(1-\frac{x}{n}\right)^n$ であることを用いて，

$$\Gamma(p) = \lim_{n\to\infty}\frac{1\cdot 2\cdot 3\cdots n}{p(p+1)(p+2)(p+3)\cdots(p+n)}n^p$$

となることを証明せよ．

2011 年 東京大 理学系研究科 天文学専攻

解答 | **問 1** 部分積分の公式を用いる (p.78)． **(略)**

問 2 与式左辺

$$\iint_{\mathbb{R}^2}e^{-x^2-y^2}dxdy \tag{1}$$

の定義は，次のものであった．

有界閉集合の任意の増大列
$$K_1 \subset K_2 \subset K_3 \subset \cdots \subset K_n \subset \cdots$$
で $\mathbb{R}^2 = \lim_{n \to \infty} K_n$ となるものに対して，
$$\lim_{n \to \infty} \iint_{K_n} e^{-x^2-y^2} dx dy$$
が一定の値に近づくとき，その値が (1) である．

すべての K_n は有界なので，十分大きい a に対して，$B_a : x^2 + y^2 \leq a^2$ に含まれる．よって，
$$\iint_{K_n} e^{-x^2-y^2} dx dy \leq \iint_{B_a} e^{-x^2-y^2} dx dy$$
$$= \int_0^{2\pi} \left(\int_0^a e^{-r^2} r dr \right) d\theta = \int_0^{2\pi} \left[-\frac{1}{2} e^{-r^2} \right]_0^a d\theta$$
$$= \int_0^{2\pi} \left(-\frac{1}{2} e^{-a^2} + \frac{1}{2} e^{-0} \right) d\theta = \int_0^{2\pi} \frac{1}{2}(1 - e^{-a^2}) d\theta$$
$$= \left[\frac{1}{2}(1 - e^{-a^2}) \theta \right]_0^{2\pi} = \pi(1 - e^{-a^2}) \leq \pi.$$

任意の $b > 0$ に対して，十分大きい N を選ぶと，すべての $n \geq N$ に対して，K_n は B_b を含む．よって，上と同じ計算により，
$$\iint_{K_n} e^{-x^2-y^2} dx dy \geq \iint_{B_b} e^{-x^2-y^2} dx dy = \pi(1 - e^{-b^2}).$$
以上をまとめると，$n \to \infty$ のとき
$$\pi(1 - e^{-b^2}) \leq (\text{与式}) \leq \pi.$$

b は任意なので，$b \to \infty$ として，
$$(\text{与式}) = \pi.$$

(証明終わり)

$I = \displaystyle\int_{-\infty}^{\infty} e^{-t^2} dt$ とおく．
$$\pi = \int_{-\infty}^{\infty} \left(\int_{-\infty}^{\infty} e^{-x^2-y^2} dx \right) dy = \int_{-\infty}^{\infty} \left(\int_{-\infty}^{\infty} e^{-x^2} e^{-y^2} dx \right) dy$$

$$= \int_{-\infty}^{\infty} e^{-y^2} \left(\int_{-\infty}^{\infty} e^{-x^2} dx \right) dy = \int_{-\infty}^{\infty} e^{-y^2} I dy$$

$$= I \int_{-\infty}^{\infty} e^{-y^2} dy = I \times I.$$

よって, $I = \sqrt{\pi}$.

e^{-x^2} は偶関数なので,与式の値はこれの半分である. (証明終わり)

問 3 ガンマ関数の定義より,

$$\Gamma\left(\frac{1}{2}\right) = \int_0^{\infty} x^{-\frac{1}{2}} e^{-x} dx$$

である. $t = x^{\frac{1}{2}}$ と置換する.このとき,次のようになる.

x	0	$\to$	∞
t	0	$\to$	∞

$x = t^2$ なので, $dx = 2tdt$ である.よって,

$$\Gamma\left(\frac{1}{2}\right) = \int_0^{\infty} t^{-1} e^{-t^2} 2t dt = 2\int_0^{\infty} e^{-t^2} dt = \int_{-\infty}^{\infty} e^{-t^2} dt.$$

この値は,問 2 より

(答) $\sqrt{\pi}.$

問 4 問 1 を繰り返し用いる (p.78, p.79). (略)

問 5 n を自然数とし, $x \geqq 0$ で定義された連続関数を,次のように定める.

$$f(x) = x^{p-1} e^{-x},$$

$$f_n(x) = \begin{cases} x^{p-1} \left(1 - \dfrac{x}{n}\right)^n & (0 \leqq x \leqq n) \\ 0 & (n < x). \end{cases}$$

まず $\displaystyle\int_0^{\infty} f(x) dx = \lim_{n \to \infty} \int_0^{\infty} f_n(x) dx \left(= \lim_{n \to \infty} \int_0^n f_n(x) dx \right)$ を示す.そのためには

$$\int_0^{\infty} f(x) dx - \int_0^{\infty} f_n(x) dx$$

$$= \left(\int_0^R f(x) dx + \int_R^{\infty} f(x) dx \right) - \left(\int_0^R f_n(x) dx + \int_R^{\infty} f_n(x) dx \right)$$

$$= \int_R^\infty f(x)dx + \left(\int_0^R f(x)dx - \int_0^R f_n(x)dx\right) - \int_R^\infty f_n(x)dx \qquad (2)$$

の各項が，R, n が十分大きいとき，いくらでも 0 に近いことを示せばよい．

$0 \leqq t \leqq \dfrac{1}{2}$ のとき $1 \leqq \dfrac{1}{1-t} \leqq 1 + 2t$ である．両辺を 0 から t まで積分して

$$t \leqq -\log(1-t) \leqq t + t^2.$$

$t = \dfrac{x}{n}$ とおくと $0 \leqq x \leqq \dfrac{n}{2}$ のとき，

$$\frac{x}{n} \leqq -\log\left(1 - \frac{x}{n}\right) \leqq \frac{x}{n} + \frac{x^2}{n^2}.$$

$-n$ をかけて

$$-x \geqq n\log\left(1 - \frac{x}{n}\right) \geqq -x - \frac{x^2}{n},$$

$$e^{-x} \geqq \left(1 - \frac{x}{n}\right)^n \geqq e^{-x - \frac{x^2}{n}} = e^{-x} e^{-\frac{x^2}{n}} \geqq e^{-x}\left(1 - \frac{x^2}{n}\right).$$

よって

$$0 \leqq e^{-x} - \left(1 - \frac{x}{n}\right)^n \leqq \frac{x^2}{n} e^{-x}.$$

x^{p-1} をかけて

$$0 \leqq f(x) - f_n(x) \leqq \frac{x^{p+1}}{n} e^{-x}. \qquad (3)$$

x を止めて $n \to \infty$ とすると，挟みうち論法により $\displaystyle\lim_{n \to \infty}(f(x) - f_n(x)) = 0$．よって，問題に書いてある通り，$f_n(x)$ は $f(x)$ に各点収束する (図 5.27)．

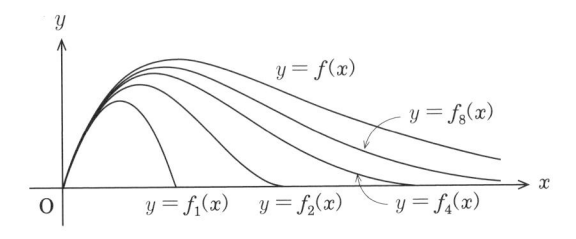

図 5.27

$f(x) \geqq 0$ であり $\Gamma(p) = \int_0^\infty f(x)dx = \lim_{R\to\infty} \int_0^R f(x)dx$ が収束することから, どんなに小さな $\varepsilon > 0$ に対しても, R を十分大きくとると

$$0 \leqq \int_R^\infty f(x)dx < \varepsilon \tag{4}$$

となる. (3) より $0 \leqq f_n(x) \leqq f(x)$ であるから (4) のとき

$$0 \leqq \int_R^\infty f_n(x)dx < \varepsilon \tag{5}$$

となる.

$$0 \leqq \int_0^R f(x)dx - \int_0^R f_n(x)dx$$
$$= \int_0^R (f(x) - f_n(x))dx$$
$$\leqq \int_0^R \frac{x^{p+1}}{n} e^{-x} dx$$
$$\leqq \frac{1}{n} \int_0^\infty x^{p+1} e^{-x} dx = \frac{1}{n} \Gamma(p+2)$$

よって, どんなに小さな $\varepsilon > 0$ に対しても n を十分大きくとると

$$0 \leqq \int_0^R f(x)dx - \int_0^R f_n(x)dx < \varepsilon \tag{6}$$

となる. (4), (5), (6) を (2) 式に適用して

$$0 + 0 - \varepsilon \leqq \int_0^\infty f(x)dx - \int_0^\infty f_n(x)dx < \varepsilon + \varepsilon - 0 = 2\varepsilon$$

ε はいくらでも 0 に近くとれるので,

$$\int_0^\infty f_n(x)dx = \int_0^n x^{p-1}\left(1 - \frac{x}{n}\right)^n dx = \int_0^1 (nt)^{p-1}(1-t)^n dt$$
$$= n^p \int_0^1 t^{p-1}(1-t)^n dt = B(p, n+1) n^p \tag{7}$$

は $n \to \infty$ のとき $\Gamma(p) = \int_0^\infty f(x)dx$ に収束する.

ベータ関数とガンマ関数の関係式より,

$$(7) = \frac{\Gamma(p)\Gamma(n+1)}{\Gamma(p+n+1)} n^p = \frac{\Gamma(p)n!}{(p+n)(p+n-1)\times\cdots\times(p+1)p\Gamma(p)} n^p$$

$$= \frac{n!}{(p+n)(p+n-1)\times\cdots\times(p+1)p} n^p$$

なので，与式は証明された． (証明終わり)

問題 5.5

累次積分の順序交換

曲面 $z = e^{-xy}\sin x$ と xy 平面の一部 $x \geq 0, y \geq 0, z = 0$ とで挟まれた部分の符号付き体積 V を利用し，$\int_0^\infty \frac{\sin x}{x} dx$ を求めよ．

解答 |

$$I = \int_0^\infty \left(\int_0^\infty e^{-xy}\sin x \, dx \right) dy \quad \text{と} \quad J = \int_0^\infty \left(\int_0^\infty e^{-xy}\sin x \, dy \right) dx$$

が等しいことを用いる．

積の微分の公式より，

$$(e^{-ax}\sin x)' = e^{-ax}(-a\sin x + \cos x), \tag{1}$$

$$(e^{-ax}\cos x)' = e^{-ax}(-a\cos x - \sin x). \tag{2}$$

$a(1) + (2)$ より

$$\{e^{-ax}(a\sin x + \cos x)\}' = (-a^2 - 1)e^{-ax}\sin x.$$

よって，

$$\int e^{-ax}\sin x \, dx = -\frac{1}{a^2+1} e^{-ax}(a\sin x + \cos x),$$

$$\int_0^\infty e^{-xy}\sin x \, dx = \lim_{R\to\infty} \int_0^R e^{-xy}\sin x \, dx$$

$$= \lim_{R\to\infty} \left[-\frac{1}{y^2+1} e^{-xy}(y\sin x + \cos x) \right]_0^R$$

$$= \lim_{R\to\infty} \left\{ -\frac{1}{y^2+1} e^{-Ry}(y\sin R + \cos R) + \frac{1}{y^2+1} \right\}$$

$$= \lim_{R\to\infty}\left\{-\frac{\sqrt{y^2+1}}{y^2+1}e^{-Ry}\sin(R+y_0)+\frac{1}{y^2+1}\right\}. \quad (3)$$

(i) $y=0$ のとき．
$$(3)=\lim_{R\to\infty}\{-\sin(R+y_0)+1\}$$
は 0 と 2 の間を振動する．

(ii) $y>0$ のとき．
$$(3)=0+\frac{1}{y^2+1}.$$

(i), (ii) より，
$$I=\lim_{\varepsilon\to+0}\int_\varepsilon^\infty\left(\int_0^\infty e^{-xy}\sin x\,dx\right)dy$$
$$=\lim_{\varepsilon\to+0}\int_\varepsilon^\infty\frac{1}{y^2+1}dy=\lim_{\varepsilon\to+0}[\text{Arctan}\,y]_\varepsilon^\infty=\frac{\pi}{2}.$$

(iii) $x=0$ のとき．
$$\int_0^\infty e^{-xy}\sin x\,dy=\int_0^\infty 0\,dy=0.$$

(iv) $x>0$ のとき．
$$\int_0^\infty e^{-xy}\sin x\,dy=\lim_{R\to\infty}\int_0^R e^{-xy}\sin x\,dy=\lim_{R\to\infty}\left[\frac{e^{-xy}\sin x}{-x}\right]_0^R$$
$$=\lim_{R\to\infty}\left(\frac{e^{-xR}\sin x}{-x}+\frac{\sin x}{x}\right)=\frac{\sin x}{x}.$$

(iii), (iv) より
$$J=\lim_{\varepsilon\to+0}\int_\varepsilon^\infty\left(\int_0^\infty e^{-xy}\sin x\,dy\right)dx=\lim_{\varepsilon\to+0}\int_\varepsilon^\infty\frac{\sin x}{x}dx=\int_0^\infty\frac{\sin x}{x}dx.$$

$J=I$ より
$$\textbf{(答)}\quad \int_0^\infty\frac{\sin x}{x}dx=\frac{\pi}{2}.$$

解説 ｜ 本問の被積分関数は連続なので，積分領域が有界 (大きさが有限) であれば累次積分の順序交換が可能である．しかし，残念ながら積分領域が無限なの

で，順序交換が可能であることの証明には細かな考察が必要になる．

$$I = \lim_{\varepsilon \to +0} \int_\varepsilon^\infty \left(\int_0^\infty e^{-xy} \sin x \, dx \right) dy$$

の証明，つまり

$$\lim_{\varepsilon \to +0} \int_0^\varepsilon \left(\int_0^\infty e^{-xy} \sin x \, dx \right) dy = 0 \tag{4}$$

の証明は以下の通り．

(i),(ii) より内側の無限区間の積分は 0 と 2 の間なので，外側の積分値は 0 と 2ε の間の値になる．したがって，挟みうち論法で (4) が成立する．

$$J = \lim_{\varepsilon \to +0} \int_\varepsilon^\infty \left(\int_0^\infty e^{-xy} \sin x \, dy \right) dx$$

の証明，つまり，

$$\lim_{\varepsilon \to +0} \int_0^\varepsilon \left(\int_0^\infty e^{-xy} \sin x \, dy \right) dx = 0 \tag{5}$$

の証明は以下の通り．

(iii),(iv) より，内側の無限区間の積分は -1 と 1 の間なので，外側の積分値は $-\varepsilon$ と ε の間の値になる．したがって，挟みうち論法で (5) が成立する．

$J=I$ となる証明は，a,b が十分大きいとき，

$$\int_0^\infty \left(\int_0^\infty e^{-xy} \sin x \, dx \right) dy \text{ と } \int_0^a \left(\int_0^b e^{-xy} \sin x \, dx \right) dy \text{ の差が十分小さい,} \tag{6}$$

$$\int_0^a \left(\int_0^b e^{-xy} \sin x \, dx \right) dy \text{ と } \int_0^b \left(\int_0^a e^{-xy} \sin x \, dy \right) dx \text{ は等しい,} \tag{7}$$

$$\int_0^b \left(\int_0^a e^{-xy} \sin x \, dy \right) dx \text{ と } \int_0^\infty \left(\int_0^\infty e^{-xy} \sin x \, dy \right) dx \text{ の差が十分小さい,} \tag{8}$$

の三つを確認すればできる．(6) の差は

$$\begin{aligned} I_1 &= \int_a^\infty \left(\int_0^\infty e^{-xy} \sin x \, dx \right) dy \\ &= \int_a^\infty \left[-\frac{1}{y^2+1} e^{-xy} (y \sin x + \cos x) \right]_0^\infty dy \end{aligned}$$

$$= \int_a^\infty \frac{1}{y^2+1} dy = [\mathrm{Arcsin}\, y]_a^\infty = \frac{\pi}{2} - \mathrm{Arcsin}\, a$$

と

$$\int_0^a \left(\int_b^\infty e^{-xy} \sin x\, dx \right) dy$$

からなる．後者は

$$I_2 = \int_\varepsilon^a \left(\int_b^\infty e^{-xy} \sin x\, dx \right) dy \quad \text{と} \quad I_3 = \int_0^\varepsilon \left(\int_b^\infty e^{-xy} \sin x\, dx \right) dy$$

に分けられる．$\varepsilon \to +0$ とし，$a \to \infty$, $b \to \infty$ とすると $I_1 \to 0$, $I_2 \to 0$, $I_3 \to 0$ となる．

(7) は $e^{-xy} \sin x$ の連続性から，一般論で成り立つ．

(8) の差は

$$J_1 = \int_b^\infty \left(\int_0^\infty e^{-xy} \sin x\, dy \right) dx = \int_b^\infty \left[\frac{e^{-xy}}{-x} \sin x \right]_0^\infty dx = \int_b^\infty \frac{\sin x}{x} dx$$

と

$$\int_0^b \left(\int_a^\infty e^{-xy} \sin x\, dy \right) dx$$

からなる．後者は

$$J_2 = \int_\eta^b \left(\int_a^\infty e^{-xy} \sin x\, dy \right) dx \quad \text{と} \quad J_3 = \int_0^\eta \left(\int_a^\infty e^{-xy} \sin x\, dy \right) dx$$

に分けられる．$\eta \to +0$ とし，$a \to \infty$, $b \to \infty$ とすると $J_1 \to 0$, $J_2 \to 0$, $J_3 \to 0$ となる．

(発展) 累次積分の順序交換ができない連続関数

無限区間の場合，被積分関数が連続でも，一般には，累次積分の順序交換ができなくなる．たとえば，

$$\int_1^\infty \left(\int_1^\infty \frac{x^2-y^2}{(x^2+y^2)^2} dx \right) dy = \int_1^\infty \left[-\frac{x}{x^2+y^2} \right]_1^\infty dy$$

$$= \int_1^\infty \frac{1}{1+y^2} dy = [\mathrm{Arctan}\, y]_1^\infty = \frac{\pi}{4}.$$

一方，

$$\int_1^\infty \left(\int_1^\infty \frac{x^2-y^2}{(x^2+y^2)^2}dy\right)dx = \int_1^\infty \left[\frac{y}{x^2+y^2}\right]_1^\infty dx$$
$$= \int_1^\infty \left(-\frac{1}{1+x^2}\right)dx = [-\mathrm{Arctan}\,x]_1^\infty = -\frac{\pi}{4}.$$

問題 5.6

面積分の計算

xyz 空間上に，$A_1(1,0,0)$，$A_2(2,0,0)$，$A_3(2,0,1)$，$A_4(1,0,1)$，$A_5(1,1,0)$，$A_6(2,1,0)$，$A_7(2,1,1)$，$A_8(1,1,1)$ を頂点とする立方体 K を考える．K の境界(表面)を ∂K とおく．以下の問に答えよ．

(問 1) ベクトル関数 $\vec{f} = \begin{pmatrix} x+y+z \\ x+y+z \\ x+y+z \end{pmatrix}$ について，表面 ∂K での面積分

$$\int_{\partial K} \vec{f}\cdot\vec{n}\,dS$$

を求めよ．

(問 2) ベクトル関数 $\vec{g} = \begin{pmatrix} x^2(3xz^2+2y-y^2)+y^3(5yz-6z^5) \\ y(-2xy-9x^2z^2+18yz^2) \\ y\{2x(yz-x^2)-12z^3+3\} \end{pmatrix}$ について，表面 ∂K での面積分 $\int_{\partial K} \vec{g}\cdot\vec{n}\,dS$ を求めよ．

解答 | **問 1** ガウスの発散公式 (p.153)

$$\int_{\partial K} a\,dydz + b\,dzdx + c\,dxdy = \int_K (a_x + b_y + c_z)dxdydz$$

に代入する．

$$\int_{\partial K} \vec{f}\cdot\vec{n}\,dS = \int_{\partial K}(x+y+z)dydz + (x+y+z)dzdx + (x+y+z)dxdy$$
$$= \int_K \left\{\frac{\partial}{\partial x}(x+y+z) + \frac{\partial}{\partial y}(x+y+z) + \frac{\partial}{\partial z}(x+y+z)\right\}dxdydz$$
$$= \int_K (1+1+1)dxdydz = 3(K \text{ の体積}) = 3.$$

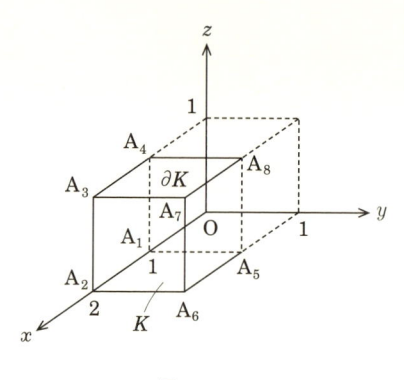

図 5.28

よって,

(答) 3.

問2 これも，ガウスの発散公式を用いる．

$$\int_{\partial K} \vec{g}\cdot\vec{n}\,dS$$
$$=\int_{\partial K}\{x^2(3xz^2+2y-y^2)+y^3(5yz-6z^5)\}dydz$$
$$+y(-2xy-9x^2z^2+18yz^2)dzdx+y\{2x(yz-x^2)-12z^3+3\}dxdy$$
$$=\int_{K}\Big[\frac{\partial}{\partial x}\{(3x^3z^2+2x^2y-x^2y^2)+(5y^4z-6y^3z^5)\}$$
$$+\frac{\partial}{\partial y}(-2xy^2-9x^2yz^2+18y^2z^2)+\frac{\partial}{\partial z}\{(2xy^2z-2x^3y)-12yz^3+3y\}\Big]dxdydz$$
$$=\int_{K}\{(9x^2z^2+4xy-2xy^2)+(-4xy-9x^2z^2+36yz^2)+(2xy^2-36yz^2)\}dxdydz$$
$$=\int_{K}0\,dxdydz=0.$$

よって,

(答) 0.

解説 a が x, y の関数，xy 平面上の領域 S がパラメータ $(s,t)\in D$ を用いて $S:(x,y)=(x(s,t),y(s,t))$ と表せるとする．普通の置換積分では $\iint_S a\,dxdy=$

$$\iint_E a \left|\det\begin{pmatrix} x_s & x_t \\ y_s & y_t \end{pmatrix}\right| ds dt$$ であった．D, E の向き (符号) をきちんと考えた積分を $\iint_D a dx \wedge dy$ と書く．この場合，置換積分すると $\iint_E a \det\begin{pmatrix} x_s & x_t \\ y_s & y_t \end{pmatrix} ds \wedge dt$ となる．$dx \wedge dy$ を dx と dy の外積という．同様に a, b, c が x, y, z の関数，(s,t) が D 上を動くとき，xyz 空間内の曲面

$$S : (x, y, z) = (x(s,t), y(s,t), z(s,t))$$

上の面積分

$$\iint_S a dy \wedge dz + b dz \wedge dx + c dx \wedge dy$$

は，

$$\iint_D a \det\begin{pmatrix} y_s & y_t \\ z_s & z_t \end{pmatrix} ds \wedge dt + \iint_D b \det\begin{pmatrix} z_s & z_t \\ x_s & x_t \end{pmatrix} ds \wedge dt$$
$$+ \iint_D c \det\begin{pmatrix} x_s & x_t \\ y_s & y_t \end{pmatrix} ds \wedge dt$$
$$= \iint_D \begin{pmatrix} a \\ b \\ c \end{pmatrix} \cdot \left(\begin{pmatrix} x_s \\ y_s \\ z_s \end{pmatrix} \times \begin{pmatrix} x_t \\ y_t \\ z_t \end{pmatrix} \right) ds \wedge dt$$

で計算される．

解答では，微分形式の外積の記号「$\wedge$」を省略した．「$\cdot$」は 3 次元ベクトルの内積，「$\times$」は 3 次元ベクトルの外積を表す．

(発展) **ストークスの定理**

a, b, c, p, q, r が x, y, z, w の関数であるとし，(s,t) が D 上を動くとする．$xyzw$ 空間内の曲面 $S : (x, y, z, w) = (x(s,t), y(s,t), z(s,t), w(s,t))$ 上の面積分

$$I = \iint_S a dx \wedge dy + b dx \wedge dz + c dx \wedge dw + p dy \wedge dz + q dy \wedge dw + r dz \wedge dw$$

は

$$\iint_D \left\{ a \det\begin{pmatrix} x_s & x_t \\ y_s & y_t \end{pmatrix} + \cdots \right\} ds \wedge dt$$

で計算される．I は

$$\iiint_K (a_z - b_y + p_x) dx \wedge dy \wedge dz + (a_w - c_y + q_x) dx \wedge dy \wedge dw$$

$$+(b_w-c_z+r_x)dx \wedge dz \wedge dw + (p_w-q_z+r_y)dy \wedge dz \wedge dw$$

に等しい．

ここで K は S を境界にもつ立体である．このように，グリーンの定理，ストークスの定理，ガウスの定理は n 次元空間内の k 次元の図形上の積分に拡張できる．この拡張された定理もストークスの定理という．なお立体 K を

$$K:(x,y,z,w)=(x(s,t,u),y(s,t,u),z(s,t,u),w(s,t,u)) \qquad (s,t,u) \in L$$

とパラメータ表示すると積分

$$\iiint_K A dx \wedge dy \wedge dz + B dx \wedge dy \wedge dw + C dx \wedge dz \wedge dw + D dy \wedge dz \wedge dw$$

は

$$\iiint_L \left\{ A \det \begin{pmatrix} x_s & x_t & x_u \\ y_s & y_t & y_u \\ z_s & z_t & z_u \end{pmatrix} + \cdots \right\} ds \wedge dt \wedge du$$

で計算される．

類題 5.4

グリーンの定理・ストークスの定理

(問1) 楕円の周 $\dfrac{x^2}{4}+y^2=1$ を C とおく．$\displaystyle\int_C -\dfrac{y}{2}dx+\dfrac{x}{2}dy$ を計算せよ．

(問2) 回転放物面 $z=1-x^2-y^2$ かつ $z \geqq 0$ を S，S の境界を成す円周

$$x^2+y^2=1 \quad \text{かつ} \quad z=0$$

を C とおく．$\displaystyle\int_S x dx + y dy + z dz$ を計算せよ．

解答 | **問1** 楕円 $\dfrac{x^2}{4}+y^2 \leqq 1$ を D とおく (図 5.29)．グリーンの定理

$$\int_C a dx + b dy = \iint_D \left(\dfrac{\partial b}{\partial x} - \dfrac{\partial a}{\partial y} \right) dx \wedge dy$$

より，

$$\int_C -\frac{y}{2}dx + \frac{x}{2}dy = \iint_D \left\{ \frac{\partial}{\partial x}\left(\frac{x}{2}\right) - \frac{\partial}{\partial y}\left(-\frac{y}{2}\right) \right\} dx \wedge dy$$

$$= \iint_D 1 \, dx \wedge dy = (D \text{ の面積}) = \pi 2 \cdot 1 = 2\pi.$$

図 5.29

図 5.30

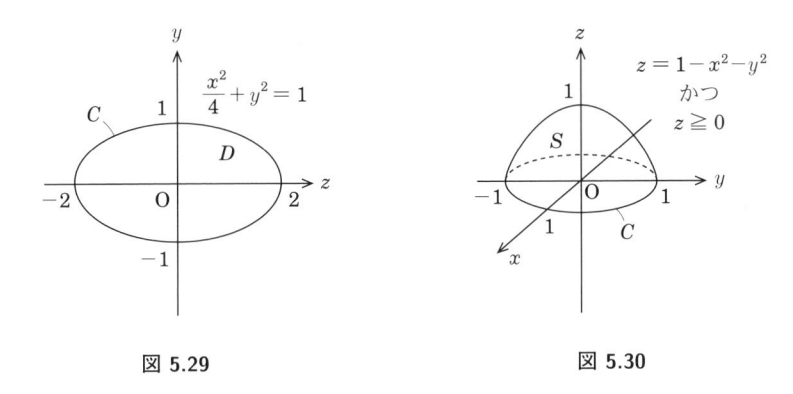

問 2　ストークスの定理

$$\int_C a\,dx + b\,dy + c\,dz$$
$$= \iint_S \left(\frac{\partial c}{\partial y} - \frac{\partial b}{\partial z}\right) dy \wedge dz + \left(\frac{\partial a}{\partial z} - \frac{\partial c}{\partial x}\right) dz \wedge dx + \left(\frac{\partial b}{\partial x} - \frac{\partial a}{\partial y}\right) dx \wedge dy$$

より，

$$\int_C x\,dx + y\,dy + z\,dz$$
$$= \iint_S \left(\frac{\partial z}{\partial y} - \frac{\partial y}{\partial z}\right) dy \wedge dz + \left(\frac{\partial x}{\partial z} - \frac{\partial z}{\partial x}\right) dz \wedge dx + \left(\frac{\partial y}{\partial x} - \frac{\partial x}{\partial y}\right) dx \wedge dy$$
$$= \iint_S 0\,dy \wedge dz + 0\,dz \wedge dx + 0\,dx \wedge dy = 0.$$

よって，

(**答**)　0.

問 2 の別解　線積分は，直接計算した方が速いことも多い．
積分値はパラメータの取り方にはよらないので，

$$C: (x, y, z) = (\cos\theta, \sin\theta, 0) \qquad (0 \leqq \theta \leqq 2\pi)$$

とおくと，

第 5 章　重積分法　　191

$$\int_C xdx+ydy+zdz = \int_0^{2\pi} \left(x\frac{dx}{d\theta}+y\frac{dy}{d\theta}+z\frac{dz}{d\theta}\right)d\theta$$
$$= \int_0^{2\pi} \{\cos\theta(-\sin\theta)+\sin\theta\cos\theta+0\}d\theta = 0.$$

第6章 関数列と展開

基礎のまとめ
1 各点収束

$a \leqq x \leqq b$ で定義された関数たち $f_n(x)$ が $f(x)$ に **(各点) 収束**するとは,各点 x に対して,n を限りなく大きくすると,$f_n(x)$ が $f(x)$ に限りなく近づくことである.ε–N 論法で書くと,次のようになる.

どんなに小さな $\varepsilon > 0$ と,$a \leqq x \leqq b$ を満たす任意の x に対しても,十分
$$N = N(x, \varepsilon)$$
を大きくとると,$n \geqq N$ を満たすすべての n に対して
$$|f_n(x) - f(x)| < \varepsilon$$
となること.

ここで,N は x と ε の関数である.このとき「$\displaystyle\lim_{n \to \infty} f_n(x) = f(x)$ (各点)」とか,「各点で $f_n(x) \to f(x) \ (n \to \infty)$」などと書く.

2 一様収束

$a \leqq x \leqq b$ で定義された関数列 $f_n(x)$ が $f(x)$ に**一様収束**するとは,各点収束の定義での N が x によらず,ε のみの関数となることである.

ε–N 論法で書くと,次のようになる.

どんなに小さな $\varepsilon > 0$ に対しても,十分 $N = N(\varepsilon)$ を大きくとると,$a \leqq x \leqq b$ を満たす任意の x と $n \geqq N$ を満たすすべての n に対して,$|f_n(x) - f(x)| < \varepsilon$ となること.

このとき「$\displaystyle\lim_{n \to \infty} f_n(x) = f(x)$ (一様)」とか,「一様に $f_n(x) \to f(x) \ (n \to \infty)$」などと書く.

3 一様収束と連続性

$a \leq x \leq b$ で定義された連続関数列 $f_n(x)$ が $f(x)$ に**一様収束**するなら，$f(x)$ も**連続**となる．

一様収束しない場合は，連続となることも，ならないこともある．

たとえば，$0 \leq x \leq 1$ で定義された連続関数列 $f_n(x) = x^n$ は不連続関数

$$f(x) = \begin{cases} 0 & (0 \leq x < 1 \text{ のとき}) \\ 1 & (x = 1 \text{ のとき}) \end{cases}$$

に各点収束するが，一様収束はしない．

4 べき級数

$a_0 + a_1 x + a_2 x^2 + a_3 x^3 + \cdots$ の形の関数を<ruby>冪<rt>べき</rt></ruby>級数という．これが $x = x_0$ で収束するなら，$|x| < |x_0|$ を満たすすべての x で収束する．

5 収束半径

べき級数 $f(x) = a_0 + a_1 x + a_2 x^2 + a_3 x^3 + \cdots$ が $|x| < \rho$ で絶対収束し，$|x| > \rho$ では発散する ρ が存在する．この ρ を $f(x)$ の**収束半径**，$|x| < \rho$ を**収束円**という．収束円内では，絶対収束するので (p.24)，和は足す順番を変えても変化しない．

$|x| = \rho$ 上では，収束することも，発散することもある．

たとえば，次の三つのべき級数の収束半径はすべて 1 である．

$\sum_{n=1}^{\infty} x^n$ は $|x| = 1$ 上でつねに発散する．

$\sum_{n=1}^{\infty} \dfrac{x^n}{n}$ は $|x| = 1$ 上の点 $x = 1$ で発散するが，$x = -1$ で収束する．

$\sum_{n=1}^{\infty} \dfrac{x^n}{n^2}$ は $|x| = 1$ 上でつねに収束する．

6 ダランベールの公式

べき級数 $f(x) = a_0 + a_1 x + a_2 x^2 + a_3 x^3 + \cdots$ の収束半径 ρ は，右辺の極限が存在するなら

$$\rho = \lim_{n \to \infty} \left| \frac{a_n}{a_{n+1}} \right|$$

で求められる．

7 コーシー・アダマールの公式

べき級数 $f(x) = a_0 + a_1 x + a_2 x^2 + a_3 x^3 + \cdots$ の収束半径 ρ は，

$$\rho = \frac{1}{\limsup\limits_{n\to\infty} \sqrt[n]{|a_n|}}$$

で求められる．ここで $\limsup\limits_{n\to\infty} \sqrt[n]{|a_n|}$ は $\sqrt[n]{|a_n|}$ の上極限である (p.24)．

8 項別微分と項別積分

べき級数 $f(x) = a_0 + a_1 x + a_2 x^2 + a_3 x^3 + \cdots$ の収束半径を ρ とする．$f(x)$ は収束半径内 $|x| < \rho$ で広義一様収束 (コンパクト一様収束) する．つまり，$\rho_0 < \rho$ を満たす任意の ρ_0 に対して，$|x| \leqq \rho_0$ で一様収束する．よって，収束半径内 $|x| < \rho$ で $f(x)$ は連続であり，

項別微分：$f'(x) = a_1 + 2a_2 x + 3a_3 x^2 + 4a_4 x^3 + \cdots$ や

項別積分：$\displaystyle\int_0^x f(t)\,dt = a_0 x + \frac{a_1}{2} x^2 + \frac{a_2}{3} x^3 + \frac{a_3}{4} x^4 + \cdots$

が成り立つ．

$|x| = \rho$ 上では一般に不成立．つまり，$|x_0| = \rho$ のとき，収束円内から円周上への極限に対して，

$$\lim_{x\to x_0} f(x) = a_0 + a_1 x_0 + a_2 x_0{}^2 + a_3 x_0{}^3 + \cdots \quad \text{や,}$$

$$\lim_{x\to x_0} f'(x) = a_1 + 2a_2 x_0 + 3a_3 x_0{}^2 + 4a_4 x_0{}^3 + \cdots \quad \text{や,}$$

$$\lim_{x\to x_0} \int_0^x f(t)\,dt = a_0 x_0 + \frac{a_1}{2} x_0{}^2 + \frac{a_2}{3} x_0{}^3 + \frac{a_3}{4} x_0{}^4 + \cdots$$

は成り立たないことがある．

9 アーベルの連続性定理

べき級数 $f(x) = a_0 + a_1 x + a_2 x^2 + a_3 x^3 + \cdots$ の収束半径を ρ とする．$|x_0| = \rho$ のとき，もし，$a_0 + a_1 x_0 + a_2 x_0{}^2 + a_3 x_0{}^3 + \cdots$ が α に収束するなら，収束円内から円周上への半径に沿った極限に対して，$\lim\limits_{x\to x_0} f(x)$ が収束して α に等しい．これを**アーベルの連続性定理**という．

この逆，つまり，$\lim\limits_{x\to x_0} f(x)$ が α に収束するとき，和 $a_0 + a_1 x_0 + a_2 x_0{}^2 + a_3 x_0{}^3 + \cdots$ も収束して α に等しくなるための十分条件を与える諸定理を**タウバー型の定理**という．

10　極限と積分の順序交換

$a \leqq x \leqq b$ で定義された関数 $f_n(x)$ が積分可能であり，$f(x)$ に一様収束すると仮定する．このとき，$f(x)$ も積分可能で

$$\int_a^b f(x)dx = \int_a^b \left(\lim_{n\to\infty} f_n(x)\right)dx = \lim_{n\to\infty}\left(\int_a^b f_n(x)dx\right)$$

が成り立つ．

$f_n(x) \to f(x)\ (n \to \infty)$ が一様収束しない場合は，極限と積分の順序交換が可能なときも，可能でないときもある．

たとえば $0 \leqq x \leqq 1$ で定義された関数 $f_n(x) = n^a x^n(1-x)$ は 0 に収束する．この収束は，$a < 1$ のとき一様収束だが，$a \geqq 1$ のときは各点収束しかしない．

$\int_0^1 f_n(x)dx$ は $a < 2$ のとき 0 に収束するが，$a \geqq 2$ のとき 0 に収束しない．

11　無限区間の積分の一様収束

$\int_a^\infty f_n(x)dx$ の収束を $\varepsilon\text{-}\delta$ 論法を使って表現すると次のようになる．

どんなに小さな $\varepsilon > 0$ と任意の n に対しても，十分 $M = M(\varepsilon)$ を大きくとると，$R > M$ を満たす任意の R に対して，

$$\left|\int_a^R f_n(x)dx - \int_a^\infty f_n(x)dx\right| < \varepsilon$$

が成り立つことである．このときの M は n と ε の関数である．

この M が n によらず，ε だけの関数にできるとき，つまり，どんなに小さな $\varepsilon > 0$ に対しても，十分 $M = M(\varepsilon)$ を大きくとると，任意の n と，$R > M$ を満たす任意の R に対して，

$$\left|\int_a^R f_n(x)dx - \int_a^\infty f_n(x)dx\right| < \varepsilon$$

となるとき，$\int_a^\infty f_n(x)dx$ は，n に関して**一様収束**するという．

$\int_a^\infty f(x,y)dx$ の y に関する一様収束性も同様に定義する．

12　極限と無限区間の積分の順序交換

$a \leqq x$ で定義された関数 $f_n(x)$ が積分可能であり，$f(x)$ に一様収束すると仮定する．さらに，無限区間の積分も一様収束するとき，$f(x)$ も積分可能で

$$\int_a^\infty f(x)dx = \int_a^\infty \left(\lim_{n\to\infty} f_n(x) \right) dx = \lim_{n\to\infty} \left(\int_a^\infty f_n(x) dx \right)$$

が成り立つ．

$f_n(x) \to f(x)\ (n\to\infty)$ が一様収束しても，積分が一様収束しない場合は，極限と無限区間の積分の順序交換が可能なときも，可能でないときもある．

たとえば $0\leqq x$ で定義された関数 $f_n(x) = \dfrac{1}{n^a} x e^{-\frac{x}{n}}$ は $a>0$ のとき 0 に収束する．$0<a\leqq 1$ のとき各点収束しかしないが，$a>1$ のときは一様収束する．$\int_0^\infty f_n(x)dx$ は $0<a\leqq 2$ のとき 0 に収束しないが，$a>2$ なら 0 に収束する．

13 無限和と積分の順序交換

$a\leqq x\leqq b$ で定義された関数 $f_n(x)$ が積分可能であり，第 n 部分和 $\sum_{k=1}^n f_k(x)$ が $\sum_{k=1}^\infty f_k(x)$ に一様収束すると仮定する．このとき，$\sum_{k=1}^\infty f_k(x)$ も積分可能で

$$\int_a^b \left(\sum_{k=1}^\infty f_k(x) \right) dx = \sum_{k=1}^\infty \left(\int_a^b f_k(x) dx \right)$$

が成り立つ．右辺を項別積分という．

$b=\infty$ の場合は，$\lim_{n\to\infty} \sum_{k=1}^n f_k(x) = \sum_{k=1}^\infty f_k(x)$ が一様収束でも，等号が不成立の場合がある．無限区間の積分が n に関して一様収束するなら，等号が成立する．

14 極限と微分の順序交換

$I:a\leqq x\leqq b$ を含む開区間で $f_n(x)$ が微分可能かつ，

$$\lim_{n\to\infty} \frac{d}{dx} f_n(x) = g(x) \qquad (一様収束)$$

かつ，ある 1 点 $c\in I$ で $f_n(t)$ が収束するとする．このとき，$\lim_{n\to\infty} f_n(x) = f(x)$ が存在して，$\dfrac{d}{dx} f(x) = g(x)$ となる．つまり，

$$\frac{d}{dx} \left(\lim_{n\to\infty} f_n(x) \right) = \lim_{n\to\infty} \left(\frac{d}{dx} f_n(x) \right)$$

が成り立つ．

一様収束しない場合は，極限と微分が順序交換できることも，できないこともある．

例1　$f_n(x) = \dfrac{x}{n^2 x^2 + 1}$ は 0 に収束するので，$\dfrac{d}{dx}\left(\lim_{n\to\infty} f_n(x)\right) = 0.$

一方，

$$\lim_{n \to \infty} \left(\frac{d}{dx} f_n(x) \right) = \lim_{n \to \infty} \frac{-n^2 x^2 + 1}{(n^2 x^2 + 1)^2} = \begin{cases} 1 & (x=0 \text{ のとき}) \\ 0 & (x \neq 0 \text{ のとき}) \end{cases}$$

となる．これは一様収束でない．

例2 $f_n(x)$ を $0 \leqq x \leqq 1$ で $n^a x^{n+1}(1-x)^2$，それ以外で 0 と定義する．$f_n(x)$ は 0 に収束するので，$\dfrac{d}{dx}\left(\lim_{n \to \infty} f_n(x) \right) = 0$．一方，$\dfrac{d}{dx} f_n(x)$ は $0 \leqq x \leqq 1$ で $n^a\{(n+1)-(n+3)x\}(1-x)x^n$，それ以外で 0 となる．これは 0 に収束し，$a \geqq 1$ では各点収束しかしないが $a<1$ では一様収束する．どちらにしても

$$\frac{d}{dx}\left(\lim_{n \to \infty} f_n(x) \right) = \lim_{n \to \infty} \left(\frac{d}{dx} f_n(x) \right)$$

が成り立つ．

15　無限和と微分の順序交換

$I : a \leqq x \leqq b$ を含む開区間で $f_n(x)$ が微分可能であり，第 n 部分和 $\sum_{k=1}^{n} \dfrac{d}{dx} f_k(x)$ がある関数に一様収束すると仮定する．さらに，ある 1 点 $c \in I$ で $\sum_{k=1}^{\infty} f_k(c)$ が収束すると仮定する．このとき，$\sum_{k=1}^{\infty} f_k(x)$ は収束し，

$$\frac{d}{dx}\left(\sum_{k=1}^{\infty} f_k(x) \right) = \sum_{k=1}^{\infty} \left(\frac{d}{dx} f_k(x) \right)$$

が成り立つ．右辺を項別微分という．

16　積分と積分の順序交換

$f(x,y)$ が連続関数なら，

$$\int_c^d \left(\int_a^b f(x,y) dx \right) dy = \int_a^b \left(\int_c^d f(x,y) dy \right) dx$$

が成り立つ．

$f(x,y)$ が不連続関数の場合は，累次積分の順序交換が不可能になることがある．

例1 xy 平面上の正方形 $0 \leqq x \leqq 1$ かつ $0 \leqq y \leqq 1$ 上で定義された関数 $f(x,y)$ を $f(0,0)=0, (x,y) \neq (0,0)$ で $f(x,y) = \dfrac{x-y}{(x+y)^3}$ と定義すると，原点で不連続になる．この場合，

$$\int_0^1 \left(\int_0^1 f(x,y)dx\right)dy = \lim_{\varepsilon\to+0}\int_\varepsilon^1 \left(\int_0^1 f(x,y)dx\right)dy$$
$$= \lim_{\varepsilon\to+0}\int_\varepsilon^1 \left[\frac{-x}{(x+y)^2}\right]_0^1 dy = \lim_{\varepsilon\to+0}\int_\varepsilon^1 \frac{-1}{(1+y)^2}dy$$
$$= \lim_{\varepsilon\to+0}\left[\frac{1}{1+y}\right]_\varepsilon^1 = -\frac{1}{2},$$
$$\int_0^1 \left(\int_0^1 f(x,y)dy\right)dx = \lim_{\eta\to+0}\int_\eta^1 \left[\frac{y}{(x+y)^2}\right]_0^1 dx = \lim_{\eta\to+0}\int_\eta^1 \frac{1}{(x+1)^2}dx$$
$$= \lim_{\eta\to+0}\left[\frac{-1}{x+1}\right]_\eta^1 = \frac{1}{2}$$

となる．

例 2 $f(x,y)$ を $(x,y)=(0,0)$ のとき 0, $(x,y)\neq(0,0)$ のとき $\dfrac{x^2-y^2}{(x^2+y^2)^2}$ で定義すると，

$$\int_0^1 \left(\int_0^1 f(x,y)dx\right)dy = \lim_{\varepsilon\to+0}\int_\varepsilon^1 \left(\int_0^1 f(x,y)dx\right)dy$$
$$= \lim_{\varepsilon\to+0}\int_\varepsilon^1 \left[-\frac{x}{x^2+y^2}\right]_0^1 dy$$
$$= \lim_{\varepsilon\to+0}\int_\varepsilon^1 \left(-\frac{1}{1+y^2}\right)dy$$
$$= \lim_{\varepsilon\to+0}[-\mathrm{Arctan}\,y]_\varepsilon^1 = -\frac{\pi}{4}.$$

一方，
$$\int_0^1 \left(\int_0^1 f(x,y)dy\right)dx = \lim_{\eta\to+0}\int_\eta^1 \left[\frac{y}{x^2+y^2}\right]_0^1 dx$$
$$= \lim_{\eta\to+0}\int_\eta^1 \frac{1}{x^2+1}dx$$
$$= \lim_{\eta\to+0}[-\mathrm{Arctan}\,x]_\eta^1 = \frac{\pi}{4}$$

となり値が異なる．

17　積分と無限区間の積分の順序交換

$f(x,y)$ が連続関数かつ，無限区間の積分が x に関して一様収束するなら，

$$\int_c^\infty \left(\int_a^b f(x,y)dx\right)dy = \int_a^b \left(\int_c^\infty f(x,y)dy\right)dx$$

が成り立つ．

$f(x,y)$ が連続関数でも無限区間の積分が一様収束しない場合は，積分と無限区間の積分の順序交換が不可能になることがある．

たとえば，xy 平面上の正方形 $0 \leq x \leq 1$ かつ $0 \leq y$ 上で定義された関数 $f(x,y)$ を $f(x,y) = \dfrac{1-xy}{(xy+1)^3}$ で定義する．この場合，

$$\int_0^\infty \left(\int_0^1 f(x,y)dx\right)dy = \lim_{\varepsilon \to +0} \int_\varepsilon^\infty \left(\int_0^1 f(x,y)dx\right)dy$$

$$= \lim_{\varepsilon \to +0} \int_\varepsilon^\infty \left[\frac{x}{(xy+1)^2}\right]_0^1 dy$$

$$= \lim_{\varepsilon \to +0} \int_\varepsilon^\infty \frac{1}{(y+1)^2} dy$$

$$= \lim_{\varepsilon \to +0} \left[\frac{-1}{y+1}\right]_\varepsilon^\infty = 1,$$

$$\int_0^1 \left(\int_0^\infty f(x,y)dy\right)dx = \lim_{\eta \to +0} \int_\eta^1 \left[\frac{y}{(xy+1)^2}\right]_0^\infty dx$$

$$= \lim_{\eta \to +0} \int_\eta^1 0\, dx = 0$$

となる．

18　微分と積分の順序交換

$\dfrac{\partial f}{\partial x}(x,y)$ が連続関数なら

$$\frac{d}{dy}\int_a^b f(x,y)dx = \int_a^b \frac{\partial f}{\partial y}f(x,y)dx$$

が成り立つ．

$\dfrac{\partial f}{\partial y}(x,y)$ が不連続関数の場合は，微分と積分の順序交換が不可能になることがある．

たとえば，$f(x,y)$ を $|y| > |x|$ で $\dfrac{x(x^2-y^2)^2}{y^5}$，それ以外で 0 と定義する（図 6.1）．

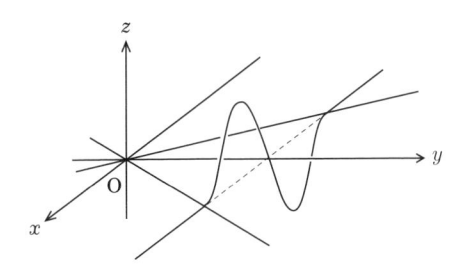

図 6.1

$0 < |y| \leqq 1$ のとき，$\int_0^1 f(x,y)dx = \int_0^y f(x,y)dx = \left[\dfrac{(x^2-y^2)^3}{6y^5}\right]_0^y = \dfrac{y}{6}$.
$y=0$ のとき $\int_0^1 f(x,y)dx = \int_0^1 0 dx = 0$. よって，

$$\dfrac{d}{dy}\int_0^1 f(x,y)dy = \dfrac{1}{6}.$$

一方，$x_0 \neq 0$ のとき $f(x_0, y)$ は $y=0$ の近くで恒等的に 0，$x_0 = 0$ のとき $f(x_0, y)$ は恒等的に 0 であるから，$\dfrac{\partial f}{\partial y}(x,0)$ は恒等的に 0. よって，$y=0$ で，$\int_0^1 \dfrac{\partial}{\partial y}f(x,y)dy = 0$.

19 微分と無限区間の積分の順序交換

$\dfrac{\partial f}{\partial x}(x,y)$ が連続関数かつ無限区間の積分が一様収束するなら

$$\dfrac{d}{dy}\int_a^\infty f(x,y)dx = \int_a^\infty \dfrac{\partial f}{\partial y}f(x,y)dx$$

が成り立つ．

$\dfrac{\partial f}{\partial y}(x,y)$ が連続関数であっても，無限区間の積分が一様収束しない場合は微分と積分の順序交換が不可能になることがある．

たとえば，

$$\dfrac{d}{dy}\int_0^\infty y^2 x e^{-yx^2} dx = \dfrac{d}{dy}\left[-\dfrac{y}{2}e^{-yx^2}\right]_0^\infty = \dfrac{d}{dy}\left(\dfrac{y}{2}\right) = \dfrac{1}{2}$$

である．

一方，$\int_0^\infty \dfrac{\partial}{\partial y}(y^2 x e^{-yx^2})dx = \int_0^\infty yx(2-yx^2)e^{-yx^2}dx$ の被積分関数は $y=0$ のとき 0 なので，積分値も 0．

第 6 章 関数列と展開

問題と解答・解説

問題 6.1

マクローリン展開

次の関数の $x=0$ のまわりの整級数展開を求めなさい．

(1) $\displaystyle\int_0^x e^{-t^2}\,dt$　　(2) $\displaystyle\int_0^x \frac{\log(1+t)}{t}\,dt$

2008 年 東京大 薬学系研究科

解答 | (1) e^x のマクローリン展開 $e^x=\displaystyle\sum_{n=0}^\infty \frac{x^n}{n!}$ (p.39) に $x=-t^2$ を代入すると，

$$e^{-t^2}=\sum_{n=0}^\infty \frac{(-t^2)^n}{n!}=\sum_{n=0}^\infty \frac{(-1)^n}{n!}t^{2n}.$$

収束半径は ∞ なので，和は実数全体で広義一様収束する (p.195)．よって，項別積分 (積分と無限和の順序交換) が可能であり，

$$\int_0^x e^{-t^2}\,dt=\int_0^x \sum_{n=0}^\infty \frac{(-1)^n}{n!}t^{2n}\,dt=\sum_{n=0}^\infty \int_0^x \frac{(-1)^n}{n!}t^{2n}\,dt.$$

よって，

(答) $\displaystyle\sum_{n=0}^\infty \frac{(-1)^n}{(2n+1)(n!)}x^{2n+1}.$

(2) 公比 $-r$ の無限等比数列の和より，$\dfrac{1}{1+r}=\displaystyle\sum_{n=0}^\infty (-1)^n r^n$．収束半径は 1 なので，和は $|r|<1$ で広義一様収束する．よって，この範囲で項別積分できる．両辺を r で 0 から t まで積分して，

$$\log(1+t)=\sum_{n=0}^\infty \frac{(-1)^n}{n+1}t^{n+1}.$$

両辺を t で割って，

$$\frac{\log(1+t)}{t}=\sum_{n=0}^\infty \frac{(-1)^n}{n+1}t^n.$$

両辺を t で 0 から x まで積分して，

$$\int_0^x \frac{\log(1+t)}{t}\,dt=\int_0^x \sum_{n=0}^\infty \frac{(-1)^n}{n+1}t^n\,dt=\sum_{n=0}^\infty \int_0^x \frac{(-1)^n}{n+1}t^n\,dt$$

$$= \sum_{n=0}^{\infty} \frac{(-1)^n}{(n+1)^2} x^{n+1}$$

よって，

(答) $\displaystyle\sum_{m=1}^{\infty} \frac{(-1)^{m-1}}{m^2} x^m.$

解説 | $S(x) = \sum_{k=1}^{\infty} f_k(x)$ は第 n 部分和 $S_n(x) = \sum_{k=1}^{n} f_k(x)$ の極限である．つまり，

$$S(x) = \sum_{k=1}^{\infty} f_k(x) = \lim_{n \to \infty} \sum_{k=1}^{n} f_k(x) = \lim_{n \to \infty} S_n(x).$$

したがって，

$$\int_a^b \sum_{k=1}^{\infty} f_k(x) dx = \int_a^b S(x) dx = \int_a^b \lim_{n \to \infty} S_n(x) dx.$$

一方，

$$\sum_{k=1}^{\infty} \int_a^b f_k(x) dx = \lim_{n \to \infty} \sum_{k=1}^{n} \int_a^b f_k(x) dx = \lim_{n \to \infty} \int_a^b \sum_{k=1}^{n} f_k(x) dx$$
$$= \lim_{n \to \infty} \int_a^b S_n(x) dx$$

となる．よって，項別積分が可能か否かは，極限と積分の順序交換が可能か否かで決まる．

もし，$\lim_{n \to \infty} S_n(x) = S(x)$ が x に関して一様収束なら，極限と積分の順序交換が可能となる．しかし，$\lim_{n \to \infty} S_n(x) = S(x)$ が x に関して一様収束でないとすると，

$$\lim_{n \to \infty} \int_a^b S_n(x) dx = \int_a^b S(x) dx$$

が成り立つとは限らない．

例1 $0 \leqq x \leqq 1$ で $\lim_{n \to \infty} nx^{n-1}(1-x) = 0$ は一様収束でないが，

$$\lim_{n \to \infty} \int_0^1 nx^{n-1}(1-x) dx = \lim_{n \to \infty} \frac{1}{n+1} = 0$$

図 6.2　　　　　　　　　図 6.3

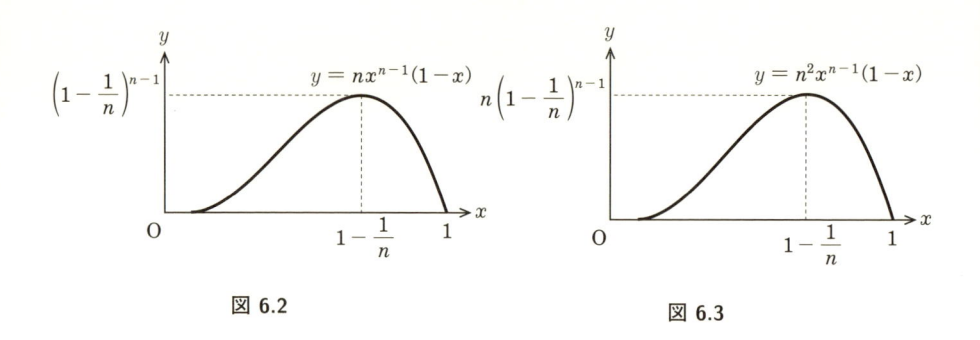

は $\displaystyle\int_0^1 \left\{\lim_{n\to\infty} nx^{n-1}(1-x)\right\}dx = \int_0^1 0\,dx = 0$ と一致する (図 6.2).

例 2　$\displaystyle\lim_{n\to\infty} n^2 x^{n-1}(1-x) = 0$ も例 1 と同様に一様収束でない.

$$\lim_{n\to\infty}\int_0^1 n^2 x^{n-1}(1-x)\,dx = \lim_{n\to\infty}\frac{n}{n+1} = 1$$

は $\displaystyle\int_0^1 \left\{\lim_{n\to\infty} n^2 x^{n-1}(1-x)\right\}dx = \int_0^1 0\,dx = 0$ と等しくない (図 6.3).

(発展)　無限区間の積分と無限和の順序交換

　積分区間が無限の場合 $\displaystyle\lim_{n\to\infty} S_n(x) = S(x)$ が x に関して一様収束であることに加えて, 広義積分 $\displaystyle\lim_{b\to\infty}\int_a^b S_n(x) = \int_a^\infty S_n(x)\,dx$ の収束が, n に関して一様なら, 極限と積分の順序交換が可能となる. しかし, 広義積分の収束が n に関して一様でないとすると,

$$\lim_{n\to\infty}\int_a^\infty S_n(x)\,dx = \int_a^\infty S(x)\,dx$$

が成り立つとは限らない.

例 3　$n < x < 3n$ で $\dfrac{1}{n^4}(x-n)(3n-x)$, それ以外で 0 となる関数を $S_n(x)$ とおく. $\displaystyle\lim_{n\to\infty} S_n(x) = 0$ は x に関して一様だが,

$$\lim_{b\to\infty}\int_0^b S_n(x)\,dx = \int_0^\infty S_n(x)\,dx$$

は n に関して一様でない. しかし $\displaystyle\lim_{n\to\infty}\int_0^\infty S_n(x)\,dx = \lim_{n\to\infty}\frac{4}{3n} = 0$ は

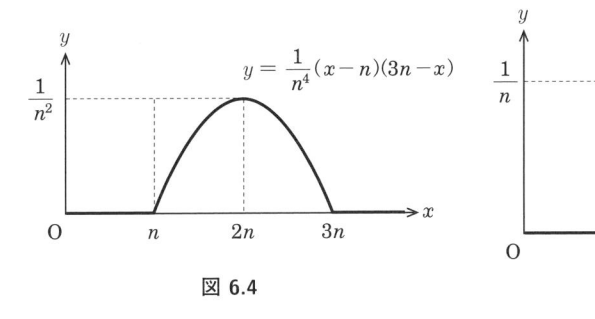

図 6.4

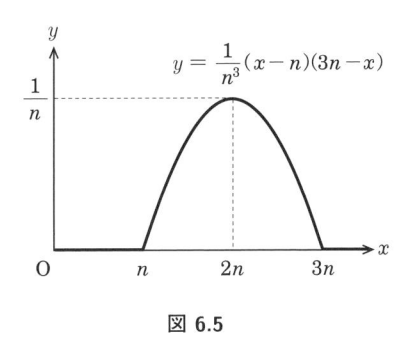

図 6.5

$$\int_0^\infty \left(\lim_{n\to\infty} S_n(x)\right) dx = \int_0^\infty 0\, dx = 0$$

に等しい (図 6.4).

例 4 $\lim_{n\to\infty} \frac{1}{n^3}(x-n)(3n-x) = 0$ も例 3 と同様に一様収束だが，無限区間の積分は一様収束でない．この場合,

$$\lim_{n\to\infty} \int_0^\infty S_n(x)\, dx = \lim_{n\to\infty} \frac{4}{3} = \frac{4}{3}$$

は $\int_0^\infty \left(\lim_{n\to\infty} S_n(x)\right) dx = \int_0^\infty 0\, dx = 0$ と等しくない (図 6.5).

問題 6.2

オイラーの公式

関数 $f(z)$ のマクローリン展開 $f(z) = \sum_{n=0}^{\infty} \frac{f^{(n)}(0)}{n!} z^n$ について，以下の問いに答えよ．ここで $f^{(n)}(z)$ は $f(z)$ の n 次導関数である．

(問 1) 指数関数 e^z, 正弦関数 $\sin x$, 余弦関数 $\cos x$ のマクローリン展開を求めよ．

(問 2) $z = ix$ に対する問 1 の結果から $(\cos x + i\sin x)^n = \cos nx + i\sin nx$ を導け．ここで i は虚数単位である．

2011 年 東京大 理学系研究科 地球惑星科学専攻

解答 ｜ 問 1 $f(z) = e^z$ のとき，$f^{(n)}(z) = e^z$ なので，$f^{(n)}(0) = e^0 = 1$. 問題文の 1 行目の公式に代入して,

$$（答）\quad f(z)=\sum_{n=0}^{\infty}\frac{1}{n!}z^n.$$

$f(x)=\cos x$ のとき，

$$f^{(2m)}(x)=(-1)^m\cos x, \quad f^{(2m+1)}(x)=(-1)^{m+1}\sin x$$

なので，

$$f^{(2m)}(0)=(-1)^m, \quad f^{(2m+1)}(0)=0.$$

公式に代入して，

$$（答）\quad f(x)=\sum_{m=0}^{\infty}\frac{(-1)^m}{(2m)!}x^{2m}.$$

$f(x)=\sin x$ のとき，

$$f^{(2m)}(x)=(-1)^m\sin x, \quad f^{(2m+1)}(x)=(-1)^m\cos x$$

なので，

$$f^{(2m)}(0)=0, \quad f^{(2m+1)}(0)=(-1)^m.$$

公式に代入して，

$$（答）\quad f(x)=\sum_{m=0}^{\infty}\frac{(-1)^m}{(2m+1)!}x^{2m+1}.$$

問2 上で求めたマクローリン展開の式は，三つとも収束半径が ∞ なので，複素数全体で絶対収束し和の順番を変えても，値は変わらない．

z が複素数のときの指数関数 e^z は，問1の最初に求めたマクローリン展開の式で定義する．このときも，実数変数の場合と同様に指数法則が成り立つ．

$$\begin{aligned}e^z e^w &= \left(1+z+\frac{z^2}{2}+\frac{z^3}{3!}+\frac{z^4}{4!}+\cdots\right)\left(1+w+\frac{w^2}{2}+\frac{w^3}{3!}+\frac{w^4}{4!}+\cdots\right)\\&=1+(z+w)+\left(\frac{z^2}{2}+zw+\frac{w^2}{2}\right)+\left(\frac{z^3}{3!}+\frac{z^2 w}{2}+\frac{zw^2}{2}+\frac{w^3}{3!}\right)\\&\quad+\left(\frac{z^4}{4!}+\frac{z^3 w}{3!}+\frac{z^2 w^2}{2\cdot 2}+\frac{zw^3}{3!}+\frac{w^4}{4!}\right)+\cdots\\&\quad+\left(\frac{z^n}{n!}+\cdots+\frac{z^{n-k}w^k}{(n-k)!(k!)}+\cdots+\frac{w^n}{n!}\right)+\cdots\\&=1+(z+w)+\frac{(z+w)^2}{2}+\frac{(z+w)^3}{3!}+\frac{(z+w)^4}{4!}+\cdots+\frac{(z+w)^n}{n!}+\cdots=e^{z+w}.\end{aligned}$$

指数法則 $e^z e^w = e^{z+w}$ を繰り返し用いると，n が非負整数のとき，$(e^z)^n = e^{nz}$ が成り立つことがわかる．

$$e^{ix} = 1 + ix - \frac{x^2}{2} - i\frac{x^3}{3!} + \frac{x^4}{4!} + i\frac{x^5}{5!} - \frac{x^6}{6!} - i\frac{x^7}{7!} + \cdots$$
$$= \left(1 - \frac{x^2}{2} + \frac{x^4}{4!} - \frac{x^6}{6!} + \cdots\right) + i\left(x - \frac{x^3}{3!} + \frac{x^5}{5!} - \frac{x^7}{7!} + \cdots\right)$$
$$= \cos x + i \sin x.$$

よって，

$$(\cos x + i \sin x)^n = (e^{ix})^n = e^{(ix)n} = e^{i(nx)} = \cos nx + i \sin nx.$$

(証明終わり)

解説 | $e^{iz} = \cos z + i \sin z$ をオイラーの公式という．たとえば，

$$e^{i\pi} = \cos \pi + i \sin \pi = -1, \quad e^{i\frac{\pi}{2}} = \cos \frac{\pi}{2} + i \sin \frac{\pi}{2} = i$$

が成り立つ．また，任意の整数 n に対して

$$e^{i\left(\frac{\pi}{2} + 2n\pi\right)} = \cos\left(\frac{\pi}{2} + 2n\pi\right) + i \sin\left(\frac{\pi}{2} + 2n\pi\right) = i$$

より

$$i^i = \left\{e^{i\left(\frac{\pi}{2} + 2n\pi\right)}\right\}^i = e^{i^2\left(\frac{\pi}{2} + 2n\pi\right)} = e^{-\left(\frac{\pi}{2} + 2n\pi\right)}$$

であることもわかる．このように z^i $(z \neq 0)$ は無限個の値をもつ．

(発展) 条件収束と和の順序交換

$\sum_{n=1}^{\infty} a_n$ が収束するが，絶対収束はしない，つまり $\sum_{n=1}^{\infty} |a_n| = \infty$ となるとき，条件収束するという．条件収束する実数列は，足す順番を変えると，いかなる値 ($\pm\infty$ を含む) にも収束させることができる．

たとえば，$1 + \frac{1}{2} + \frac{1}{3} + \frac{1}{4} + \cdots = \infty$ なので，(奇数の逆数の和)$-$(偶数の逆数の和) の値 $S = 1 - \frac{1}{2} + \frac{1}{3} - \frac{1}{4} + \cdots = \log 2$ は絶対収束しない．

偶数と奇数を交互に並べる代わりに，奇数，偶数，偶数の順に並び変えても，登場する項の全体は同一である．しかし，値は，

$$T = 1 - \frac{1}{2} - \frac{1}{4} + \frac{1}{3} - \frac{1}{6} - \frac{1}{8} + \frac{1}{5} - \frac{1}{10} - \frac{1}{12} + \cdots$$
$$= \left(1 - \frac{1}{2}\right) - \frac{1}{4} + \left(\frac{1}{3} - \frac{1}{6}\right) - \frac{1}{8} + \left(\frac{1}{5} - \frac{1}{10}\right) - \frac{1}{12} + \cdots$$
$$= \frac{1}{2} - \frac{1}{4} + \frac{1}{6} - \frac{1}{8} + \frac{1}{10} - \frac{1}{12} + \cdots = \frac{1}{2}\left(1 - \frac{1}{2} + \frac{1}{3} - \frac{1}{4} + \frac{1}{5} - \cdots\right) = \frac{1}{2}\log 2$$

となり，S の半分になってしまう．

　π を超えるまでは奇数の逆数を足し，π を超えたら π 未満になるまで偶数の逆数を引くということを繰り返すと，π に収束させることもできる．π を e や $\sqrt{2}$ に変えると e や $\sqrt{2}$ に収束させることもできる．

類題 6.1

オイラーの公式と正接

(問1) 三角関数と指数関数のマクローリン展開を活用して，オイラーの公式 ($e^{i\theta} = \cos\theta + i\sin\theta$) が正しいことを証明しなさい．

(問2) オイラーの公式を活用して，三角関数の加法定理の一つである

$$\tan(\alpha - \beta) = \frac{\tan\alpha - \tan\beta}{1 + \tan\alpha\tan\beta}$$

が正しいことを証明しなさい．

(問3) 三角関数のマクローリン展開と上記の加法定理を活用して，$\tan 44°$ の値を小数点以下 3 桁まで求めなさい．ただし，$\frac{\pi}{180} = 0.01745$ とする．また，得られた解が，小数点以下 3 桁まで正確であることも証明しなさい．

(問4) $(1 + \tan 1°) \times (1 + \tan 2°) \times (1 + \tan 3°) \times \cdots \times (1 + \tan 44°) \times (1 + \tan 45°)$ の値を求めなさい．

2009 年 東京大 薬学系研究科

解答 ｜ 問1　e^z の定義式 $e^z = \sum_{n=0}^{\infty} \frac{z^n}{n!}$ を用いる (p.207)．　　　　(略)

問2

$$e^{i\theta} = \cos\theta + i\sin\theta \tag{1}$$

の θ を $-\theta$ に変更して，

$$e^{-i\theta} = \cos(-\theta) + i\sin(-\theta) = \cos\theta - i\sin\theta \tag{2}$$

$\dfrac{(1)+(2)}{2}$ より $\cos\theta = \dfrac{e^{i\theta}+e^{-i\theta}}{2}$.

$\dfrac{(1)-(2)}{2i}$ より $\sin\theta = \dfrac{e^{i\theta}-e^{-i\theta}}{2i}$ よって,

$$\tan\theta = \frac{\sin\theta}{\cos\theta} = \frac{e^{i\theta}-e^{-i\theta}}{i(e^{i\theta}+e^{-i\theta})}.$$

与式右辺の分子は

$$\begin{aligned}
\tan\alpha - \tan\beta &= \frac{e^{i\alpha}-e^{-i\alpha}}{i(e^{i\alpha}+e^{-i\alpha})} - \frac{e^{i\beta}-e^{-i\beta}}{i(e^{i\beta}+e^{-i\beta})} \\
&= \frac{(e^{i\alpha}-e^{-i\alpha})(e^{i\beta}+e^{-i\beta}) - (e^{i\beta}-e^{-i\beta})(e^{i\alpha}+e^{-i\alpha})}{i(e^{i\alpha}+e^{-i\alpha})(e^{i\beta}+e^{-i\beta})} \\
&= \frac{2\{e^{i(\alpha-\beta)} - e^{-i(\alpha-\beta)}\}}{i(e^{i\alpha}+e^{-i\alpha})(e^{i\beta}+e^{-i\beta})}.
\end{aligned} \tag{3}$$

与式右辺の分母は

$$\begin{aligned}
1 + \tan\alpha\tan\beta &= 1 + \frac{(e^{i\alpha}-e^{-i\alpha})}{i(e^{i\alpha}+e^{-i\alpha})} \cdot \frac{(e^{i\beta}-e^{-i\beta})}{i(e^{i\beta}+e^{-i\beta})} \\
&= \frac{-(e^{i\alpha}+e^{-i\alpha})(e^{i\beta}+e^{-i\beta}) + (e^{i\alpha}-e^{-i\alpha})(e^{i\beta}-e^{-i\beta})}{-(e^{i\alpha}+e^{-i\alpha})(e^{i\beta}+e^{-i\beta})} \\
&= \frac{2\{e^{i(\alpha-\beta)} + e^{-i(\alpha-\beta)}\}}{(e^{i\alpha}+e^{-i\alpha})(e^{i\beta}+e^{-i\beta})}.
\end{aligned} \tag{4}$$

$\dfrac{(3)}{(4)}$ より,与式右辺は,

$$\frac{2\{e^{i(\alpha-\beta)} - e^{-(\alpha-\beta)}\}}{2i\{e^{i(\alpha-\beta)} + e^{-i(\alpha-\beta)}\}} = \frac{e^{i(\alpha-\beta)} - e^{-i(\alpha-\beta)}}{i\{e^{i(\alpha-\beta)} + e^{-i(\alpha-\beta)}\}} = \tan(\alpha-\beta)$$

となり,与式左辺に等しい. (証明終わり)

問 3 $f(x) = \tan x$ とおくと

$$f'(x) = 1 + \tan^2 x = 1 + f(x)^2,$$
$$f''(x) = 2f(x)f'(x) = 2f(x)(1+f(x)^2) = 2f(x) + 2f(x)^3$$

である.テーラーの定理より

$$f(x) = f\left(\frac{\pi}{4}\right) + f'\left(\frac{\pi}{4}\right)\left(x - \frac{\pi}{4}\right) + \frac{f''(a)}{2}\left(x - \frac{\pi}{4}\right)^2$$
$$= 1 + 2\left(x - \frac{\pi}{4}\right) + (f(a) + f(a)^3)\left(x - \frac{\pi}{4}\right)^2.$$

よって,

$$f(44°) = f(45° - 1°) = f\left(\frac{\pi}{4} - \frac{\pi}{180}\right) = 1 + 2 \cdot \frac{\pi}{180} + (f(a) + f(a)^3)\left(\frac{\pi}{180}\right)^2$$
$$= 1 + 2 \times 0.01745 + b(0.01745)^2.$$

この場合 a は $44°$ と $45°$ の間なので $b = f(a) + f(a)^3$ は 0 と 2 の間の数である.よって $\tan 44° = 1 - 0.0349 + 0.0003045025b$ は 0.9651 と 0.965709005 の間の数である.したがって小数点以下 3 桁まで正確であり,$\tan 44°$ の近似値は,小数点以下第 4 位を切り捨てて,

(答) 0.965.

問 4 加法公式より

$$\tan(45° - \alpha) = \frac{\tan 45° - \tan\alpha}{1 + \tan 45° \tan\alpha} = \frac{1 - \tan\alpha}{1 + \tan\alpha}.$$

両辺に 1 を足して,

$$1 + \tan(45° - \alpha) = 1 + \frac{1 - \tan\alpha}{1 + \tan\alpha} = \frac{2}{1 + \tan\alpha}.$$

分母を掃って,

$$(1 + \tan\alpha)\{1 + \tan(45° - \alpha)\} = 2.$$

与式では和が $45°$ となる角度が 22 組あるので,

(答) (与式) $= 2^{22}(1 + \tan 45°) = 2^{23}$.

問題 6.3

|θ| のフーリエ展開

2 次元 ($d=2$) の場合を考える.2 次元平面の直交座標を (x,y),複素座標を

$$z = x + iy, \quad \bar{z} = x - iy,$$

極座標を r, θ ($x = r\cos\theta,\ y = r\sin\theta$) とする.

(問 1) 単位円の内部 $(r<1)$ で定義された関数 $u_n(x,y)=z^n+\bar{z}^n\ (n=0,1,2,\cdots)$ はラプラス方程式 $\left(\dfrac{\partial^2}{\partial x^2}+\dfrac{\partial^2}{\partial y^2}\right)u(x,y)=0$ の解であることを示せ．またこの関数は境界 $(r=1)$ でどのような値をとるのか, θ の関数として表せ．

(問 2) 単位円の内部 $r<1$ でラプラス方程式を満たし，境界条件
$$u(x,y)|_{r=1}=|\theta|,\quad -\pi\leqq\theta\leqq\pi$$
を満たす関数 u を，境界値に対するフーリエ級数展開を用いて求めよ．

2011 年 東京大 理学系研究科 物理学専攻

解答 | 問 1 $z=r(\cos\theta+i\sin\theta)$ とおくと，ド・モアブルの公式より，
$$z^n=r^n(\cos n\theta+i\sin n\theta)$$
となる．両辺の共役複素数より，$(\bar{z})^n=\overline{(z^n)}=r^n(\cos n\theta-i\sin n\theta)$ であるから，
$$z^n+\bar{z}^n=2r^n\cos n\theta. \tag{1}$$

連鎖率 (合成関数の微分の公式) より，
$$\frac{\partial}{\partial x}=\frac{\partial r}{\partial x}\cdot\frac{\partial}{\partial r}+\frac{\partial \theta}{\partial x}\cdot\frac{\partial}{\partial \theta}=\cos\theta\frac{\partial}{\partial r}-\frac{\sin\theta}{r}\cdot\frac{\partial}{\partial \theta}.$$
$$\frac{\partial}{\partial y}=\frac{\partial r}{\partial y}\cdot\frac{\partial}{\partial r}+\frac{\partial \theta}{\partial y}\cdot\frac{\partial}{\partial \theta}=\sin\theta\frac{\partial}{\partial r}+\frac{\cos\theta}{r}\cdot\frac{\partial}{\partial \theta}.$$
$$\frac{\partial^2}{\partial x^2}=\left(\cos\theta\frac{\partial}{\partial r}-\frac{\sin\theta}{r}\cdot\frac{\partial}{\partial \theta}\right)\left(\cos\theta\frac{\partial}{\partial r}-\frac{\sin\theta}{r}\cdot\frac{\partial}{\partial \theta}\right)$$
$$=\cos^2\theta\frac{\partial^2}{\partial r^2}+\frac{\sin\theta\cos\theta}{r^2}\cdot\frac{\partial}{\partial \theta}-\frac{\sin\theta\cos\theta}{r}\cdot\frac{\partial^2}{\partial r\partial\theta}$$
$$+\frac{\sin^2\theta}{r}\cdot\frac{\partial}{\partial r}-\frac{\sin\theta\cos\theta}{r}\cdot\frac{\partial^2}{\partial\theta\partial r}+\frac{\sin\theta\cos\theta}{r^2}\cdot\frac{\partial}{\partial \theta}+\frac{\sin^2\theta}{r^2}\cdot\frac{\partial^2}{\partial \theta^2}. \tag{2}$$
$$\frac{\partial^2}{\partial y^2}=\left(\sin\theta\frac{\partial}{\partial r}+\frac{\cos\theta}{r}\cdot\frac{\partial}{\partial \theta}\right)\left(\sin\theta\frac{\partial}{\partial r}+\frac{\cos\theta}{r}\cdot\frac{\partial}{\partial \theta}\right)$$
$$=\sin^2\theta\frac{\partial^2}{\partial r^2}-\frac{\sin\theta\cos\theta}{r^2}\cdot\frac{\partial}{\partial \theta}+\frac{\sin\theta\cos\theta}{r}\cdot\frac{\partial^2}{\partial r\partial\theta}$$
$$+\frac{\cos^2\theta}{r}\cdot\frac{\partial}{\partial r}+\frac{\sin\theta\cos\theta}{r}\cdot\frac{\partial^2}{\partial\theta\partial r}-\frac{\sin\theta\cos\theta}{r^2}\cdot\frac{\partial}{\partial \theta}+\frac{\cos^2\theta}{r^2}\cdot\frac{\partial^2}{\partial \theta^2}. \tag{3}$$

(2)+(3) より，

$$\frac{\partial^2}{\partial x^2}+\frac{\partial^2}{\partial y^2}=(\cos^2\theta+\sin^2\theta)\frac{\partial^2}{\partial r^2}+\frac{(\sin^2\theta+\cos^2\theta)}{r}\cdot\frac{\partial}{\partial r}+\frac{(\sin^2\theta+\cos^2\theta)}{r^2}\cdot\frac{\partial^2}{\partial\theta^2}$$
$$=\frac{\partial^2}{\partial r^2}+\frac{1}{r}\cdot\frac{\partial}{\partial r}+\frac{1}{r^2}\cdot\frac{\partial^2}{\partial\theta^2}.$$

(1) より,

$$\left(\frac{\partial^2}{\partial x^2}+\frac{\partial^2}{\partial y^2}\right)(z^n+\bar{z}^n)=\left(\frac{\partial^2}{\partial r^2}+\frac{1}{r}\cdot\frac{\partial}{\partial r}+\frac{1}{r^2}\cdot\frac{\partial^2}{\partial\theta^2}\right)(2r^n\cos n\theta)$$
$$=2n(n-1)r^{n-2}\cos n\theta+2nr^{n-2}\cos n\theta$$
$$+2r^{n-2}(-n^2\cos n\theta)=0.$$

(証明終わり)

$r=1$ のとき, (1) より

(答) $z^n+\bar{z}^n=2\cos n\theta.$

問2 n,k を非負整数とする.

$$\int_{-\pi}^{\pi}\cos k\theta\cos n\theta\,d\theta=\begin{cases}2\pi & (n=k=0 \text{ のとき})\\ \pi & (n=k>0 \text{ のとき})\\ 0 & (n\neq k \text{ のとき})\end{cases}$$

である. $|\theta|$ は偶関数なので, フーリエ余弦展開できる.

$$|\theta|=\sum_{k=0}^{\infty}a_k\cos k\theta \tag{4}$$

の両辺を $\cos n\theta$ 倍して, $-\pi$ から π まで積分すると,

$$\int_{-\pi}^{\pi}|\theta|\cos n\theta d\theta=\int_{-\pi}^{\pi}\sum_{k=0}^{\infty}a_k\cos k\theta\cos n\theta d\theta=\sum_{k=0}^{\infty}a_k\int_{-\pi}^{\pi}\cos k\theta\cos n\theta d\theta$$
$$\iff 2\int_0^{\pi}|\theta|\cos n\theta=a_n\int_{-\pi}^{\pi}\cos^2 n\theta d\theta. \tag{5}$$

$n=0$ のとき.

$$(5) \iff 2\int_0^{\pi}\theta=a_0(2\pi) \iff \pi^2=2a_0\pi\iff a_0=\frac{\pi}{2}.$$

$n\neq 0$ のとき.

$$(5) \iff 2\left[\theta\frac{\sin n\theta}{n}+\frac{\cos n\theta}{n^2}\right]_0^{\pi}=a_n\pi$$

$$\iff 2\left\{\frac{(-1)^n}{n^2}-\frac{1}{n^2}\right\}=\pi a_n$$

$$\iff a_n=\begin{cases}0 & (n \text{ が偶数のとき})\\ -\dfrac{4}{\pi n^2} & (n \text{ が奇数のとき}).\end{cases}$$

これを (4) に代入して,

$$|\theta|=\frac{\pi}{2}-\frac{4}{\pi 1^2}\cos\theta-\frac{4}{\pi 3^2}\cos 3\theta-\frac{4}{\pi 5^2}\cos 5\theta-\cdots.$$

問 1 より $2r^n\cos n\theta$ $(n=0,1,2,\cdots)$ はラプラス方程式の解だったので, 線形性より,

$$\frac{\pi}{2}-\frac{4}{\pi 1^2}r\cos\theta-\frac{4}{\pi 3^2}r^3\cos 3\theta-\frac{4}{\pi 5^2}r^5\cos 5\theta-\cdots$$

もラプラス方程式を満たす. これは, $r=1$ のとき $|\theta|$ になるので, 求める関数の一つは,

$$u(x,y)=\frac{\pi}{2}-\frac{2}{\pi 1^2}(z+\bar z)-\frac{2}{\pi 3^2}(z^3+\bar z^3)-\frac{2}{\pi 5^2}(z^5+\bar z^5)-\cdots.$$

(答) $\displaystyle u(x,y)=\frac{\pi}{4}u_0(x,y)-\sum_{k=1}^{\infty}\frac{2}{(2k-1)^2\pi}u_{2k-1}(x,y).$

解説 $-\pi<x<\pi$ で定義された関数 $f(x)$ を

$$f(x)=a_1\sin x+a_2\sin 2x+a_3\sin 3x+\cdots+b_0+b_1\cos x+b_2\cos 2x+b_3\cos 3x+\cdots$$

の形に表すことを $f(x)$ のフーリエ展開という (p.74).

例 1 $f(x)$ を $-\pi<x<0$ で -1, $x=0$ で 0, $0<x<\pi$ で 1 となる関数とすると,

$$f(x)=\frac{4}{\pi}\sin x+\frac{4}{3\pi}\sin 3x+\frac{4}{5\pi}\sin 5x+\cdots$$

となる. この両辺を 0 から x まで積分すると,

$$|x|=C-\frac{4}{\pi}\cos x-\frac{4}{3^2\pi}\cos 3x-\frac{4}{5^2\pi}\cos 5x-\cdots$$

となる. 両辺を $-\pi$ から π まで積分すると, $\pi^2=2\pi C-0-0-\cdots$ より $C=\dfrac{\pi}{2}$.
よって問 2 の途中式 $\displaystyle |x|=\frac{\pi}{2}-\sum_{k=1}^{\infty}\frac{4}{(2k-1)^2\pi}\cos(2k-1)x$ を得る.

例2 $\dfrac{x}{2}$ ($-\pi < x < \pi$) のフーリエ正弦展開は,

$$\dfrac{x}{2} = \sin x - \dfrac{1}{2}\sin 2x + \dfrac{1}{3}\sin 3x - \dfrac{1}{4}\sin 4x + \cdots + \dfrac{(-1)^{n-1}}{n}\sin nx + \cdots.$$

これに $x = \dfrac{\pi}{2}$ を代入すると,

$$\dfrac{\pi}{4} = 1 - 0 - \dfrac{1}{3} - 0 + \dfrac{1}{5} - 0 - \dfrac{1}{7} - 0 + \cdots \iff \dfrac{\pi}{8} = \dfrac{1}{1\cdot 3} + \dfrac{1}{5\cdot 7} + \dfrac{1}{9\cdot 11} + \cdots$$

を得る.これを,**ライプニッツの公式**という.

積の微分の公式の拡張 $(f+g)^{(n)} = \sum_{k=0}^{n} {}_n\mathrm{C}_k f^{(n-k)} g^{(k)}$ もライプニッツの公式というので混乱しないように (p.37).

例3 $\dfrac{x^2}{4}$ ($-\pi \leqq x \leqq \pi$) のフーリエ余弦展開は,例2の式を 0 から x まで積分して

$$\dfrac{x^2}{4} = \dfrac{\pi^2}{12} - \cos x + \dfrac{1}{2^2}\cos 2x - \dfrac{1}{3^2}\cos 3x + \cdots + \dfrac{(-1)^n}{n^2}\cos nx + \cdots.$$

これに $x = \pi$ を代入すると,

$$\dfrac{\pi^2}{4} = \dfrac{\pi^2}{12} + 1 + \dfrac{1}{2^2} + \dfrac{1}{3^2} + \cdots \iff \dfrac{\pi^2}{6} = \dfrac{1}{1^2} + \dfrac{1}{2^2} + \dfrac{1}{3^2} + \cdots$$

を得る.

(発展) パーセバルの等式

$f(x)$ が $-\pi \leqq x \leqq \pi$ で定義された積分可能な関数とすると,

$$\int_{-\pi}^{\pi} \left(f(x) - \sum_{k=1}^{n} a_k \sin kx - \sum_{k=0}^{m} b_k \cos kx \right)^2 dx$$

を最小にする a_k, b_k は,フーリエ展開の係数となる.

$$\int_{-\pi}^{\pi} \{f(x)\}^2 dx \geqq \pi \sum_{k=1}^{n} a_k^2 + 2\pi b_0^2 + \pi \sum_{k=1}^{m} b_k^2$$

が成り立つ.$n \to \infty, m \to \infty$ とすると,等号が成り立つ.つまり,

$$\int_{-\pi}^{\pi} \{f(x)\}^2 dx = \pi \sum_{k=1}^{\infty} a_k^2 + 2\pi b_0^2 + \pi \sum_{k=1}^{\infty} b_k^2.$$

これを**パーセバルの等式**という.これは,無限次元の三平方の定理に他ならない.

類題 6.2

フーリエ展開

m, n をある正の整数とする．以下の問 1～問 4 に答えよ．

(問 1) $\displaystyle\int_{-1}^{1} \sin(m\pi x)\cos(n\pi x)\,dx$ の値を求めよ．

(問 2) $m = n$ の場合と，$m \neq n$ の場合とに分けて，$\displaystyle\int_{-1}^{1} \cos(m\pi x)\cos(n\pi x)\,dx$ の値を求めよ．

(問 3) 周期 2 の周期関数 $f(x)$ が，x によらない係数 a_0, a_n, b_n を用いて

$$f(x) = \frac{a_0}{2} + \sum_{n=1}^{\infty} (a_n \cos(n\pi x) + b_n \cos(n\pi x))$$

と展開できるとする．a_n を，b_n を用いない式によって表せ．

(問 4) 周期 2 の周期関数 $f(x)$

$$f(x) = \begin{cases} 0 & \left(-1 < x < -\dfrac{1}{2}\right) \\ 1 & \left(-\dfrac{1}{2} < x < \dfrac{1}{2}\right) \\ 0 & \left(\dfrac{1}{2} < x < 1\right), \end{cases} \qquad f(x+2) = f(x)$$

を，フーリエ級数で表せ．

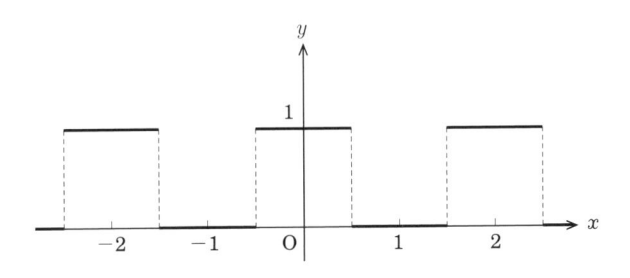

解答 | 問 1 三角関数の加法公式を用いると，与式は，

$$\int_{-1}^{1} \frac{1}{2}\{\sin((m+n)\pi x) + \sin((m-n)\pi x)\}\,dx \tag{1}$$

となる．$m=n$ のとき，(1) は，

$$\frac{1}{2}\int_{-1}^{1}\sin((m+n)\pi x)\,dx = \frac{1}{2}\left[-\frac{1}{(m+n)\pi}\cos((m+n)\pi x)\right]_{-1}^{1}$$

$$=-\frac{1}{2(m+n)\pi}[\cos(m+n)\pi-\cos\{-(m+n)\pi\}]=0.$$

$m\neq n$ のとき，(1) は

$$\frac{1}{2}\left[-\frac{1}{(m+n)\pi}\cos((m-n)\pi x)-\frac{1}{(m-n)\pi}\cos((m-n)\pi x)\right]_{-1}^{1}=0$$

よって，

(答)　0．

問 2　三角関数の加法公式を用いると，与式は，

$$\int_{-1}^{1}\frac{1}{2}\{\cos((m+n)\pi x)+\cos((m-n)\pi x)\}\,dx \qquad (2)$$

となる．$m=n$ のとき，(2) は，

$$\frac{1}{2}\int_{-1}^{1}\{\cos((m+n)\pi x)+1\}\,dx = \frac{1}{2}\left[\frac{1}{(m+n)\pi}\sin((m+n)\pi x)+x\right]_{-1}^{1}$$

$$=\frac{1}{2}[(0+1)-\{0-(-1)\}]=1.$$

$m\neq n$ のとき，(2) は

$$\frac{1}{2}\left[\frac{1}{(m+n)\pi}\sin((m+n)\pi x)+\frac{1}{(m-n)\pi}\sin((m-n)\pi x)\right]_{-1}^{1}=0$$

よって，

(答)　$m=n$ のとき 1，$m\neq n$ のとき 0．

問 3　与式

$$f(x)=\frac{a_0}{2}+\sum_{m=1}^{\infty}(a_m\cos(m\pi x)+b_m\cos(m\pi x))$$

の両辺を -1 から 1 まで積分する．

$$\int_{-1}^{1}f(x)\,dx = \int_{-1}^{1}\frac{a_0}{2}\,dx+\int_{-1}^{1}\sum_{m=1}^{\infty}(a_m\cos(m\pi x)+b_m\sin(m\pi x))\,dx \qquad (3)$$

積分と無限和の順序交換が可能であるとすると，

$$(3) = \frac{a_0}{2}\int_{-1}^{1} 1\,dx + \sum_{m=1}^{\infty}\left(a_m\int_{-1}^{1}\cos(m\pi x)\,dx + b_m\int_{-1}^{1}\sin(m\pi x)\,dx\right)$$

$$= a_0 + \sum_{n=1}^{\infty}(0+0).$$

よって，

$$\text{(答)} \quad a_0 = \int_{-1}^{1} f(x)\,dx.$$

与式の両辺に $\cos(n\pi x)$ をかけて，-1 から 1 まで積分すると，

$$\int_{-1}^{1} f(x)\cos(n\pi x)\,dx$$
$$= \int_{-1}^{1}\frac{a_0}{2}\cos(n\pi x)\,dx + \int_{-1}^{1}\sum_{m=1}^{\infty}(a_m\cos(m\pi x)+b_m\sin(m\pi x))\cos(n\pi x)\,dx.$$
(4)

積分と無限和の順序交換が可能であるとすると，

$$(4) = \frac{a_0}{2}\int_{-1}^{1}\cos(n\pi x)\,dx$$
$$+ \sum_{m=1}^{\infty}\left(a_m\int_{-1}^{1}\cos(m\pi x)\cos(n\pi x)\,dx + b_m\int_{-1}^{1}\sin(m\pi x)\cos(n\pi x)\,dx\right).$$
(5)

1項目の積分は 0．
2項目の積分は，問2より $m=n$ のとき 1，$m \neq n$ のとき 0．
3項目の積分は，問1より 0．よって，

$$(5) = a_n.$$

したがって，

$$\text{(答)} \quad a_n = \int_{-1}^{1} f(x)\cos(n\pi x)\,dx.$$

問4 $f(x)$ は偶関数なので問3の b_n はすべて 0 となる．よって，

$$f(x) = \frac{a_0}{2} + \sum_{n=1}^{\infty} a_n\cos(n\pi x)$$

第6章 関数列と展開

とおける．

上の小問の答えより，

$$a_0 = \int_{-1}^{1} f(x)dx = (1\,\text{辺}\,1\,\text{の正方形の面積}) = 1.$$

$$a_n = \int_{-1}^{1} f(x)\cos(n\pi x)dx = \int_{-\frac{1}{2}}^{\frac{1}{2}} \cos(n\pi x)dx$$

$$= 2\int_{0}^{\frac{1}{2}} \cos(n\pi x)dx = 2\left[\frac{1}{n\pi}\sin(n\pi x)\right]_{0}^{\frac{1}{2}} = \frac{2}{n\pi}\sin\frac{n\pi}{2}$$

$$= \begin{cases} 0 & (n=2k \text{ のとき}) \\ \dfrac{2}{(2k+1)\pi}(-1)^k & (n=2k+1 \text{ のとき}). \end{cases}$$

よって，

（答）　$f(x) = \dfrac{1}{2} + \dfrac{2}{\pi}\cos(\pi x) - \dfrac{2}{3\pi}\cos(3\pi x) + \dfrac{2}{5\pi}\cos(5\pi x) - \dfrac{2}{7\pi}\cos(7\pi x) + \cdots.$

問題 6.4

一様収束

n を正の整数とし，I を実数 $\mathbb{R}$ のコンパクト部分集合 (有界閉区間) $0 \leqq x \leqq 1$ とする．連続関数の列 $f_n : I \to \mathbb{R}$ が関数 $f : I \to \mathbb{R}$ に各点収束すると仮定する．

（問1）$f(x)$ が不連続となる例を作りなさい．

（問2）

$$\lim_{n\to\infty}\int_{0}^{1} f_n(x)dx \neq \int_{0}^{1} \lim_{n\to\infty} f_n(x)dx$$

となる例を作りなさい．

（問3）$f_n(x)$ が $f(x)$ に一様収束するなら，$f(x)$ は連続かつ，

$$\lim_{n\to\infty}\int_{0}^{1} f_n(x)dx = \int_{0}^{1} \lim_{n\to\infty} f_n(x)dx$$

となることを示せ．

解答 ｜ O を原点 (0,0) とする．

問 1 $A_n\left(1-\dfrac{1}{n},0\right)$, $B(1,1)$ とおき，折れ線 OA_nB をグラフとする関数を $f_n(x)$ とおく (図 6.6)．

極限 $f(x)=\lim\limits_{n\to\infty}f_n(x)$ は

$$f(x)=\begin{cases}0 & (0\leqq x<1 \text{ のとき})\\ 1 & (x=1 \text{ のとき})\end{cases}$$

であるから不連続となる．

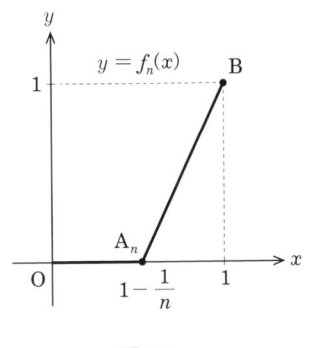

図 6.6

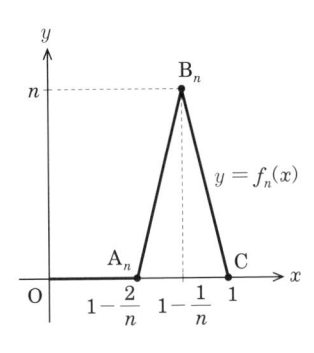

図 6.7

問 2 $A_n\left(1-\dfrac{2}{n},0\right)$, $B_n\left(1-\dfrac{1}{n},n\right)$, $C(1,0)$ とおき，折れ線 OA_nB_nC をグラフとする関数を $f_n(x)$ とおく (図 6.7)．

$\displaystyle\int_0^1 f_n(x)dx$ は三角形 A_nB_nC の面積に等しく 1 である．よって，

$$\lim_{n\to\infty}\int_0^1 f_n(x)dx=1.$$

一方，極限 $f(x)=\lim\limits_{n\to\infty}f_n(x)$ は 0 なので，

$$\int_0^1 \lim_{n\to\infty}f_n(x)dx=\int_0^1 0dx=0.$$

以上より，(与式左辺)$\neq$(与式右辺)．

問 3 $f_n(x)$ が $f(x)$ に一様収束するということは，$|f_n(x)-f(x)|$ の最大値 M_n が 0 に収束するということ．任意の a $(0\leqq a\leqq 1)$ に対して，

$$|f(a)-f(x)|\leqq |f(a)-f_n(a)|+|f_n(a)-f_n(x)|+|f_n(x)-f(x)|$$
$$\leqq M_n+|f_n(a)-f_n(x)|+M_n.$$

どんなに小さな正の数 ε に対しても，n を十分大きくとると，$M_n < \dfrac{\varepsilon}{3}$ とできる．

この n を固定して，x を a に十分近づけると，$|f_n(a) - f_n(x)| < \dfrac{\varepsilon}{3}$ とできる．よって，

$$|f(a) - f(x)| < \frac{\varepsilon}{3} + \frac{\varepsilon}{3} + \frac{\varepsilon}{3} = \varepsilon.$$

したがって，$f(x)$ は $x = a$ で連続である．a は任意だったので，$f(x)$ は $0 \leqq x \leqq 1$ で連続である．

$$\left| \int_0^1 f_n(x)dx - \int_0^1 f(x)dx \right| = \left| \int_0^1 (f_n(x) - f(x))dx \right|$$
$$\leqq \int_0^1 |f_n(x) - f(x)|dx \leqq \int_0^1 M_n dx = M_n \to 0 \quad (n \to \infty).$$

よって，

$$\lim_{n \to \infty} \left(\int_0^1 f_n(x)dx - \int_0^1 f(x)dx \right) = 0.$$

したがって，

$$\lim_{n \to \infty} \int_0^1 f_n(x)dx = \int_0^1 f(x)dx.$$

(証明終わり)

解説 (i) 連続関数 $f_n(x)$ が $f(x)$ に各点収束するが，一様収束しない場合でも，$f(x)$ が連続になることがある．たとえば $A_n\left(1 - \dfrac{2}{n}, 0\right)$, $B_n\left(1 - \dfrac{1}{n}, 1\right)$, $C(1, 0)$ とおき，折れ線 OA_nB_nC をグラフとする関数を $f_n(x)$ とおく (図 6.8)．このとき，$f(x) = \lim\limits_{n \to \infty} f_n(x) = 0$ であるが，

$$M_n = \max_{0 \leqq x \leqq 1} |f_n(x) - f(x)| = 1$$

となり，$\lim\limits_{n \to \infty} M_n = 0$ にならない．よって $\lim\limits_{n \to \infty} f_n(x) = f(x)$ は一様収束でない．

(ii) 連続関数 $f_n(x)$ が連続関数 $f(x)$ に各点収束し，n に関して単調減少 (あるいは，単調増加) ならば一様収束となる (**ディニの定理**)．

(iii) 有界閉区間 $0 \leqq x \leqq 1$ を無限区間 $x \geqq 0$ に変更すると，$f_n(x)$ が連続関数 $f_n(x)$ に一様収束しても，

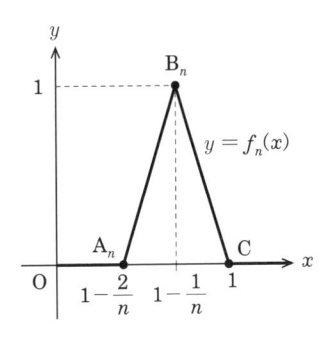

図 6.8

図 6.9

$$\lim_{n\to\infty}\int_0^\infty f_n(x)dx \neq \int_0^\infty \lim_{n\to\infty} f_n(x)dx \tag{1}$$

となることがある.

たとえば $A_n(n,0)$, $B_n\left(2n, \dfrac{1}{n}\right)$, $C_n(3n,0)$ とおき，折れ線 $OA_nB_nC_n$ をグラフとする関数を $f_n(x)$ とおく．ただし，C_n より右側は $f_n(x)=0$ とする (図 6.9)．このとき，

$$f(x) = \lim_{n\to\infty} f_n(x) = 0 \tag{2}$$

となる．

$M_n = \max_{0\leq x \leq 1}|f_n(x)-f(x)| = \dfrac{1}{n}$ は，$\lim_{n\to\infty} M_n = 0$ を満たすので，一様収束となる．

$\int_0^\infty f_n(x)dx$ は三角形 $A_nB_nC_n$ の面積に等しいので 1．よって，

$$\lim_{n\to\infty}\int_0^\infty f_n(x)dx = 1.$$

一方，(2) より，$\int_0^\infty \lim_{n\to\infty} f_n(x)dx = \int_0^\infty 0 dx = 0$．したがって (1) が成り立つ．

(iv) 有界閉区間 $0\leq x \leq 1$ を無限区間 $x \geq 0$ に変更したとき，$f_n(x)$ が連続関数 $f_n(x)$ に一様収束して，しかも，$\lim_{R\to\infty}\int_0^R f_n(x)dx$ が n に関して一様収束なら，$\lim_{n\to\infty}\int_0^\infty f_n(x)dx = \int_0^\infty \lim_{n\to\infty} f_n(x)dx$ が成り立つ．

(発展) 微分と積分の順序交換不可能性

微分は極限で定義されるのであった．極限と積分が一般に順序交換不可能であることから，微分と積分も一般に順序交換不可能であると推定される．実際，

$$\frac{d}{dy}\int_a^b f(x,y)\,dx \neq \int_a^b \frac{\partial}{\partial y}f(x,y)\,dx$$

となる例を作ることができる (p.200)．

問題 6.5

級数の収束

以下の級数の収束・発散を判定せよ．

(問 1) $\displaystyle\sum_{n=1}^{\infty}\left(1-\cos\frac{2}{n}\right)$.

(問 2) $\displaystyle\sum_{n=1}^{\infty}\left(\frac{a}{n}-\frac{1}{n+1}\right)$.

解答 | 問 1 倍角公式より，

$$0 \leq 1-\cos\frac{2}{n} = 2\sin^2\frac{1}{n} \leq 2\left(\frac{1}{n}\right)^2.$$

右辺の和は，$\displaystyle\sum_{n=1}^{\infty}\frac{2}{n^2}=\frac{\pi^2}{3}$ となり，収束するので，与式も収束する．

問 2 第 N 部分和 S_N を計算する．

$$S_N = \left(\frac{a}{1}-\frac{1}{2}\right) + \left(\frac{a}{2}-\frac{1}{3}\right) + \left(\frac{a}{3}-\frac{1}{4}\right) + \cdots + \left(\frac{a}{N}-\frac{1}{N+1}\right)$$

$$= \frac{a}{1} + \frac{a-1}{2} + \frac{a-1}{3} + \frac{a-1}{4} + \cdots + \frac{a-1}{N} - \frac{1}{N+1}$$

$$= \frac{1}{1} + (a-1)\left(\frac{1}{1}+\frac{1}{2}+\frac{1}{3}+\cdots+\frac{1}{N}\right) - \frac{1}{N+1}.$$

$T_N = \dfrac{1}{1}+\dfrac{1}{2}+\dfrac{1}{3}+\cdots+\dfrac{1}{N}$ とおくと，$\displaystyle\lim_{N\to\infty}T_N=\infty$ である．よって，

(i) $a<1$ のとき．$S_N \to -\infty$ $(N\to\infty)$.

(ii) $a=1$ のとき．$S_N \to 1$ $(N\to\infty)$.

(iii) $a>1$ のとき．$S_N \to \infty$ $(N\to\infty)$.

(i),(ii),(iii) より

(答) $a=1$ のとき収束，$a \neq 1$ のとき発散．

解説 | $T_N = \dfrac{1}{1} + \dfrac{1}{2} + \dfrac{1}{3} + \cdots + \dfrac{1}{N}$ が無限大に発散することは，積分で評価してもできるが，$N \geqq 2^m$ を満たす最大の m，つまり $m = [\log_2 N]$ を用いて，

$$T_N \geqq T_{2^m} = 1 + \frac{1}{2} + \left(\frac{1}{3} + \frac{1}{4}\right) + \left(\frac{1}{5} \cdots + \frac{1}{8}\right) + \cdots + \left(\frac{1}{2^{m-1}+1} \cdots + \frac{1}{2^m}\right)$$
$$> 1 + \frac{1}{2} + \left(\frac{1}{4} + \frac{1}{4}\right) + \left(\frac{1}{8} + \cdots + \frac{1}{8}\right) + \cdots + \left(\frac{1}{2^m} + \cdots + \frac{1}{2^m}\right).$$

ここで，$\dfrac{1}{2^m}$ は 2^{m-1} 個ある．よって，

$$1 + \underbrace{\frac{1}{2} + \frac{1}{2} + \cdots + \frac{1}{2}}_{m \text{ 個}} = 1 + \frac{m}{2}. \tag{1}$$

$N \to \infty$ のとき $m \to \infty$ であるから，$\displaystyle\lim_{N \to \infty} (1) = \infty$．よって，$\displaystyle\lim_{N \to \infty} T_N = \infty$ を得る．

(発展) 収束の判定法

正項級数 $\displaystyle\sum_{n=1}^{\infty} a_n$ が収束，発散する条件として，

ダランベールの判定法：

$$\lim_{n \to \infty} \frac{a_{n+1}}{a_n} = \alpha\text{ が存在するとき，} \alpha < 1 \text{ なら収束}, \alpha > 1 \text{ なら発散}.$$

コーシー・アダマールの判定法：

$$\limsup_{n \to \infty} \sqrt[n]{a_n} < 1 \text{ なら収束,} \ \limsup_{n \to \infty} \sqrt[n]{a_n} > 1 \text{ なら発散}$$

がある．

これらは，a_n が等比数列のときの判定法，「|公比|<1 なら収束，|公比|>1 なら発散」を拡張したものである．

本問の問 1 の場合，ダランベールの判定法もコーシー・アダマールの判定法も極限が 1 となり，より詳しい考察が必要になる．

本問の問 2 の場合，$a > 1$ なら，正項級数であり，判定法が直接適用できる．$a < 1$ なら，n を十分大きくすると負の項になるので，与式の -1 倍に判定法が

第 6 章 関数列と展開　　223

適用できる．問2もダランベールの判定法，コーシー・アダマールの判定法ともに極限値が1となり，より詳しい考察が必要になる．収束半径の公式 (p.194) は上記の判定法の逆数になっているので，混乱しないように．

問題 6.6

一様収束性と最大値

n を正の整数とし，I を実数 $\mathbb{R}$ のコンパクト部分集合 (有界閉集合) $0 \leqq x \leqq 1$ とする．連続関数 $f_n : I \to \mathbb{R}$ が $f : I \to \mathbb{R}$ に各点収束するとする．
$f_n(x)$ の最大値が $x = a_n$ のときにのみ実現され，$f(x)$ の最大値が $x = \alpha$ のときにのみ実現されるとき，$\lim_{n \to \infty} a_n \neq \alpha$ となる例を作りなさい．

解答 ｜ たとえば $O(0,0)$, $A_n\left(\dfrac{1}{n}, 2\right)$, $B_n\left(\dfrac{2}{n}, 0\right)$, $C_n\left(1 - \dfrac{1}{n}, 0\right)$, $D(1,1)$ とおき，折れ線 $OA_n B_n C_n D$ をグラフとする関数を $f_n(x)$ とおく (図 6.10)．

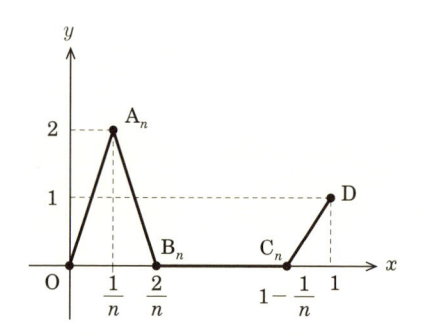

図 6.10

このとき，極限 $f(x) = \lim_{n \to \infty} f_n(x)$ は

$$f(x) = \begin{cases} 0 & (0 \leqq x < 1 \text{ のとき}) \\ 1 & (x = 1 \text{ のとき}) \end{cases} \tag{1}$$

となる．
$f_n(x)$ の最大値は 2 であり，最大値を与える x は $x = \dfrac{1}{n}$ のみ．これを a_n とおくと，$\lim_{n \to \infty} a_n = 0$．

一方，$f(x)$ の最大値は 1 であり，最大値を与える x は $x=1$ のみ．これを α とおくと，$\lim_{n\to\infty} a_n \neq \alpha$ である．

解説 ｜ $f_n(x)$ が $f(x)$ に一様収束するとする．つまり
$$M_n = \max_{0\leq x\leq 1} |f_n(x) - f(x)| \to 0 \qquad (n\to\infty)$$
とする．このとき $f(x)$ は連続となる．

　$\lim_{n\to\infty} a_n = \beta$ とおくと，$f(x)$ は $x=\beta$ で最大値をとることがわかる．なぜなら
$$\begin{aligned}
f(x) &\leq f_n(x) + M_n \leq f_n(a_n) + M_n \\
&= (f_n(a_n) - f(a_n)) + (f_n(a_n) - f(\beta)) + f(\beta) + M_n \\
&\leq M_n + (f_n(a_n) - f(\beta)) + f(\beta) + M_n \to f(\beta) \qquad (n\to\infty)
\end{aligned}$$
であるから．

参考文献

[1] 小林昭七著『微分積分読本　1変数』，裳華房 (2000)
[2] 小林昭七著『続　微分積分読本　多変数』，裳華房 (2001)
[3] 一松 信著『解析学序説　上，下巻』，裳華房 (1962, 1963)
[4] 吉村善一，岩下弘一著『入門講義　微分積分』，裳華房 (2006)
[5] 三村征雄編『大学演習　微分積分学』，裳華房 (1955)
[6] 熊原啓作，押川元重著『初歩からの微積分』，放送大学教育振興会 (2006)
[7] 斎藤正彦著『微分積分学 I』，放送大学教育振興会 (1994)
[8] 名古屋大学教養学部数学教室『教養課程　数学問題集』，廣川書店 (1963)
[9] 杉浦光夫著『解析入門 I, II』(基礎数学 2, 3)，東京大学出版会 (1980, 1985)
[10] 杉浦光夫 他著『解析演習』(基礎数学 7)，東京大学出版会 (1989)
[11] E. ハイラー, G. ヴァンナー著，蟹江幸博訳『解析教程　上，下』，シュプリンガージャパン (2012)
[12] 石田晴久 他著『理工系　基礎数学演習』，昭晃堂 (2005)
[13] 黒田成俊著『微分積分』(共立講座　21世紀の数学 1)，共立出版 (2002)
[14] 小寺平治著『明解演習　微分積分』，共立出版 (1984)
[15] 小寺平治著『クイックマスター　微分積分』，共立出版 (1997)
[16] 石村園子著『やさしく学べる　微分積分』，共立出版 (1999)
[17] 宮島静雄著『微分積分学 I　1変数の微分積分』，共立出版 (2003)
[18] 高木 斉，押切源一著『解析 I・微分』，共立出版 (1995)
[19] 鈴木義也，中村哲男著『解析 II・積分』，共立出版 (1995)
[20] 福田安蔵 他編『詳解　微積分演習 I, II』，共立出版 (1960, 1963)
[21] 能代 清著『微分学』(復刊　朝倉数学講座 3)，朝倉書店 (2004)
[22] 井上正雄著『積分学』(復刊　朝倉数学講座 4)，朝倉書店 (2004)
[23] 住友洸著『大学初年級向　楽しく学べる微分積分マスター 30 題』，現代数学社 (2000)
[24] 加藤明史著『初めて学ぶ微分積分　問題集』，現代数学社 (1997)
[25] 梶原壌二著『独修　微分積分学』，現代数学社 (1982)
[26] 梶原壌二著『新修　解析学』，現代数学社 (1980)
[27] 梶原壌二著『新修　応用解析学』，現代数学社 (1988)
[28] 山崎圭次郎著『教本・講義の対照による現代微積分』，現代数学社 (1972)

[29] 現代数学社編集部編『理工系学習者のための数学　導入篇』，現代数学社 (1976)

[30] 現代数学社編集部編『理工系の数学講義　大学院を志す人のために』，現代数学社 (1981)

[31] 三町勝久著『微分積分講義』，日本評論社 (2006)

[32] Non-Biri 数学研究会『じっくり微積分』，日本評論社 (2000)

[33] 小平邦彦著『解析入門』(岩波基礎数学選書)，岩波書店 (1997)

[34] 藤田 宏，今野礼二著『基礎解析 I, II』(岩波講座　応用数学 8)，岩波書店 (1993, 1999)

[35] 青本和彦著『微分と積分 1』(岩波講座　現代数学への入門 1)，岩波書店 (2003)

[36] 高橋陽一郎著『微分と積分 2』(岩波講座　現代数学への入門 3)，岩波書店 (1995)

[37] 俣野 博著『微分と積分 3』(岩波講座　現代数学への入門 9)，岩波書店 (1996)

[38] 入江昭二 他著『微分積分 (上), (下)』(応用解析の基礎 1)，内田老鶴圃 (1975)

[39] 鈴木 武 他著『理工系のための微分積分 I, II』，内田老鶴圃 (2007)

[40] 一松 信著『基礎微分積分学入門』，近代科学社 (1995)

[41] 一松 信著『微分積分学入門　第一課〜第四課』，近代科学社 (1989, 1990, 1990, 1991)

[42] 三宅敏恒著『入門微分積分』，培風館 (1992)

[43] 塹江誠夫 他著『詳説演習　微分積分学』，培風館 (1979)

[44] 三宅敏恒著『微分と積分』，培風館 (2004)

[45] 谷口雅彦著『微分積分学の技法』，培風館 (2005)

[46] 押川元重，阪口紘治著『基礎微分積分 (改訂版)』，培風館 (1989)

[47] 佐藤恒雄 他著『初歩から学べる微分積分学』，培風館 (1999)

[48] 水本久夫著『基本微分積分』，培風館 (1996)

[49] 丹野雄吉 他著『教養の微分積分 (改訂版)』，培風館 (1986)

[50] 高桑昇一郎著『例題でわかる微分積分』，培風館 (2006)

[51] 林 義実，山田敏清著『大学編入試験問題　数学/徹底演習』，森北出版 (2005)

[52] 野本久夫，岸 正倫著『解析演習』(数学演習ライブラリ-2)，サイエンス社 (1984)

[53] 越昭三監修，高橋泰嗣，加藤幹雄著『微分積分概論』(数学基礎コース=H2)，

サイエンス社 (1998)

[54] 齋藤正彦著『微分積分学』, 東京図書 (2006)
[55] 有馬 哲, 石村貞夫著『よくわかる微分積分』, 東京図書 (1988)
[56] 有馬 哲, 浅枝陽著『演習詳解 微積分 I』, 東京図書 (1981)
[57] 有馬 哲著『大学教養 微積分』, 東京図書 (1985)
[58] 大原一孝著『実例で学ぶ微分積分』, 学術図書出版社 (1999)
[59] 隅山孝夫著『微分積分学の基礎』, 学術図書出版 (2006)
[60] 松山善男著『微分積分学』, 学術図書出版 (2010)
[61] 吉本武史著『微分積分学 思想・方法・応用 (第 2 版)』, 学術図書出版 (2009)
[62] 服部哲也著『理工系の微分・積分入門』, 学術図書出版 (2010)
[63] 江口正晃 他著『基礎微分積分学 (第 3 版)』, 学術図書出版 (2007)
[64] 戸田暢茂著『理工系の微分積分』, 学術図書出版 (1993)
[65] 市原完治, 栗栖 忠著『理工系の微積分入門』, 学術図書出版 (2009)
[66] 荒井正治著『理工系 微分積分学 (第 3 版)』, 学術図書出版 (2011)
[67] 吹田信之, 新保経彦著『理工系の微分積分学』, 学術図書出版 (1996)
[68] 岩谷輝生 他著『微分積分学入門』, 学術図書出版 (2006)
[69] 関口次郎著『微分積分学』, 牧野書店 (2006)
[70] 藤田岳彦, 石村直之著『穴埋め式 微積分 らくらくワークブック』, 講談社 (2003)

著者　**池田和正**(いけだ かずまさ)

略歴
1963年　東京都に生まれる．
1986年　東京大学理学部数学科卒業．
1988年　東京大学大学院理学系研究科数学
　　　　専攻修了．理学博士．
現在　　東京理科大学，お茶の水女子大学
　　　　講師．

著訳書
『線形代数』（大学院入試問題から学ぶシリーズ）（日本評論社）
『フラクタル幾何学』（共訳．日経サイエンス）
『ウェーブレット 理論と応用』
　　（共訳，シュプリンガー・フェアラーク東京）

大学院入試問題から学ぶシリーズ　微分積分（びぶんせきぶん）

2013年9月25日　第1版第1刷発行
2024年1月20日　第1版第3刷発行

著者	池田 和正
発行所	株式会社 日本評論社
	〒170-8474 東京都豊島区南大塚3-12-4
	電話 (03)3987-8621[販売]　(03)3987-8599[編集]
印刷	三美印刷株式会社
製本	株式会社 難波製本
装幀	Malpu Design(清水良洋)
本文デザイン	Malpu Design(佐野佳子)

©Kazumasa Ikeda 2013 Printed in Japan　　ISBN 978-4-535-78604-2

JCOPY 〈(社)出版者著作権管理機構 委託出版物〉
本書の無断複写は著作権法上での例外を除き禁じられています．複写される場合は，そのつど事前に，(社)出版者著作権管理機構（電話 03-5244-5088，FAX 03-5244-5089, e-mail: info@jcopy.or.jp）の許諾を得てください．また，本書を代行業者等の第三者に依頼してスキャニング等の行為によりデジタル化することは，個人の家庭内の利用であっても，一切認められておりません．

大学院入試問題から学ぶシリーズ

大学院の入試問題を題材とし、解答・解説を通して各科目を学べるシリーズ。大学院や国家公務員試験を目指す人はもちろん、自習・復習にも最適です。

線形代数　池田和正／著

さまざまな学部で出題された重要な問題を集め、解き方を基本からていねいに指南。

定価 **2,640**円（税込）　A5判　ISBN978-4-535-78603-5

微分積分　池田和正／著

大学院の入試問題を解くことを通して、微分積分の考え方や、問題の解き方を学ぶ。

定価 **2,530**円（税込）　A5判　ISBN978-4-535-78604-2

電磁気学［第2版］

江沢 洋／監修　中村 徹／著

問題の解答と解説を通して、電磁気学のポイントを押さえる。第2版では、「基礎のまとめ」と付録がさらに充実。

定価 **2,530**円（税込）　A5判　ISBN978-4-535-78824-4

理系の英語　中央ゼミナール／編著

理科系の英語で、押さえておきたいポイントを重点的に解説。院試の傾向がわかる。

定価 **2,200**円（税込）　A5判　ISBN978-4-535-78622-6

日本評論社　https://www.nippyo.co.jp/